2022

SOIL SCIENCE

7급 농업직·농업연구사

토양학

핵심이론 합격공략!

Always **with you**

사람이 길에서 우연하게 만나거나 함께 살아가는 것만이 인연은 아니라고 생각합니다.
책을 펴내는 출판사와 그 책을 읽는 독자의 만남도 소중한 인연입니다.
(주)시대고시기획은 항상 독자의 마음을 헤아리기 위해 노력하고 있습니다.
늘 독자와 함께하겠습니다.

PREFACE

머리글

토양학은 농업과 임업 그리고 환경의 공동과목에 해당하므로 이들 분야 전공자들은 토양학을 접해보았을 것입니다. 하지만 토양학의 전반적인 범위보다는 개별 전공과 관련이 있는 부분을 위주로 공부했을 것입니다. 그러다 보니 토양학을 경험한 사람들조차 토양학 시험을 준비하면서 공부할 범위가 너무 넓다는 현실에 당황하게 됩니다. 토양의 생성원리, 물리성, 화학성, 수분, 생물, 비료, 침식, 오염, 관리 그리고 토양분류까지 토양학에 포함된 분야가 광범위하기 때문입니다. 토양학을 접해보지 못한 수험생들의 어려움은 물론 더 클 것입니다.

토양학 시험을 준비하시는 수험생들께 드리고 싶은 말씀이 있습니다. 토양학은 암기과목이 아니라는 것입니다. 물리적 현상과 화학적 현상에 대한 몇 가지 이론을 이해하고 숙지하면 토양학을 공부하기 무척 수월해지기 때문입니다. 이해를 바탕으로 교재를 읽어가면서 전문적인 용어를 정리하면 토양학을 효율적으로 공부할 수 있을 것입니다. 그러니 용기를 가지고 도전하시길 바랍니다.

이 책은 대학에서 강의되고 있는 여러 토양학 교재 내용을 단원별로 정리하고, 최근 10년간 공무원 시험문제를 통해 실력을 점검할 수 있도록 구성되었습니다.

토양학 시험을 준비하시는 수험생들의 훌륭한 결실을 응원합니다.

아울러 이 교재가 출판되기까지 고생하신 **(주)시대고시기획** 편집진분들께 감사 인사를 드립니다.

편저자 **김동욱**

이 책의 구성과 특징

이론

기출문제를 분석하여 이론을 완벽하게 정리하였습니다. 광범위한 시험 내용의 A부터 Z까지 핵심을 빠짐없이 학습할 수 있습니다. 방대한 토양학의 모든 이론을 학습하기보다는 시험에 자주 출제되는 부분 위주로 학습하시는 것이 더 효율적입니다.

01 토양의 구성 및 3상

(1) 토양의 구성

① 토양은 고상, 액상, 기상의 세 가지 상으로 구성

고상(Solid Phase)	액상(Liquid Phase)
토양입자, 유기물	토양수분

② 일반적인 구성비율

㉠ 고상 50%, 액상 + 기상 50%

㉡ 토양의 수분상태에 따라 액상과 기상 비율 변화

파트별 문제

출제 경향에 맞추어 2022년 시험에 출제될 가능성이 높은 문제를 수록했습니다. 파트별 학습이 끝나면 스스로 실력을 점검해보고 부족한 부분을 더 집중적으로 학습할 수 있습니다. 문제마다 친절하고 상세한 전문가의 해설을 함께 수록하여 기본문제부터 심화문제까지 확실히 대비할 수 있습니다.

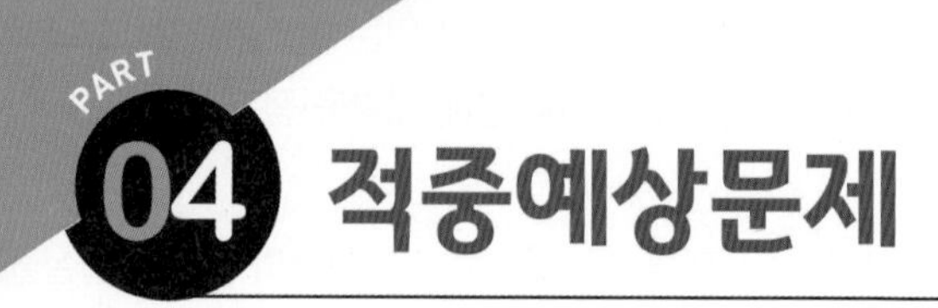

01

다음 그래프는 시간 변화에 따른 토성별 모세관수분 상승 높이를 측정한 것이다. A, B, C 각각에 해당하는 토성은? 19 국가직 7급 기출

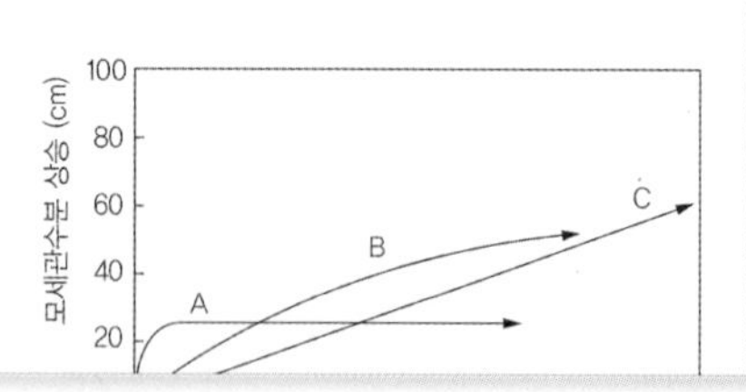

02

토양 수분함량과 수
은 것은?

① 수분퍼텐셜이 동
수분함량이 높다.

② 수분함량이 동일
분퍼텐셜이 낮다.

③ 위조점에 해당하
질토보다 수분함

④ 수분함량이 동일

PLUS ONE

학습에 깊이를 더하고 싶으신가요? 'PLUS ONE'을 통해 내용 정리를 하고 심화 내용을 학습해보세요. 이론에 더하여 함께 학습하면 어렵고 생소한 시험문제에도 대비할 수 있습니다.

PLUS ONE

광물(장석과 같이 규소사면체들이 꼭짓점 산소를 공유함)
뜻 : 가열했을 때 내부에 함유된 물이 증발하기 때문에 붙여진
| 제3기 지층에서 주로 산출, 저온 · 저압에서 안정한 광물
매장(주로 Clinoptilolite형 Zeolite)
할 수 있음
조를 형성

연습문제

이론 학습이 끝난 후 얼마나 공부가 되었는지 '연습문제'를 통해 확인해 보세요. 학습이 끝난 후 문제를 풀어 보며 실력을 점검할 수 있습니다. 또한 상세하고 정확한 해설로 가장 최신의 출제경향을 자신의 것으로 만들어보세요.

연습문제

옆의 그림과 같은 완충곡선을 나타내는 토양을 pH 6.5로 교정하기 위해 필요한 $CaCO_3$의 양은?

풀이 토양의 원래 pH는 4.0이고 pH 6.5까지 올리는데 13의 염기가 첨가되었음
$1cmol_c/kg = 0.01eq/kg$
$CaCO_3$의 1eq = 50g이므로 $0.5g/cmol_c$에 해당 전체 1ha의 토양 무게가 250만kg이라고 하면
$0.5g/cmol_c \times 13cmol_c/kg \times 2,500,000kg/ha$
$= 16,250,000g/ha = 16,250kg/ha$

pH: 7, 6.5, 6.1, 6, 5.5, 5, 4.5, 4
0, 2, 4, 6
염기첨가량(cm

Tip 2년 후 토양의 pH가 6.1로 내려가서 이를 다시 pH 6.5로 올려주기 위해서는 (13
소요됨

그 림

답답하게 글자만 보신다고요? 그림을 통해 식물의 정확한 구조와 형태를 이해하고, 나아가 2차적인 연상문제도 대비할 수 있도록 했습니다. 쉬운 학습, 빠른 이해와 정확한 내용 파악은 이런 디테일에서 나옵니다.

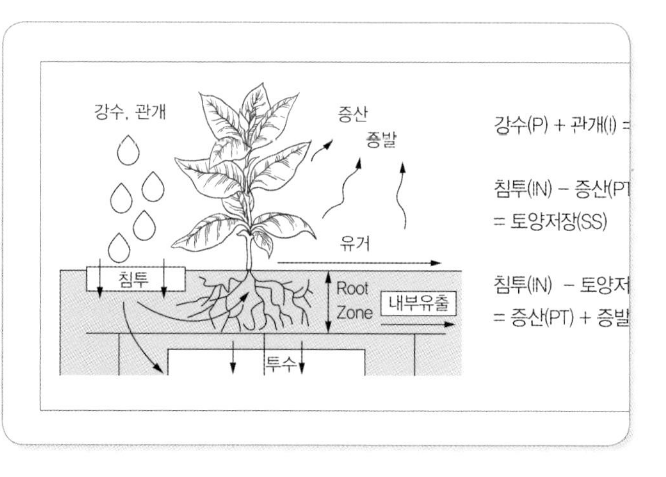

농업연구직 공무원 시험안내

농업연구직 공무원의 업무

❶ 농업연구사는 대한민국 농업발전을 위해 각종 품종개발은 물론 재배기술 개발, 친환경기술 개발, 바이오에너지, 기능성 등을 연구하는 대한민국 7급 농업직 공무원을 의미하며, 일반적인 농업직 공무원이 담당하는 행정업무나 단속업무와는 달리 농업연구사는 오직 기술개발 및 연구와 관련한 업무만을 담당합니다.

❷ 국가직의 경우 농촌진흥청 및 농업과학기술원 등의 산하기관 또는 시험장에서 근무하게 되며, 지방직의 경우 각 시 · 도 농업기술원 및 농업기술센터, 그리고 농업기술원 산하 시험장에서 근무하게 됩니다.

❸ 농업연구사는 7급 연구직에 해당되기 때문에, 일반적으로 1～9급으로 나누는 공무원 체계와는 달리 “연구사”와 “연구관”이라는 두 가지 직급으로 나뉘어 지게 됩니다.

국가공무원(농촌진흥청) 임용시험 연구직 공무원 시험안내(2021년도 기준)

▶ **선발인원 :** 농업연구사 24명

직렬	직류	계	일반	장애인 구분모집
농업연구	작물	10	9	1
	농업환경	2	2	
	작물보호	2	2	
	농공	2	2	
	원예	6	6	
	축산	2	2	
합계		24	23	

▶ **시험과목 :** 필수 7과목(‘영어’ 과목은 ‘영어능력검정시험’으로 대체됨)

직렬	직류	1차 시험과목	2차 시험과목
농업연구	작물	국어(한문포함), 영어(영어능력검정시험 대체), 한국사	분자생물학, 재배학, 실험통계학, 작물생리학
	농업환경		식물영양학, 토양학, 농업환경화학, 실험통계학
	작물보호		식물병리학, 재배학, 작물보호학, 실험통계학
	농공		물리학개론, 농업기계학, 농업시설공학, 응용역학
	원예		작물생리학, 재배학, 원예학, 실험통계학
	축산		축산식품가공학, 가축사양학, 가축번식학, 가축육종학

※ 2022년부터 연구 · 지도사 공채시험의 한국사 과목이 한국사능력검정시험으로 대체될 예정입니다.

접수방법

▶ **국가공무원 :** 농촌진흥청 홈페이지(rda.go.kr)에서 인터넷 접수 가능

시험방법

- **제1 · 2차 시험(병합실시) :** 선택형 필기시험(매 과목 100점 만점, 사지선다형, 각 과목당 20문항)
- **제3차 시험 :** 면접시험

영어능력검정시험 성적표 제출

대상 시험 및 기준 점수	토플(TOEFL)		토익 (TOEIC)	텝스 (TEPS)	지텔프 (G-TELP)	플렉스 (FLEX)
	PBT	IBT				
일 반	530	71	700	340	65(Level 2)	625
청각2 · 3급	352	–	350	204	–	375

영어능력검정시험 인정범위

- 2016.1.1. 이후 국내에서 실시된 시험으로서, 필기시험 시행예정일 전날까지 점수(등급)가 발표된 시험으로 한정하며 기준점수 이상으로 확인된 시험만 인정됩니다.
- 2016.1.1. 이후 외국에서 응시한 TOEFL, 일본에서 응시한 TOEIC, 미국에서 응시한 G-TELP는 필기시험 시행예정일 전날까지 점수(등급)가 발표된 시험으로 한정하며 기준점수 이상으로 확인된 시험만 인정됩니다.
- 해당 검정시험기관의 정규(정기)시험 성적만을 인정하고, 정부기관 · 민간회사 · 학교 등에서 승진 · 연수 · 입사 · 입학(졸업) 등의 특정 목적으로 실시하는 수시 · 특별시험 등은 인정하지 않습니다.

기타사항

- 필기시험에서 과락(만점의 40% 미만) 과목이 있을 경우에는 불합격 처리되며, 그 밖의 합격자 결정방법 등 시험에 관한 구체적인 내용은 공무원임용시험령 및 관계법령을 참고하시기 바랍니다.
- 응시자는 응시표, 답안지, 시험일시 및 장소 공고 등에서 정한 응시자 주의사항에 유의하여야 하며, 이를 준수하지 않을 경우에는 본인에게 불이익이 될 수 있습니다.
- 인터넷 응시원서 등에 해당 영어능력검정시험 성적을 허위로 표기하는 경우에는 그 시험을 정지 또는 무효처리할 수 있습니다.
- 영어능력시험 성적 확인 시 필요한 경우에는 증빙서류 제출 등을 통해 소명할 수 있어야 합니다. 또한, 영어능력검정시험 성적 확인에 필요한 문서를 위 · 변조한 경우에는 그 시험을 정지 또는 무효로 하거나 합격결정을 취소하고, 향후 5년간 각종 공무원채용시험의 응시자격이 정지됩니다.

농업연구직 공무원 시험안내

가산특전

▶ 자격증 소지자

- 직렬 공통으로 적용되었던 통신 · 정보처리 및 사무관리분야 자격증 가산점은 2017년부터 폐지되었습니다.
- **직렬별로 적용되는 가산점 :** 국가기술자격법령 또는 그 밖의 법령에서 정한 자격증 소지자가 해당 분야에 응시할 경우 필기시험의 각 과목 만점의 40% 이상 득점한 자에 한하여 각 과목별 득점에 각 과목별 만점의 일정비율에 해당하는 점수를 가산합니다(채용분야별 가산대상 자격증의 종류는 「연구직 및 지도직공무원의 임용 등에 관한 규정」 별표 7 참조).
- **가산비율 :** (기술사, 기능장, 기사) 5%, (산업기사) 3%

▶ 연구직 공무원 채용시험 가산대상 자격증

직 렬	직 류	「국가기술자격법」에 따른 자격증	그 밖의 법령에 따른 자격증
농업연구	작 물	• 기술사 : 종자, 시설원예, 농화학, 식품 • 기사 : 종자, 시설원예, 식물보호, 토양환경, 식품, 바이오화학제품제조, 유기농업, 화훼장식 • 산업기사 : 종자, 식물보호, 농림토양평가관리, 식품, 유기농업	–
	작물보호	• 기술사 : 종자, 시설원예, 농화학, 식품 • 기사 : 종자, 시설원예, 식물보호, 토양환경, 식품, 바이오화학제품제조, 유기농업, 화훼장식 • 산업기사 : 종자, 식물보호, 농림토양평가관리, 식품, 유기농업	–
	농업환경	• 기술사 : 시설원예, 농화학, 식품, 조경, 산림, 산업위생관리, 대기관리, 수질관리, 폐기물처리, 방사선관리, 기상예보 • 기사 : 시설원예, 식물보호, 토양환경, 식품, 바이오화학제품제조, 조경, 산업위생관리, 대기환경, 수질환경, 폐기물처리, 기상, 유기농업 • 산업기사 : 식물보호, 농림토양평가관리, 식품, 조경, 산업위생관리, 대기환경, 수질환경, 폐기물처리, 유기농업	–

	원 예	• 기술사 : 종자, 시설원예, 농화학, 조경, 식품 • 기사 : 종자, 시설원예, 식물보호, 토양환경, 조경, 식품, 바이오화학제품제조, 유기농업, 화훼장식 • 산업기사 : 종자, 식물보호, 농림토양평가관리, 조경, 식품, 유기농업	–
	축 산	• 기술사 : 축산, 식품 • 기사 : 축산, 식품 • 산업기사 : 축산, 식품	• 기사 자격증 가산비율적용 : 수의사, 방사성동위원소취급자(일반), 방사선취급감독자 • 산업기사 자격증 가산비율적용 : 가축인공수정사
농업연구	농 공	• 기술사 : 기계, 공조냉동기계, 차량, 건설기계, 용접, 금형, 금속제련, 비파괴검사, 수자원개발, 농어업토목, 조경, 기계안전, 화공안전, 전기안전, 건설안전, 소방, 가스, 품질관리, 인간공학, 소음진동, 금속재료, 토질 및 기초, 토목시공, 측량 및 지형공간정보 • 기사 : 일반기계, 메카트로닉스, 공조냉동기계, 건설기계설비, 건설기계정비, 궤도장비정비, 용접, 프레스금형설계, 사출금형설계, 농업기계, 방사선비파괴검사, 초음파비파괴검사, 자기비파괴검사, 침투비파괴검사, 와전류비파괴검사, 누설비파괴검사, 토목, 조경, 산업안전, 건설안전, 소방설비, 가스, 품질경영, 인간공학, 소음진동, 에너지관리, 자동차정비, 기계설계, 건설재료시험, 측량 및 지형공간정보 • 산업기사 : 생산자동화, 공조냉동기계, 건설기계설비, 건설기계정비, 궤도장비정비, 정밀측정, 프레스금형, 사출금형, 농업기계, 방사선비파괴검사, 초음파비파괴검사, 자기비파괴검사, 침투비파괴검사, 토목, 조경, 산업안전, 건설안전, 소방설비, 가스, 품질경영, 소음진동, 에너지관리, 기계설계, 자동차정비, 건설재료시험, 측량 및 지형공간정보	기사 자격증 가산비율적용 : 방사성동위원소취급자(일반), 방사선취급감독자

※ 비고 : 폐지된 자격증이 국가기술자격법령 등에 따라 그 자격이 계속 인정되는 경우에는 가산대상 자격증으로 인정함
※ 참고 : 「연구직 및 지도직공무원의 임용 등에 관한 규정」 별표 7

농업연구직 공무원 시험안내

응시자격

▶ **응시연령 :** 20세 이상

▶ **학력 및 경력 :** 제한 없음

▶ **응시결격사유 등 :** 최종시험 시행예정일(면접시험 최종예정일) 현재를 기준으로 「국가공무원법」 제33조의 결격사유에 해당하거나, 동법 제74조(정년)에 해당하는 자 또는 「공무원임용시험령」 등 관계법령에 의하여 응시자격이 정지된 자는 응시할 수 없음

국가공무원법 제33조(결격사유)

- 피성년후견인 또는 피한정후견인
- 파산선고를 받고 복권되지 아니한 자
- 금고 이상의 실형을 선고받고 그 집행이 종료되거나 집행을 받지 아니하기로 확정된 후 5년이 지나지 아니한 자
- 금고 이상의 형을 선고받고 그 집행유예 기간이 끝난 날부터 2년이 지나지 아니한 자
- 금고 이상의 형의 선고유예를 받은 경우에 그 선고유예 기간 중에 있는 자
- 법원의 판결 또는 다른 법률에 따라 자격이 상실되거나 정지된 자
- 공무원으로 재직기간 중 직무와 관련하여 「형법」 제355조 및 제356조에 규정된 죄를 범한 자로서 300만원 이상의 벌금형을 선고받고 그 형이 확정된 후 2년이 지나지 아니한 자
- 「형법」 제303조 또는 「성폭력범죄의 처벌 등에 관한 특례법」 제10조에 규정된 죄를 범한 사람으로서 300만원 이상의 벌금형을 선고받고 그 형이 확정된 후 2년이 지나지 아니한 사람(2019.4.16. 이전에 발생한 행위에 적용)
- 「성폭력범죄의 처벌 등에 관한 특례법」 제2조에 규정된 죄를 범한 사람으로서 100만원 이상의 벌금형을 선고받고 그 형이 확정된 후 3년이 지나지 아니한 사람(2019.4.17. 이후에 발생한 행위에 적용)
- 미성년자에 대하여 「성폭력범죄의 처벌 등에 관한 특례법」 제2조에 따른 성폭력범죄, 「아동 · 청소년의 성보호에 관한 법률」 제2조 제2호에 따른 아동 · 청소년 대상 성범죄를 저질러 파면 · 해임되거나 형 또는 치료감호를 선고받아 그 형 또는 치료감호가 확정된 사람(집행유예를 선고받은 후 그 집행유예기간이 경과한 사람을 포함)
- 징계로 파면처분을 받은 때부터 5년이 지나지 아니한 자
- 징계로 해임처분을 받은 때부터 3년이 지나지 아니한 자

국가공무원법 제74조(정년)

- 공무원의 정년은 다른 법률에 특별한 규정이 있는 경우를 제외하고는 60세로 한다.
- 공무원은 그 정년에 이른 날이 1월부터 6월 사이에 있으면 6월 30일에, 7월부터 12월 사이에 있으면 12월 31일에 각각 당연히 퇴직된다.

이 책의 차례

PART 01 토양의 생성과 발달

PART 02 토양분류 및 토양조사

PART 03 토양의 물리적 성질

PART 04 토양수

PART 05 토양의 화학적 성질

이 책의 차례

PART 1

토양의 생성과 발달

CHAPTER

01 토양의 개념

01 토양의 정의 및 특성

(1) 토양의 정의

① 모재가 되는 각종 암석(모암)이 여러 가지 자연작용에 의하여 제자리에서 또는 옮겨져 쌓인 뒤, 표면에 유기물질들이 혼합되면서 여러 가지 토양생성인자의 영향을 받아 생긴 지표면의 얇고 부드러운 층

② 토양의 범위

과 거	토양생성과정에 의한 층위 분화가 된 토양만을 말함
현 재	층위의 분화가 없는 신선한 퇴적물(하천변 모래나 자갈 더미, 얕은 수면 밑의 퇴적된 흙 등)이라도 식물이 자라고 있으면 토양으로 포함

(2) 토양의 특성

① 토양생성인자인 환경과 평형을 이루려고 끊임없이 변화되고 있는 자연체

② 온도와 습도가 적합하면 식물을 기계적으로 지지하여 자라게 하는 능력을 지님

③ 도로, 건축물, 댐을 건설하는 장소이면서 재료

④ 농업생산기반

⑤ 생물이 서식하면서 상호 관계하는 생태계 또는 그 구성성분

⑥ 임목이 생장하는 배양기임과 동시에 다목적 기능을 발휘하는 삼림의 지지기반

CHAPTER 02

암석의 풍화

01 암석

(1) 암석의 구분

화성암(Igneous Rock)	퇴적암(Sedimentary Rock)	변성암(Metamorphic Rock)
모든 암석의 근원	퇴적흔적인 층리 발달	고압과 고열에 의한 변성

① 화성암

㉠ 마그마가 분출되거나 지중에서 서서히 냉각되어 만들어짐

㉡ 주요 광물 : 석영(Quartz), 장석(Feldspar), 운모(Mica), 각섬석(Hornblende), 휘석(Augite, Pyroxene)

- 석영 : 풍화에 강함, 산악지와 곡간지에 분포하는 사질토를 구성하는 주요 광물
- 장석, 운모 : 쉽게 풍화되어 점토가 됨

㉢ 구성 광물, 규산 함량, 생성 깊이에 따라 구분됨

구 분	산성암	중성암	염기성암
SiO_2 함량	> 66%	66~52%	< 52%
심성암	화강암 (Granite)	섬록암 (Diorite)	반려암 (Gabbro)
반심성암	석영반암 (Quartz Porphyry)	섬록반암 (Diorite Porphyrite)	휘록암 (Diabase)
화산암	유문암 (Rhyolite)	안산암 (Andesite)	현무암 (Basalt)

- 규산 함량이 많아질수록 밝은 색을 띰
- 어두운 색의 광물들은 철과 마그네슘 함량이 많고, 밝은 색의 광물보다 쉽게 풍화됨
- 화강암 : 화강편마암과 함께 우리나라 중부지방에서 발견되는 가장 흔한 암석(화강편마암 : 암맥과 절리가 발달한 화강암의 변성암)
- 현무암 : 제주도와 철원평야 일대에서 흔한 다공성 암석

② 퇴적암

㉠ 물과 바람에 의해 퇴적되어 생성, 퇴적흔적인 층리가 있음

㉡ 무게로는 암석권의 5%에 불과하지만, 지표면의 75%를 덮고 있음

㉢ 우리나라에서는 중생대 경상계 지층인 경상분지에 넓게 분포함

㉣ 구분 : 입자의 지름이나 구성성분에 따름

사암(Sand Stone), 역암(Conglomerate), 혈암(Shale), 석회암(Lime Stone), 응회암(Tuff)

③ 변성암

㉠ 화성암과 퇴적암이 고압과 고열에 의한 변성작용을 받아 생성

- 변성작용에 의해 주로 탈수 환원되면서 광물의 조성과 구조 등이 변함
- 편상, 판상, 주상의 구조 형성 또는 석영이 녹아 흰 띠가 생김
- 조직이 치밀해지고 비중이 무거워져서 풍화에 잘 견딤

㉡ 종 류

변성암	유래광물	변성암	유래광물
편마암(Gneiss)	화강암	**천매암(Phyllite)**	점판암
편암(Schist)	혈암, 점판암, 염기성 화성암	**규암(Quartzite)**	사 암
점판암(Slate)	혈암, 이암	**대리석**	석회암

편마암 : 화강암과 혼재하는 경우가 많음

㉢ 풍화에 강한 암편이 많아 자갈이 많은 토양이 됨

02 풍화와 풍화산물

(1) 풍화작용

① 정의 : 암석이 장기간에 걸쳐 받는 조직의 변화, 기계적 붕괴 및 화학적 분해 과정

② 토양모재는 암석 풍화의 결과물

③ 풍화작용의 구분

물리적(기계적) 풍화작용	화학적 풍화작용	생물적 풍화작용
• 바위가 작아져 조성광물입자로 분리되는 과정 • 모래입자는 대부분 암석에서 분리된 개개의 광물입자	• 크고 작은 화학적 구조변경이나 화학변화를 통하여 새로운 광물로 변화됨 • 2차 광물의 합성	• 동식물의 작용 • 미생물의 작용

풍화작용은 독립적으로 일어나지 않고 동시에 병행됨

④ 풍화최종광물

㉠ 규산염 점토광물 : 2차 광물, 1차 광물의 화학적 구조 변형이나 분해 후에 재결정되면서 생성

㉡ 철과 알루미늄 산화물 : 2차 광물, 열대지방의 고도로 풍화된 토양의 주요 점토광물

㉢ 석영과 같이 풍화에 대한 안정성이 매우 큰 1차 광물

⑤ 물리화학적 풍화과정(온대지방 약산성 토양 조건)

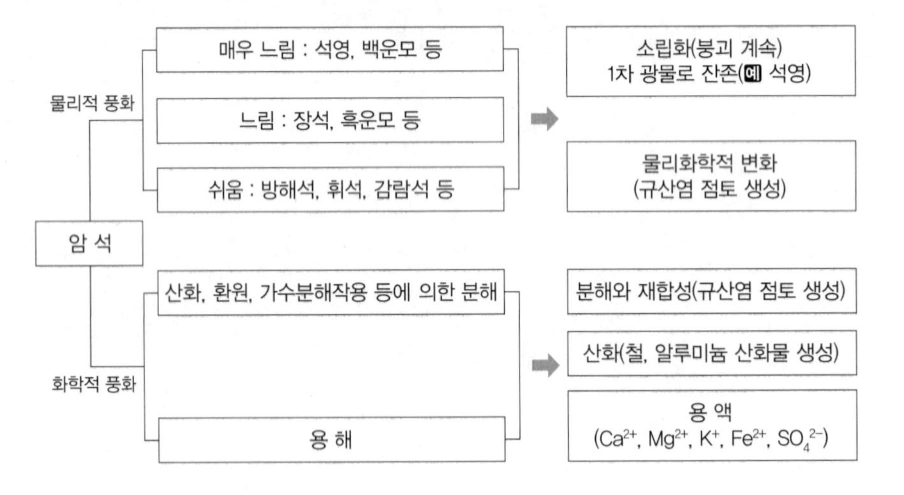

⑥ 광물의 풍화내성

풍화내성	1차 광물		2차 광물	
	광물명	화학식	광물명	화학식
강			침철광 (Goethite)	FeOOH
⬆			적철광 (Hematite)	Fe_2O_3
			깁사이트 (Gibbsite)	$Al_2O_3 \cdot 3H_2O$
	석영 (Quartz)	SiO_2		
			점토광물	Al silicate
	백운모 (Muscovite)	$KAl_3Si3O_{10}(OH)_2$		
	미사장석 (Microcline)	$KAlSi_3O_8$		
	정장석 (Orthoclase)	$KAlSi_3O_8$		
	흑운모 (Biotite)	$KAl(Mg,Fe)_3Si_3O_{10}(OH)_2$		
	조장석 (Albite)	$NaAlSi_3O8$		
	각섬석 (Hornblende)	$Ca_2Al_2Mg_2Fe_3Si_6O_{22}(OH)_2$		
	휘석 (Augite)	$Ca_2(Al,Fe)_4(Mg,Fe)_4Si_6O_{24}$		
	회장석 (Anorthite)	$CaAl_2Si_2O_8$		
	감람석 (Olivine)	$(MgFe)_2SiO_4$		
			백운석 (Dolomite)	$CaCO_3 \cdot MgCO_3$
⬇			방해석 (Calcite)	$CaCO_3$
약			석고 (Gypsum)	$CaSO_4 \cdot 2H_2O$

(2) 물리적(기계적) 풍화작용

① 토양생성의 첫 단계

② 암석의 물리적 붕괴의 4가지 유형

㉠ 입상붕괴 : 결정형 광물들의 팽창 · 수축계수의 차이 등에 의해 입자상으로 분리

㉡ 박리 : 화강암 등이 양파와 같이 벗겨지는 현상

㉢ 절리면 분리 : 기반암에 생긴 평행 절리에 따라 분리되는 현상

㉣ 파쇄 : 불규칙한 암편으로 부서지는 현상

③ 주요 인자

㉠ 온도 : 온도 변화와 내부와 외부의 온도 차이에 따른 팽창 · 수축의 차이(예 서울 근교 화강암 산악지)

㉡ 물과 얼음 : 빗물, 유수(입자의 동반), 빙하의 이동

㉢ 바람 : 미세한 입자들을 동반한 바람(예 모래바람)

㉣ 식물과 동물 : 뿌리 작용 등, 위의 인자에 비해 영향이 작음

(3) 화학적 풍화작용

① 화학작용이 수반되는 풍화

㉠ 용해(Dissolution), 가수분해(Hydrolysis), 수화(Hydration), 산성화(Acidification), 산화(Oxidation) 등

㉡ 물리적 풍화로 암석의 표면적이 증가하면 함께 활발해짐

㉢ 고온다습하고 유기물 분해로 생성되는 무기산과 유기산에 의해 촉진

㉣ 1차 광물(예 장석과 운모)을 2차 광물(예 규산염 점토광물)로 변화시킴

㉤ 식물 필수 영양소를 포함한 원소들을 용해성 이온으로 변화시킴

② 물과 용액

㉠ 가수분해, 수화, 용해 등을 통해 광물을 분해, 변형, 재결정화

물의 작용	화학식	
가수분해	$KAlSi_3O_8 + H_2O \rightarrow HAlSi_3O_8 + K^+ + OH^-$ (고체) (액체) (고체) (용액)	K^+이온은 토양에 흡착되어 식물에 이용되거나 배수되어 사라짐
가수분해	$2HAlSi_3O_8 + 11H_2O \rightarrow Al_2O_3 + 6H_4SiO_4$ (고체) (액체) (고체) (용액)	용액 속의 규산(H_4SiO_4)은 배수되어 사라지거나 다른 화합물과 결합됨
수 화	$Al_2O_3 + 3H_2O \rightarrow Al_2O_3 \cdot 3H_2O$ (수화된 고체)	알루미늄 산화물의 수화
수 화	$2Fe_2O_3 + 3H_2O \rightarrow 2Fe_2O_3 \cdot 3H_2O$ (수화된 고체)	적철광이 수화되어 갈철광이 됨

③ 산성용액

㉠ 이산화탄소에 의한 산성용액의 생성

$$CO_2 + H_2O \rightleftarrows H_2CO_3$$
$$H_2CO_3 \rightleftarrows H^+ + HCO_3^-$$
$$HCO_3^- \rightleftarrows H^+ + CO_3^{2-}$$

참고

수소이온이 증가하면 그 용액은 산성화됨

㉡ 탄산에 의해 생성된 산성용액에서의 풍화

화학식	
$K_2Al_2Si_6O_{16} + 2H_2O + CO_2 \rightarrow H_4Al_2Si_2O_9 + 4SiO_2 + K_2CO_3$ 정장석 고령석 = 카올리나이트	정장석이 산성용액에 용해되어 카올리나이트로 변화됨
$CaCO_3 + H_2O + CO_2 \rightleftarrows Ca^{2+} + 2HCO_3^-$ 석회암	석회암이 산성용액에 용해되어 칼슘이 녹아 나옴

㉢ 강산성 물질과 유기산에 의한 산성용액의 생성

- 강산성 물질 : 질산(HNO_3), 황산(H_2SO_4)
- 유기산 : 미생물에 의해 생산되는 옥살산(Oxalic Acid), 시트르산(Citric Acid), 다타르산(Tartaric Acid) 등

㉣ 유기산에 의해 생성된 산성용액에서의 풍화

화학식
$K_2(Si_6Al_2)Al_4O_{20}(OH)_4 + 6C_2O_4H_2 + 8H_2O \rightleftarrows 2K^+ + 8OH^- + 6C_2O_4Al^+ + 6Si(OH)_4$ muscovite(백운모) 옥살산

유기산에서 나온 수소이온이 규산염 광물의 알루미늄을 용해 또는 유기복합체 형성을 통해 제거하여 광물을 붕괴시킴

④ 산화작용

㉠ 철(Fe)을 함유한 암석에서 흔히 일어남(철은 쉽게 산화되는 원소임)

PLUS ONE

토양학에서 철의 존재 형태와 특성(철의 산화란? $Fe^{2+} \rightarrow Fe^{3+}$, 그 반대가 환원)

철의 존재 형태	상 태	특 징
Fe^{3+}	산화상태	물에 녹지 않음
Fe^{2+}	환원상태	물에 녹음

ⓒ 철의 산화로 광물결정의 이온균형이 깨져 붕괴와 분해가 쉬워짐

화학식		
$4Fe(OH)_2 + 2H_2O + O_2 \rightleftarrows 4Fe(OH)_3$		
$3MgFeSiO_4 + 2H_2O \rightarrow H_4Mg_3Si_2O_9 + SiO_2 + 3FeO$		
Olivine	Serpentine	Ferrous Oxide
$4FeO + O_2 + 2H_2O \rightarrow 4FeOOH$		
Ferrous Oxide	Goethite	

(4) 생물적 풍화작용

① 동물 : 주로 기계적 풍화, 소동물의 영향이 더 큼
② 식물 : 이산화탄소와 유기산 공급, 화학적 작용 수반
③ 미생물 : 화학적 작용

호 흡	➡	이산화탄소 생성
암모니아 산화	➡	질산 생성
황화물 산화	➡	황산 생성
유기물 분해	➡	유기산 생성

(5) 광물풍화 영향인자

기후조건	조암광물의 물리적 성질	조암광물의 화학 및 결정학적 특성

① 기후인자
㉠ 풍화의 성격과 속도를 지배하는 가장 중요한 인자
ⓒ 건조지역과 습윤지역의 풍화 특성 비교

구 분	건조지역	습윤지역
주요 풍화작용	물리적 풍화작용(온도 변화, 바람)	물리적 및 화학적 풍화
주요 풍화산물	1차 광물	규산염 점토광물, 철, 알루미늄 산화물
토양 특성	토양 모재와 유사	식생에 유리한 환경 조성

㉢ 연중 고온다습한 열대기후
- 식물 생육과 풍화 모두의 최적 조건
- 철, 알루미늄 산화물이 주요 2차 광물인 토양이 생성됨

참고

열대지방에는 철과 알루미늄 산화물이 많아 붉은색의 적색토양이 발달함

② 조암광물의 물리적 성질

㉠ 광물입자의 크기와 경도
- 굵은 광물입자로 구성된 암석이 더 쉽게 풍화됨
- 온도 변화에 따른 암석의 팽창 정도가 크게 다르기 때문

㉡ 기계적 붕괴가 일어난 후에는 비표면적이 크고 입자가 고울수록 풍화가 쉬움
- 역암과 사암 : 물리적 구조가 치밀하여 물리적, 화학적 분해가 어려움
- 화산재와 석회암 : 다공질이어서 표면적이 크기 때문에 쉽게 부서지고 화학적으로 쉽게 분해됨

③ 조암광물의 화학적 및 결정학적 특성

㉠ 석고($CaSO_4 \cdot 2H_2O$)와 방해석($CaCO_3$)
- 이산화탄소가 녹은 물(산성용액)에 잘 녹음
- 쉽게 풍화됨

㉡ 감람석과 흑운모(철 · 고토광물, Ferromagnesium Mineral)
- 쉽게 산화될 수 있는 Fe^{2+} 함유
- 느슨한 광물 결정구조(특히 감람석)
- 쉽게 풍화됨

㉢ 백운모
- 쉽게 산화될 수 있는 Fe^{2+} 함유하지 않음
- 운모류 중에서 풍화가 어려움

④ 온대지방 습윤 기후에서의 1차 광물의 풍화 순서

석영 > 백운모 · 정장석(K 장석) > 사장석(Na과 Ca 장석) > 흑운모 · 각섬석 · 휘석 > 감람석 > 백운석 · 방해석 > 석고

참고

백운모(Muscovite)는 규산염점토광물이고, 백운석(Dolomite)은 탄산염광물이다.

(6) 풍화산물

① 풍화산물의 이동

㉠ 잔적모재 : 제자리에 남아 있는 풍화산물

㉡ 운적모재 : 중력, 물, 바람 등에 의해 이동하여 퇴적된 풍화산물

② 암석 풍화생성물의 가동률(Polynov가 제시함)

㉠ 바닷물과 암석 속에 함유된 각각의 풍화산물 성분의 함량비를 구하고, 이때 Cl^-의 함량비를 가동율 100으로 놓고 다른 성분의 가동률을 이론적으로 계산함

SiO_2	Al_2O_3	Fe_2O_3	Ca	Mg	Na	K	Cl^-	SO_4^{2-}
0.16	0.04	0.04	3.00	1.72	2.37	1.27	100.00	57.28

참고

가동률이 높을수록 풍화가 잘 되는 성분임

㉡ 가동률에 따른 지각구성원소를 4가지 상으로 구분

제1상	• 풍화의 1단계에서 가동 • Cl^-, SO_4^{2-} 등이 양이온과 결합하여 용탈
제2상	• 풍화의 2단계 • Ca^{2+}, Na^+, Mg^{2+}, K^+ 등 알칼리금속과 알칼리토금속의 용탈 • 카올리나이트 계통의 광물이 남게 됨
제3상	• 풍화의 3단계 • 반토규산염(Aluminosilicate)의 규산(SiO_2)이 용탈
제4상	• 풍화의 최종 단계 • 가동율이 가장 낮은 철과 알루미늄 산화물의 축적

③ 가동률 계산 예시

문제 **아래의 표로부터 황산이온의 가동률을 계산하시오.**

성 분	암석 속의 함량(%)	바닷물 속의 함량(%)	가동률
Cl^-	0.05	6.75	100
SO_4^{2-}	0.15	11.60	?

풀이 Cl^-와 SO_4^{2-}의 가동률이 같다고 가정하면 암석 속의 SO_4^{2-} 함량이 3배 많기 때문에 바닷물 속의 함량도 3배 많아야 한다. 즉 $6.75 \times 3 = 20.25$가 되어야 한다. 하지만 SO_4^{2-}의 바닷물 속의 실제 함량은 11.60이기 때문에 $11.60/20.25 = 0.5728$이 되므로 SO_4^{2-}의 가동률은 57.28%가 된다.

CHAPTER 03

토양모재

01 토양모재의 구분

(1) 구 분

① 무기모재 : 암석의 풍화로 만들어진 성긴 상태의 광물질입자

㉠ 잔적모재 : 풍화된 장소에 남아서 된 모재

㉡ 운적모재

- 물, 바람, 빙하, 중력에 의해 다른 곳으로 이동하여 퇴적된 모재
- 농경지 토양모재의 대부분을 차지

② 유기모재

㉠ 동 · 식물에서 기인한 유기물질로 된 모재

㉡ 유기물의 분해가 느린 고위도 냉대 또는 저습지 등에 발달

(2) 모재가 토양에 미치는 영향

① 화학적 및 광물학적 조성

② 식생의 발달

③ 점토광물의 종류와 양

④ 토성(토양무기입자들의 크기 분포)

02 잔적모재

(1) 잔적무기모재

① 구릉지와 저구릉지 : 경사가 완만한 지역에서 토심이 깊고 완숙한 토양으로 발달

② 산악지 : 얇은 두께의 암쇄토가 됨. 산악 식물에 중요

(2) 퇴적유기모재

① 생성조건

㉠ 호수나 습지 등 산소공급이 제한되어 유기물 분해가 느려 축적되는 환경

㉡ 낮은 온도로 미생물 활동이 약한 고위도지대

② 면적은 적지만 세계 도처의 습한 지역에서 발견

③ 우리나라 서해안 일대 야산 곡간에 인접한 해성토 심층의 이탄층

황화물 함유량이 높아 특이산성토양물질로 변하는 것에 유의해야 함

> **PLUS ONE**
>
> 특이산성토양
>
> 산화상태가 되면 황산이 생성되어 강한 산성이 되고, 환원상태가 되면 황화수소가 발생하여 식물을 해하는 특성이 있음

03 운적모재

(1) 물에 의한 퇴적

① 충적퇴적토 또는 충적모재

② 충적평(탄)지(Alluvial Plain) : 충적모재로부터 유래된 지역

③ 하성충적모재 : 강이나 하천의 담수에 의하여 운반 · 퇴적된 모재

④ 해성충적모재 : 바닷물에 의하여 운반 · 퇴적된 모재

⑤ 하해혼성충적모재 : 바닷물과 강물이 섞이는 하구 등지에 퇴적된 모재

⑥ 호성충적모재 : 물이 호수로 유입되면서 퇴적된 모재

⑦ 빙하퇴토(Moraine) = 빙하범람지 : 빙하에 동반하여 운반된 토사

⑧ 주요 운적모재의 특징

<table>
<tr><th>구 분</th><th colspan="2">특 징</th></tr>
<tr><td rowspan="4">선상지퇴적물
(Alluvial Fan)</td><td colspan="2">• 산 계곡물이 평야지로 빠져 나오는 계곡 입구에서 부채꼴 모양으로 퇴적
• 우리나라는 산악지가 많아 크고 작은 선상지가 발달</td></tr>
<tr><td>선정(부)
(Apex)</td><td>• 계곡 입구
• 가장 조립질인 바위, 돌, 암편 등이 기층을 이룸
• 표면수는 보통 지하로 스며들어 흐르며, 표층으로 올라오면서 점차 작은 입자들이 퇴적
• 돌이나 암편의 노출이 많아 경작지로 부적합
• 과수나 유실수 재배 가능</td></tr>
<tr><td>선앙
(Mid-fan)</td><td>• 선상지 중간 부분
• 주로 밭으로 이용</td></tr>
<tr><td>선단
(Fan Base)</td><td>• 선상지 끝부분
• 주로 논으로 이용</td></tr>
<tr><td>범람원
(Flood Plain)</td><td colspan="2">• 강 하류에서 물이 범람하여 강 주변에 퇴적되어 형성
• 강줄기에서 가까운 곳에 입자가 큰 퇴적물이 쌓이면서 주변보다 약간 높은 모래언덕(자연제방)이 형성되고, 작은 입자들은 모래언덕 너머 평탄지에 퇴적되며, 가장 세립인 입자들은 먼 산 쪽까지 이동하여 퇴적되면서 약간 낮은 요함지(배후습지)를 형성
• 퇴적토는 여러 모암지역을 거치면서 혼합되기 때문에 모암을 따지기 어려움
• 충적물 자체가 하나의 특색 있는 모재가 됨</td></tr>
<tr><td>하해혼성
퇴적지</td><td colspan="2">• 강물이 바다에 이르러 만조 시 물의 흐름이 정체되는 곳에서 퇴적 활발
• 강물의 미립자는 바닷물과 섭촉하면 쉽게 응축 · 결합하여 퇴적
• 삼각주 형성
• 내염성 식물(온대 : 갈대, 열대 : 맹그로브)이 자라면서 퇴적되어 이탄 형성
• 강한 환원상태에서는 황화철(FeS)이 생성되어 잠재 특이산성토가 됨</td></tr>
<tr><td>해안퇴적물</td><td colspan="2">• 바다로 유입된 토사가 다시 해안으로 밀려와 퇴적된 모재
• 사주(Bar)와 석호(Lagoon) 형성
• 석호에서 갈대와 같은 염생식생이 퇴적되어 유기모재(이탄층) 형성
• 해안까지 온 모래는 해변과 사구를 형성
• 해면의 변동으로 침식 또는 퇴적단구군 형성
• 우리나라 서해안은 침강해안으로 세립질의 갯벌이 발달하며, 간척하여 농경지로 사용됨</td></tr>
<tr><td>호숫물에 의한
퇴적</td><td colspan="2">• 퇴적물 입자의 크기가 다양하며 층을 형성 → 빙호점토
• 빙호점토(Varved Clay)의 생성 원인 : 겨울철과 여름철 퇴적물의 특성이 다르기 때문</td></tr>
<tr><td>빙하에 의한
퇴적물</td><td colspan="2">• 거대한 빙하가 경사면을 따라 흘러내릴 때 막대한 압력 발생
• 바위 표면을 깎아 내어 흐르기 때문에 빙하가 흐른 지역은 단단한 평탄지가 됨 → 빙력토평원(Till Plain)
• 종퇴석(End Moraine) : 빙하가 녹은 자리의 머리 부분에 남은 반원형의 퇴적물
• 빙하퇴모재는 여러 암석이 깨져 혼합되므로 일정한 조성을 갖지 않음</td></tr>
</table>

(2) 바람에 의한 퇴적

① 입자의 크기에 영향을 받음

② 사구와 황사

구 분	사구(Sand Dune)	황 사
입자 특성	멀리 이동하기 어려운 굵은 입자	• 멀리 이동하는 작은 입자 • 건조지역에서 발생하며 석회함량이 높고 비옥한 토양을 만듦
이동 및 퇴적 특성	• 모래공급원 가까이에 형성 • 돌풍이 부는 짧은 시간 동안 이동 • 바람 방향의 방해물 뒤쪽에 퇴적	퇴적물의 두께가 수백 미터 이상이 되기도 함 예 미시시피강 유역, 황하유역

③ 화산분출물(Tephra) : 화산 활동이 활발한 곳의 중요한 토양모재

㉠ 화산력, 화산사, 화산재 등 쇄설물이 퇴적된 것

㉡ 화산 분출로 쌓이기 때문에 다른 모재의 중간에 층을 이루거나, 최근에 분출했다면 표층에 쌓이게 됨

㉢ 결정구조가 미약한 다공성 모재로 풍화되기 쉬움

(3) 붕적퇴적(Colluvium, Colluvial Deposits)

① 산지의 바위 풍화물질이 경사면을 따라 중력에 의해 이동되어 산록에 퇴적된 모재

② 퇴적과정 : 포행(사면을 따라 토사가 서서히 이동), 산사태, 동활(결빙되어 있는 심층 위를 소성태의 표토가 서서히 흐름), 토석류(습윤 기후의 산지 하부에서 팽창성 점토광물이 풍부한 풍화층이 이동)

③ 물의 작용이 가세하게 되면 산록보다 약간 더 멀리 흘러가 퇴적 → 충적붕적모재(Alluvium-colluvium Parent Materials)

④ 붕적퇴적물의 특성

㉠ 다양한 크기의 입자

㉡ 변성암이나 내풍화성 경암지대에서 암편 함량이 높고, 반고결상태의 연암 또는 토심이 깊은 지역에서는 암편의 함량이 적음

㉢ 운반 거리가 짧아 자갈의 마모율이 낮음

04 토양의 생성과 발달

PLUS ONE

토양생성과정

모래입자 크기의 감소, 광물의 변화와 재조합, 유기물의 첨가, 점토의 생성, 층위의 발달 등이 이루어지는 과정

토양생성인자

모재로부터 토양이 만들어지는 과정에 관여하는 5가지 인자들

① 모 재 ② 기 후 ③ 지 형 ④ 생물(또는 식생) ⑤ 시 간

인자들의 함수관계에 의하여 다양한 토양이 생성됨

(1) 토양생성인자

① 토양 : 여러 종류의 암석풍화물이 침식, 운반, 퇴적되어 특정 지형을 이룬 후 표층에 유기물이 추가되고 기후와 생물의 영향을 받아 층위를 이룬 이방체(Anisotropic Substance)로서 시간이 경과되면서 지속적으로 변화되는 동적인 3차원적 자연체

② Jenny : 미국 토양학자, 토양생성인자를 함수로 표현

$S = f(p, cl, o, r, t)$

p : 모재인자, cl : 기후인자, o : 생물인자, r : 지형인자, t : 시간인자

③ 토양생성인자 중 특히 주요하게 작용한 인자에 따른 토양 구분

모 재	Lithosequence
기 후	Climosequence
생 물	Biosequence
지 형	Toposequence
시 간	Chronosequence

(2) 모 재

① 광물 종류별로 풍화의 난이도가 다르기 때문에 모재의 광물학적 특성이 토양의 특성(광물조성, 화학적 비옥도 등)과 발달 속도에 영향을 준

㉠ 산성 화성암류 : 석영 및 1가 양이온의 함량이 높고 물리성이 양호한 토양으로 발달

㉡ 염기성 화성암류 : 칼슘, 마그네슘 등의 2가 양이온의 함량이 높고 비옥한 토양으로 발달

② 물리적 특성이 토양 발달에 미치는 영향
㉠ 굵은 입자의 모재 : 물질의 하방이동이 활발
㉡ 고운 입자의 모재 : 물의 이동 제한으로 회색화 현상 발생

③ 우리나라의 모재 특성
㉠ 모암의 2/3 이상이 선캄브리아시대의 화강암 및 화강편마암
㉡ 일부 지역에 반암(Porphyry)이 넓게 분포
㉢ 영남 내륙 : 중생대 경상계에 속하는 혈암, 사암, 역암 등 퇴적암류 넓게 분포
㉣ 석회암 분포 지역 : 황해도(서흥, 신막), 평남(덕천, 성천), 충북(단양), 강원도(삼척, 대화), 경북(문경, 울진)
㉤ 화산성 퇴적물 또는 현무암질 모재 분포 지역 : 제주도, 울릉도, 철원평야 등
㉥ 영일만 일대 : 제3기층에 기인된 연암(반고결암) 또는 융기성해성토양과 해안 사구 등의 풍적모재 일부 분포

(3) 기 후

① 토양생성인자 중 가장 중요, 특히 강수량과 기온이 가장 중요

② 강수량과 온도의 직접적인 영향 : 토양에 유입되는 물(강수량, 강수의 형태, 연중 강수분포 중요)은 풍화작용과 풍화산물의 용탈과 유실을 통해 토양 발달에 영향을 줌
- 강수량이 많을수록 토양생성속도가 빨라지고 토심이 깊어짐
- 강수의 세기는 지표 유거수의 발생량, 토양침식, 토양입자의 파괴에 영향을 줌

③ 온도 : 온도가 높을수록 풍화속도가 빨라짐
㉠ 온도가 10℃ 상승하면 화학반응은 2~3배 이상 증가
㉡ 증발산량을 결정하기 때문에 풍화산물의 용탈 등 토양 중 물질 이동에 영향을 줌

④ 강수량과 증발량의 차이는 용탈과 유실을 유발할 수 있는 물의 양을 결정하게 되며, 이는 강수량과 기온의 상호작용으로 결정됨

⑤ 강수량과 온도 지수
㉠ P－E율: 월강수량을 월증발량으로 나눈 값
㉡ P－E지수: 1년 동안의 월별 P－E율을 더한 값, 강수효율을 나타내는 지표

$$\text{P－E지수} = \sum_{i=1}^{n=12}\left(\frac{\text{월강수량}}{\text{월증발량}}\right)_n$$

㉢ T－E지수: 기온과 강수량의 관계, 기온효율을 나타냄

$$\text{T－E지수} = \sum_{i=1}^{n=12}\left(\frac{\text{월강수량}}{\text{월평균기온}}\right)_n$$

㉣ P−E지수와 T−E지수별 기후와 식생 특성

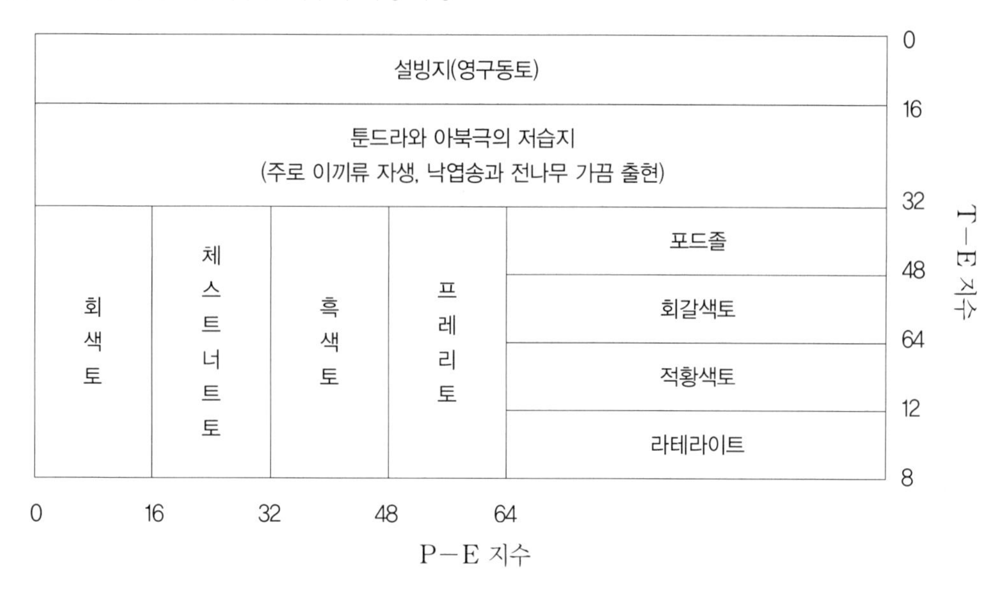

㉤ 강수량은 절대량과 함께 연중 분포양상이 중요

강수량이 많은 습윤지역	Ca과 Mg 등의 양이온이 용탈 → 미포화 산성 교질 생성
건조 또는 반건조 지대	Ca, Mg, K 등이 포화되면서 유리의 Ca, Mg, Na 등이 Ca 집적층이나 Na 집적층 형성 → 염류토 또는 알칼리토 생성

⑥ 기후조건이 토양유기물 함량에 미치는 영향

㉠ 낮은 온도, 많은 강수 조건에서 토양유기물 함량이 높음

㉡ 고온에서는 강수량과 상관없이 유기물 함량이 낮음

⑦ 온도조건이 철(Fe)의 산화도에 미치는 영향

㉠ 열대지방 : 철의 산화도가 높고 유기물 함량이 적어 암적색 또는 적색 토양 생성

㉡ 습윤 온대지방 : 철의 산화도가 열대지방에 비해 낮으며 황색 또는 갈색 토양 생성

(4) 지 형

① 경사도

㉠ 급할수록 토양의 생성량보다 침식량이 많아짐 → 토심이 얕은 암쇄토(Lithosol) 생성

㉡ 평탄할수록 표토가 안정되고 투수량 증가 → 토심이 깊고 단면이 발달한 토양 생성

② 토양수분조건

㉠ 볼록지형 : 강우량의 일부 유거로 부분적 건조 현상 발생

㉡ 오목지형 : 강우의 집중으로 부분적 습윤 현상 발생, 주변 평탄지와 토양의 발달 정도가 달라짐

③ 평탄지 토양의 특성

㉠ 구릉지보다 투수량이 많기 때문에 물질의 이동량 증가

㉡ 표층에서 용탈된 점토와 이온이 심층에 집적하여 B층 구조가 발달함

㉢ 표층은 용탈로 인해 pH와 점토 함량이 적어짐

④ 지하수위의 영향

㉠ 습윤지역의 배수로 주변 지하수위가 낮은 표층

- 유기물 분해량이 많아지고 총질소함량이 적어짐
- 규산의 용탈량이 많아져 토양교질의 규반비가 낮아짐
- A층에 대한 B층의 점토함량비가 높아지기 때문에 토층 발달 촉진
- 배수가 불량해질수록 반대 현상이 일어남

㉡ 건조지역의 지하수위가 높은 곳

- 수분의 모세관 상승량이 많아져 염류집적량 증가
- 알칼리화 촉진

(5) 생 물

① 동물, 식물, 미생물 그리고 인류의 영향도 포함 → 식물의 영향이 가장 큼

② 식 생

㉠ 기후의 영향을 가장 크게 받는 종속변수

㉡ 동일 지대에서 지형에 따른 수분 공급력, 모재에 따른 토양반응과 양분 함량의 차이 등의 영향을 받음

㉢ 식생의 영향을 독립변수로 분석하기 위한 조건

- 지형과 모재가 동일한 지역
- 두 종류의 식생 조성

③ 토양의 생성과 관련된 식생 구분

㉠ 삼림 : 습윤지대에서 우세, 낙엽의 축적으로 O층 발달

㉡ 사막형 관목림 : 건조지대

㉢ 초원 : 건습반복지대, 초본의 뿌리조직 분해산물의 축적으로 어두운 색의 A층 발달

㉣ 강우량과 기온에 따른 지구상의 식생분포양상

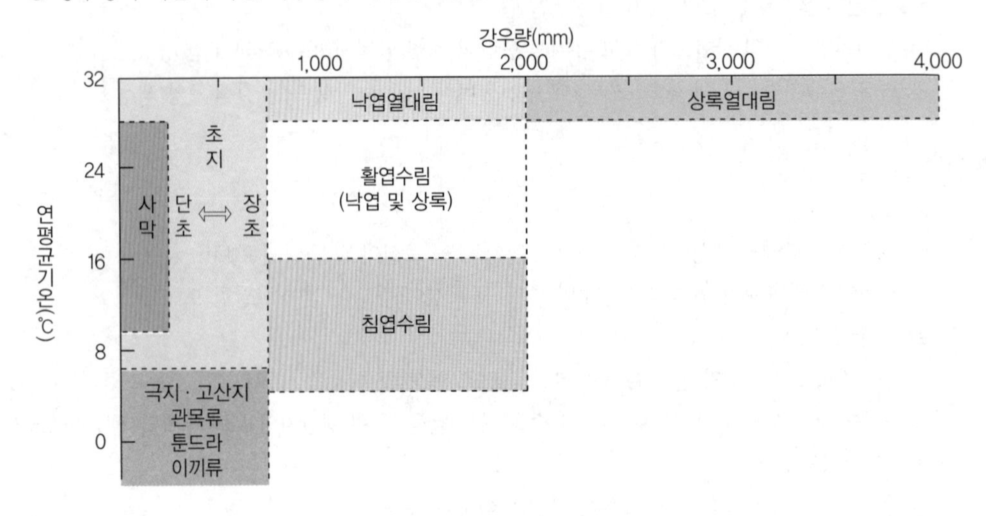

④ 식물 뿌리의 활성
　㉠ 토양 구조 발달
　㉡ 산성 환경 조성 → 광물의 풍화 촉진
⑤ 동물의 역할
　㉠ 유기물 분해
　㉡ 토양을 혼합하여 층위의 발달에 관여
⑥ 미생물의 역할
　㉠ 유기물 분해
　㉡ 부식의 생성
　㉢ 식물 생장에 관여 → 식물의 토양생성작용 촉진
⑦ 인류의 역할
　㉠ 종족과 문화에 따라 다른 영향
　㉡ Plaggen 표층의 형성 : 장기간 두엄을 뿌린 결과로 가축사육과 초지농업을 해 온 북구의 오래된 농가 근처 초지에 발달
　㉢ 담수에 따른 숙답화현상 : 아시아 쌀 문화권의 논 토양
　㉣ 산림벌채와 화전농업에 따른 영향 : 아프리카, 중남아메리카, 동남아시아 일대

(6) 시 간

① 여러 토양생성인자들의 영향은 시간과 더불어 토양 단면에 나타남
② 안정지면 : 시간인자의 누적효과가 나타남
③ 급경사지 : 시간인자의 누적효과를 볼 수 없어 토심이 매우 얕은 암쇄토(Lithosol) 생성
④ 시간인자의 누적효과
　㉠ 토양발달도(토양단면에서 층위의 분화 정도)로 나타냄
　㉡ 누적효과가 클수록 토양발달도가 증가함
　㉢ 층위의 수, 두께, 질적 차이(구조발달도, 점토피막의 두께)에 따라 토양발달도 결정

05 토양단면

(1) 개 요

① 토양은 토양생성과정이 진행되면서 특징적인 층위의 분화가 일어남

② 토양단면의 형태적 특성을 통해 토양생성요인의 작용 정도와 토양의 발달정도를 알아냄

③ 토층(Soil Horizon)

㉠ 토양생성인자의 작용에 의하여 분화 발달한 층위(Pedogenic Horizon)

㉡ 단순한 지질적 퇴적층(Geogenic Layer)과 다름

㉢ 토층의 분화가 이루어져야 비로소 토양이라 부르지만, 응용토양학에서는 단순한 퇴적물인 백사장, 화산분출물, 수면 하의 퇴적물도 토양으로 봄

㉣ 기본토층(Master Horizon)과 종속토층(Subordinated Horizon)으로 구분

(2) 토양단면의 기본토층

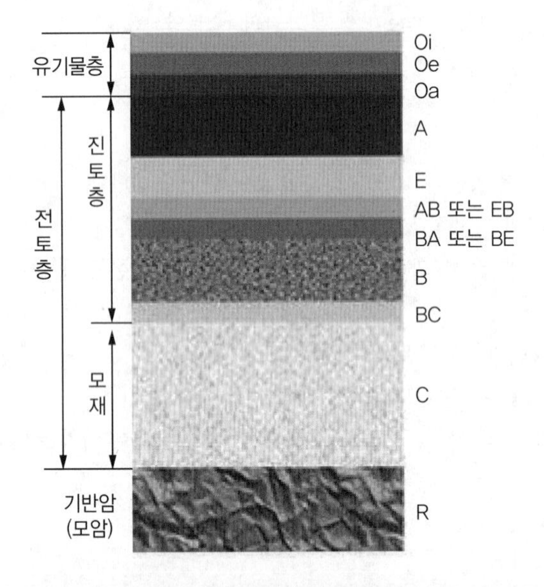

토층 명칭	특 징
H	물로 포화된 유기물층
Oi	미부숙 유기물층
Oe	중간 정도 부숙된 유기물층
Oa	잘 부숙된 유기물층
A	무기물 토층(부식 포함), 어두운 색
E	용탈흔적이 가장 명료한 층

AB · EB	전이층(A → B, E → B), 단 특성 : A>B, E>B
BA · BE	전이층(A → B, E → B), 단 특성 : A<B, E<B
E/B	혼합층(단 E층의 분포비가 우세), 우세층 먼저 표기
B	무기물집적층
BA · BC	전이층(B → A, B → C), 단 특성 : A, C<B(B층 우세)
B/E	혼합층(B층 분포비가 우세)
BC · CB	전이층(우세 토층 먼저 표기)
C	모재층(잔적토 : 풍화층, 운적토 : 원퇴적 사력층)
R	모암층(수직적으로 연속 분포, 수작업 굴취 불가)

① 기본토층 : O층, A층, E층, B층, C층

② 진토층(Solum) : A층 + E층 + B층

③ 전토층(Regolith) : A층 + E층 + B층 + C층

④ 기본토층의 특징

O층	• 유기물층(Organic Horizon) • 무기질 토층 위에 위치 • 고사목, 나뭇가지, 낙엽 및 동식물의 유체 등으로 구성된 층 • 고산악 또는 고위도 삼림지에서 흔히 볼 수 있음 • 초지에서는 쉽게 분해되어 무기물과 혼합되기 때문에 존재하지 않음 • 식생이 풍부한 중위도지대 또는 분해가 느린 고위도 습윤 냉대에서 여러 가지 형태의 유기물층을 볼 수 있음 • Oi층 : 미부숙된 유기물층 • Oe층 : 중간 정도의 부숙유기물층 • Oa층 : 잘 부숙된 유기물층
A층	• 무기물표층(Topmost Mineral Horizon) • 부식화된 유기물과 섞여 있음 • 아래 층위보다 암색을 띠고 물리성이 좋음 • 대부분 입단구조가 발달되어 있고 식물의 잔뿌리가 많음 • O층이 없거나 경사지, 개간지, 토심이 얕은 암쇄토에서 침식을 받기 쉬움
E층	• 최대 용탈층(Eluvial, Maximum Leaching Horizon) • 규반염점토와 철 · 알루미늄 산화물 등이 용탈되어 위 · 아래층보다 조립질이거나 내풍화성 입자의 함량이 많음 • 담색을 띰 • 과용탈토(Spodosol)의 표백층이 대표적인 E층 • 부식산이 많이 생성되고 강수량이 많은 지역에서 발달

B층	• 집적층(Illuvial Horizon) • 습윤지대에서 O층, A층, E층 등의 상부 토층으로부터 용탈된 철 · 알루미늄 산화물과 미세점토(Fine Clay)가 집적되어 생성 • 위 · 아래층보다 색깔이 더 진함 • 토괴의 표면에 점토피막이 형성되기 때문에 구조의 발달을 볼 수 있음 • 점토피막이 두꺼울수록 구조의 발달이 좋아짐 • 피막을 현미경으로 관찰하면 나이테 모양으로 침착되어 있음
C층	• 모재층(Parent Material Layer) • 무기물층으로서 아직 토양생성작용을 받지 않은 모재의 층 • 심한 침식을 받은 경우 A층과 B층이 발달하지 않아 지표면이 될 수 있음
R층	• 모암층 • C층 아래 또는 C층이 없을 경우 B층 아래에 위치
전이층	• 혼합층 • 두 가지 토층의 특성을 동시에 지닌 토층 • 두 가지 특성 중 우세한 쪽의 토층명을 먼저 씀 예 BC층 : C층에서 B층으로 전환되고 있는 토층으로 B층의 특징이 더 큼

(3) 토양단면의 종속토층(보조토층)

① 토양생성과정을 통하여 생성된 특징적 토층을 표시하기 위해 사용

② 영문 소문자로 표기되며 기본토층 이름 다음에 붙임

예 Oa : 유기물층(잘 부숙된 것), Oe : 유기물층(중간 정도의 부숙)

③ 종속토층의 종류별 기호와 특성

종속토층의 종류별 기호	토층의 특성
a	유기물층(잘 부숙된 것)
b	매몰 토층
c	결핵(Concretion) 또는 결괴(Nodule)
d	미풍화 치밀물질층(Dense Material)
e	유기물층(중간 정도의 부숙)
f	동결토층(Frozen Layer)
g	강 환원(Gleying) 토층
h	이동 집적된 유기물층(B층 중)
i	유기물층(미부숙된 것)
k	탄산염집적층
m	경화토층(Cementation, Induration)
n	Na(Sodium) 집적층
o	Fe · Al 등의 산화물(Oxides) 집적층

p	경운(경작 : Plowing) 토층 또는 인위교란층
q	규산(Silica) 집적층
r	잘 풍화된 연한 풍화모재층
s	이동 집적된 유기물 + Fe · Al 산화물
t	규산염점토의 집적층
v	철결괴(Plinthite)층
w	약한 B층(토양의 색깔이나 구조상으로만 구별됨)
x	이쇄반(Fragipan), 용적밀도가 높음
y	석고집적층
z	염류집적층

06 토양생성작용

(1) 토양무기성분의 변화

① 초기토양생성작용

㉠ 모암이나 모재로부터 최초로 토양이 생성되는 단계

㉡ 자급영양미생물 단계 : 녹조류, 남조류, 규조류 등이 암편에 번성

㉢ 타급영양미생물 단계 : 점균류, 사상균, 방선균 등이 번성하면서 장석 또는 운모류를 풍화시켜 표면에 얇은 점토의 막을 형성

㉣ 지의류(Lichen) 단계

- 암석 표면에 번성
- 유기산을 분비하여 광물의 금속원소와 수용성 착화합물을 생성하고 감람석, 휘석, 각섬석, 운모류, 회장석 등을 분해하여 변질시킴
- 지의류 유체가 미생물에 의해 분해되어 부식화되어 암석 표면에 얇은 세토층 형성
- Montmorillonite 또는 Illite 같은 점토광물 생성

㉤ 미세한 곤충 단계

- 세토층이 두꺼워지면서 번성
- 더욱 두꺼운 판상의 조부식층을 형성하고 다량의 세토 생성

㉥ 화본과 초본 잡초의 발생 단계

- 세토 중 점토함량이 1/4~1/3에 달하게 됨
- 조부식층에서 화본과 잡초가 흡수하여 생성한 규화세포 등의 식물규산체(Phytolith)가 발견됨

ⓢ 토양동물상의 변화 단계
- 다족류 등 대형 동물군 서식
- 토양동물에 의한 2차적 분해 등으로 부식 형성이 현저히 진행
- 부식층이 명료한 A/C층을 가진 미숙 암쇄토 생성

ⓞ 부식점토복합체가 생성되어 토양골격을 이루고, 입단구조가 발달하여 고등식물의 생육이 가능한 토양이 됨

② 점토생성작용(Argillation, Clay Formation)

㉠ 1차 광물이 분해되어 결정형 또는 비결정형의 2차 규산염광물을 생성하는 과정
㉡ 광물이 풍화되면서 용액 속에 이온상태로 방출되거나 교질상태로 됨
㉢ 재결합을 통해 2차 광물로 재합성
㉣ 운모 · 장석 등 각종 규산염광물의 최종 분해산물들이 재결합된 것이 점토의 주류를 이룸
㉤ 규산염광물의 풍화조건과 생성되는 점토의 종류

규소4면체층 : 알루미늄8면체층 결합비 및 생성에 관여하는 주요 이온의 조건			반응조건	
구 분	풍부한 이온	부족한 이온	알칼리성~약산성	강산성
2:1형 광물	K		Illite	–
	K, Fe		Glauconite	–
	Mg	Fe, K	Montmorillonite, Beidelite	–
	Mg, Fe	K	Vermiculite	–
1:1형 광물		K, Mg, Fe	–	Kaolinite, Halloysite

③ 갈색화작용(Braunification)

㉠ 화학적 풍화작용으로 녹아나온 철 이온이 산소나 물 등과 결합하여 가수산화철이 되어 토양을 갈색으로 착색시키는 과정
㉡ 토양의 층위분화의 정도를 나타내는 중요한 지표
㉢ pH 7.0 이하에서 유리철의 생성이 급진적으로 일어남
㉣ 습윤 온대지방 : 유리된 철이온의 침전 → 갈색의 비결정질 가수산화철 생성 → 습윤건조의 반복으로 서서히 노화 → 적갈색을 띤 침철광(Goethite, α–FeOOH)으로 전환
㉤ 열대, 아열대지역 : 탈수과정이 더 진전되어 밝은 적색을 띤 적철광(Hematite, α–Fe_2O_3) 생성

ⓑ 유리철화합물의 형태 분류

비정질과 결정질로 구분

광물명		화학식	색상(특성)
비정질	흡착태	Fe^{2+}, Fe^{3+}	–
	부식과 결합태	유기 · 무기착체	–
	규산철	Fe_2SiO_4, $FeSiO_3$	–
	수산화철	$Fe(OH)_2$, $Fe(OH)_3$	백색, 적갈색
	함수산화철	$Fe_2O_3 \cdot nH_2O$	적갈색
결정질	침철광(Goethite)	α–FeO(OH)	황갈색, 적갈색, 흑갈색
	인섬석(Lepidocrocite)	γ–FeO(OH)	등 색
	적철광(Hematite)	α–Fe_2O_3	선적색
	자적철광(Maghemite)	γ–Fe_2O_3	갈색(강자성)
	능철광(Siderite)	$FeCO_3$	암회색
	남철광(Vivianite)	$Fe_3(PO_4)_2 \cdot 8H_2O$	암청색
	자철광(Magnetite)	Fe_3O_4	흑색(강자성)

④ 철 · 알루미늄집적작용

㉠ 강수량이 많고 기온이 높은 환경

- 염기와 규산이 심하게 용탈
- 토양의 pH가 수산화알루미늄과 수산화철의 등전점에 가까워 이들 수산화물이 불용성이 되어 침전

㉡ 화학반응식

$4CaFeSi_2O_6 + 18H_2O + O_2 \rightarrow Fe(OH)_3 + 8H_2SiO_3\downarrow + 4Ca(OH)_2\downarrow$

$KAlSi_3O_8 + 5H_2O \rightarrow Al(OH)_3 + 3H_2SiO_3\downarrow + KOH\downarrow$

규소, 칼슘, 칼륨 등이 용탈로 빠져나가고, 철과 알루미늄수산화물이 남게 됨

㉢ 건기와 우기가 반복되는 열대와 아열대의 흔한 토양이며 주로 잔적토임

㉣ 토양의 색깔이 빨간 적토

㉤ 표층의 철 함량 60~70%, 산화알루미늄 함량 15~20%

㉥ 토양 특성

- 비옥도가 낮은 산성토양
- 점토의 활성이 낮아 양이온치환용량이 낮음
- 딱딱하여 경운이 어려움
- 농사짓기에 불리한 토양

㉦ 철결괴(Plinthite) : 지하수위가 높은 곳에서 발견, 고결상의 산화철 응집체의 판상 · 다각상 · 망상 등의 암적색 덩어리

⑥ 라테라이트토양

- 토심이 수십 미터 또는 그 이상으로 깊게 발달
- 표층 : 철각층으로 집적작용(Ferrallitization)을 받고 있어 B1층에 해당
- 표층 아래 Fe와 Al 집적이 가장 큰 B2층 위치
- 그 아래 풍화대와 모재층(C층) 위치
- 규산함량이 모재층에서부터 위로 올라갈수록 감소
- 규반비(SiO_2/Al_2O_3) 2.0 이하로 낮은 토양 생성
- 과거의 이름 : 라토솔(Latosol), 라테라이트(Laterite), 라테라이트화토(Lateritic Soil), 철반토(Ferralsol), 철반화토(Ferrilitic Soil), 카올리솔(Kaolisol)
- 현재 신토양분류법에서는 Oxisol로 통일하였고, 기준에 미달되는 일부 Al, Fe 집적토양은 Ultisol로 분류

(2) 유기물의 변화

① 부식집적작용

㉠ 부식화 : 동 · 식물의 유체가 토양미생물에 의해 분해되면서 중간대사물질을 거쳐 부식이 재합성되는 것

㉡ 유기물의 분해상태와 무기물과의 혼합상태에 따른 구분

Mor	Moder	Mull
• 유기물이 미생물의 활동 부족으로 일부만 분해된 것 • 토양 표면에 O층을 이룸	• Mor와 Mull의 중간적 특성 • 위층은 분해되지 않은 유기물층, 아래층은 A층(무기질)과 혼합된 Mull층과 비슷	• 분해가 양호한 유기물 • Mild Humus • pH 4.5~6.5 • 광질토양과 잘 섞여 두꺼운 입상구조를 가진 A층 이룸

㉢ 입상부식형 Moder : 유기물 퇴적 상태는 Mull과 비슷하나 미세구조형태학적으로 가늘게 부서진 세포조직의 잔사물. 비교적 큰 분립과 파편, 광물입자들도 비슷한 비율로 섞여 있고 응집성을 띤 것

② 이탄집적작용(Peat Accumulation)

㉠ 혐기상태(산소가 부족한 상태 : 배수가 안 되거나 장시간 물이 정체되는 요함지, 지하수위가 지표면 가깝게 높은 토양에서 나타나기 쉬움)에서 불완전하게 분해된 유기물의 집적

㉡ 육안으로 식물의 조직 식별 가능

(3) 토양생물의 작용과 물질의 이동

① 회색화 작용(Gleyzation)

㉠ 과습으로 인한 산소 부족으로 형성된 환원상태에서 철과 망간이 환원됨에 따라 토양의 색이 암회색으로 변하는 작용

㉡ 회색화 토층 또는 회색화층(Gley Horizon) : 회색화 작용으로 형성된 제1철 화합물이 풍부한 청록회색 또는 암회색 토층

㉢ 수직배수가 잘 안 되는 투수 불량지 또는 지하수위가 높은 곳에 흔함

PLUS ONE

산화환원상태에 따른 철과 망간의 토양 중 존재 형태

구 분	철	망 간	설 명
산화 상태	Fe^{3+}	Mn^{4+}, Mn^{3+}	산소가 풍부한 조건
환원 상태	Fe^{2+}	Mn^{2+}	산소가 부족한 조건

② 염기용탈작용(Leaching of Bases)

㉠ 강수량이 증발량보다 많은 염기세탈형 수분상태에서 나타남

㉡ 토양용액이 이동하면서 염기가 함께 씻겨나가는 작용

㉢ 알칼리류(K, Na), 알칼리토류(Ca, Mg), 치환성 양이온 등의 탈염기작용

③ 점토의 이동작용

㉠ 점토(특히, 1㎛ 이하의 세점토), 철 산화물, 철 수산화물, 세립 규산염 1차 광물 등이 토양 하층에 집적되는 작용

㉡ 결과적으로 A층보다 B층의 점토함량 많아짐

㉢ 토괴에 점토피막(Oriented Clay, Clay Cutan, Clay Skin)이 발달해 있을수록 발달한 토양

㉣ 점토의 기계적 이동작업(Lessivage)의 발생 요인

- 침투수에 의한 운반작용
- 점토-유기물복합체의 형성에 따른 가용화와 하층에서의 유기물 분해에 따른 재침전
- 규산의 보호교질작용에 의한 점토입자의 분산
- Ca이온의 감소에 따른 점토입자의 분산

참고

토양의 발달 순서

미숙토 → 반숙토 → 완숙토 → 과숙토

PLUS ONE

보호콜로이드(보호교질)의 생성

- 점토입자의 응집 일부는 점토 표면의 음전하와 바깥쪽에 존재하는 양하전과의 결합에 의하여 점토입자가 망상으로 연결
- 친수성 유기화합물(예 폴리페놀류)이 흡착된 점토광물의 바깥쪽에 있는 양하전을 중화하기 때문에 점토의 해교가 촉진됨
- 저분자의 규산에 의해서도 생성

④ 포드졸화작용(Podzolization)

㉠ 습윤한 한대지방의 침엽수림 : 미생물 활동이 느려 표토에 유기물 집적

㉡ 강산성을 띠는 수용성의 저분자 부식물질(예 풀브산)을 많이 함유하게 됨

㉢ 투수성이 큰 조립질토에서 토양용액의 하방이동 증가

㉣ 염기성 이온의 용탈 → 토양 산성화로 철과 알루미늄 등이 가용화되어 하층에 이동하여 집적 → 용탈층은 과용탈되어 심하면 회백색을 띤 토층(Albic Horizon) 생성

㉤ 집적층에 흑갈색의 부식이 집적되고 적갈색을 띤 철집적층이 생성되는 등 층위분화가 명료한 포드졸(Podzol) 토양 생성

㉥ 표백층을 E층으로 표기

⑤ 염류화작용(Salinization)

㉠ 토양용액에 녹아있는 수용성 염류(NaCl, $NaNO_3$, $CaSO_4$, $CaCl_2$)의 농도가 점차 높아져 침전 · 석출되고, 토양단면 상부의 표토 밑에 집적되는 현상

㉡ 증발량이 강수량보다 많은 건조 기후에서 나타남 : 지하수가 모세관을 따라 상승하여 지표면에서 심한 증발현상이 나타남

㉢ 건조 · 반건조지에서의 관개농업은 지하수위의 상승, 수용성 염류의 과다 유입 및 용출로 염류화가 촉진됨

⑥ 탈염류화작용

㉠ 집적된 염류가 제거되는 현상

㉡ 강수량 증가, 지하수위 하강, 인위적 관개에 의해 토양수분의 모세관 삼투수량이 많아져서 생기는 용탈현상

㉢ 염류화작용의 반대 현상

⑦ 알칼리화작용(Alkalization, Solonization)

㉠ 가용성 염류가 집적된 토양에는 교질복합체가 점차 Na^+으로 포화됨

$$\text{흡착복합체}\begin{matrix}\nearrow Ca \\ \searrow Mg\end{matrix} + 4NaCl \rightarrow \text{흡착복합체}\ 4N + CaCl_2 + MgCl_2$$

㉡ Na^+의 농도가 높아지면
- 토양콜로이드의 분산성이 증대되어 졸(Sol)화 됨
- 강알칼리성이 되며, 이로 인해 부식이 용해되어 토층이 암색화 됨

㉢ 탈염류화작용을 받으면 과잉의 염류가 제거되고 Na^+으로 포화된 토양콜로이드는 분산되어 침투수와 함께 아래로 이동함

㉣ 토양에 흡착된 치환성 Na은 수용성 탄산이나 탄산염 등과 치환반응을 하게 되고, 생성된 탄산나트륨이나 탄산수소나트륨의 가수분해로 토양이 강알칼리성(pH 10~11)이 됨

$$\boxed{흡착복합체}\ 2Na + H_2CO_3 \rightarrow \boxed{흡착복합체}\ 2H + Na_2CO_3$$

$$\boxed{흡착복합체}\ 2Na + CaHCO_3 \rightarrow \boxed{흡착복합체}\ Ca + 2Na_2HCO_3$$

⑧ 석회화작용(Calcification)

㉠ 건조 또는 반건조지대의 비세탈형 토양수분상 조건

㉡ 연중 토양용액의 상승운동이 우세하지만, 우기에는 하강운동으로 용탈작용도 어느 정도 있을 때 일어나는 작용

㉢ 용해도가 큰 염화물과 황산염 등의 수용성 염류는 대부분 용탈되고, 용해도가 작은 $CaCO_3$ 또는 $MgCO_3$는 토양에 축적됨

㉣ 석회나 석고집적층 생성

⑨ 수성표백작용(Wet Bleaching)

㉠ 물로 포화되어 환원상태가 발달하게 되면 철과 망간의 용해도가 증가하여 용탈되기 때문에 표층이 회백색으로 표백되는 현상이 일어남

㉡ 지하수포드졸화작용(Groundwater Podzolization)이라고도 함

㉢ 수성표백층(Hydromorphous Bleached horizon) 생성

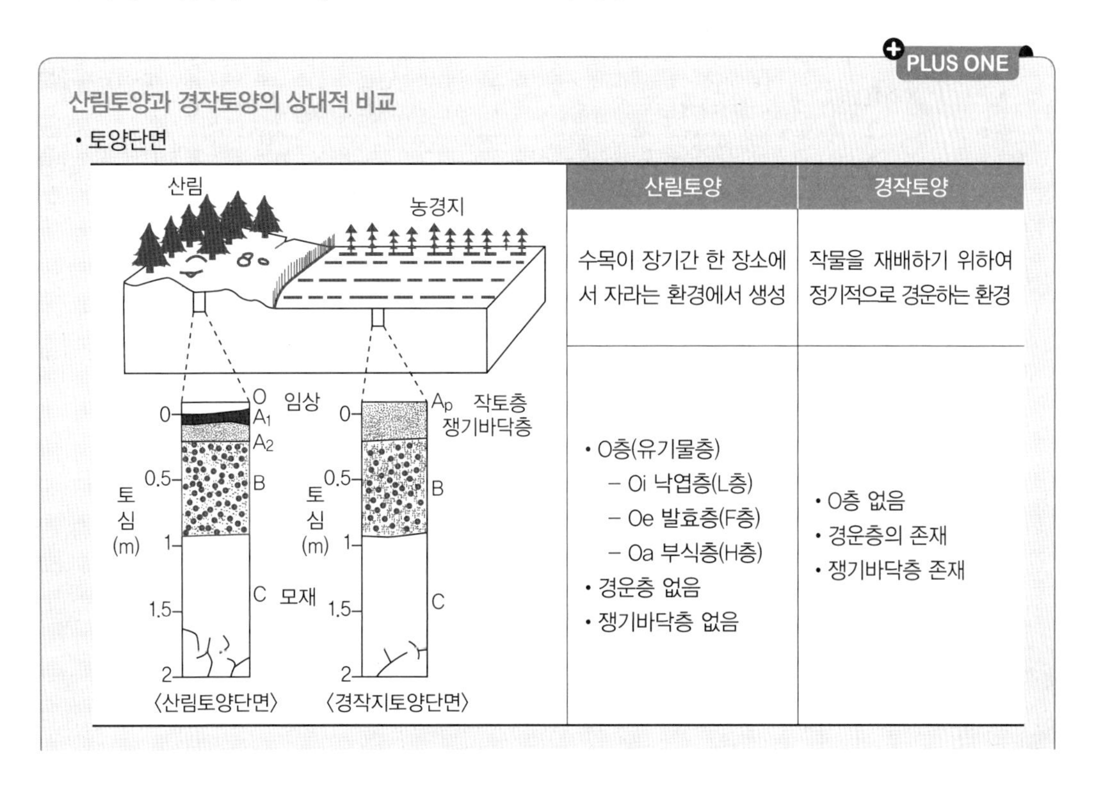

산림토양과 경작토양의 상대적 비교

• 토양단면

산림토양	경작토양
수목이 장기간 한 장소에서 자라는 환경에서 생성	작물을 재배하기 위하여 정기적으로 경운하는 환경
• O층(유기물층) – Oi 낙엽층(L층) – Oe 발효층(F층) – Oa 부식층(H층) • 경운층 없음 • 쟁기바닥층 없음	• O층 없음 • 경운층의 존재 • 쟁기바닥층 존재

• 토양의 물리성

비교 항목	산림토양	경작토양
토 성	주로 경사지에 위치하고 점토 유실이 심해 모래와 자갈 함량이 높음	미사와 점토 함량이 산림토양에 비해 높으며, 양토와 사양토의 비율이 높음
토양공극	임상의 높은 유기물 함량과 수목 뿌리의 발달로 공극이 많음	기계 작업 등으로 다져지기 때문에 공극이 적음
통기성과 배수성	토성이 거칠고 공극이 많아 통기성과 배수성이 좋음	토성이 상대적으로 곱고 공극이 적어 통기성과 배수성이 보통임
용적밀도	유기물 함량이 높고, 공극이 많아 용적밀도가 작음	유기물 함량이 낮고, 공극이 적어 용적밀도가 큼
보수력	모래 함량이 높아 보수력이 낮음	점토 함량이 높아 보수력이 높음
토양온도 및 변화	임관의 그늘 때문에 온도가 낮고, 낙엽층의 피복으로 변화폭이 작음	그늘 효과가 없어 온도가 높고, 표토가 노출됨에 따라 변화폭이 큼

• 토양의 화학성

비교 항목	산림토양	경작토양
유기물함량	낙엽, 낙지 등 유기물이 지속적으로 공급되고 축적되기 때문에 높음	경운과 경작으로 유기물이 축적되지 않기 때문에 낮음
탄질율 (C/N율)	탄소비율이 높은 유기물(셀룰로오스, 리그닌 등)이 공급되기 때문에 높으며, 유기물 분해속도가 느림	질소비율이 높은 유기물 자재와 질소 비료의 투입으로 탄질율이 낮으며, 유기물 분해속도가 빠름
타감물질	페놀, 탄닌 등 축적	거의 축적되지 않음
토양 pH	낙엽의 분해로 생성되는 휴믹산(Humic Acid)으로 인해 pH가 낮음(보통 pH 5.0~6.0)	석회비료의 시용 등 토양이 산성화되지 않도록 관리해야 하며, pH가 높음(보통 pH 6.0~6.5)
양이온치환용량 (CEC)	모래 함량이 높아 CEC가 낮음	점토 함량이 높아 CEC가 큼
토양비옥도	비료성분의 용탈과 낮은 보비력으로 비옥도가 낮음	토양개량과 비료관리로 비옥도가 높음
무기태질소의 형태	낮은 pH로 인해 질산화세균이 억제됨에 따라 암모늄태 질소(NH_4^+–N) 형태로 존재	질산화세균의 작용으로 질산태 질소(NO_3^-–N) 형태로 존재

• 토양의 생물학성

비교 항목	산림토양	경작토양
주요 미생물	낮은 pH에 대한 적응성이 큰 곰팡이(Fungi)가 많고, 세균(Bacteria)은 적음	세균과 곰팡이
질산화 작용	낮은 pH로 인해 질산화세균의 작용이 억제됨	질산화 작용이 활발함

PART 01 적중예상문제

01

토양생성 과정에 관여하는 지질학적 인자와 관련된 토양모재를 바르게 연결한 것은?

19 국가직 7급 기출

① 중력 – 충적토(Alluvium)
② 물 – 붕적토(Colluvium)
③ 빙하 – 종퇴석(Terminal moraine)
④ 열 – 사구(Dune sand)

해설 **운적모재**
물(충적토), 바람(사구 또는 황사), 빙하(종퇴석), 중력(붕적토)에 의해 다른 곳으로 이동하여 퇴적된 모재

02

다음에서 설명하는 토양생성작용으로 가장 적절한 것은?

18 국가직 7급 기출

- 지하수위가 높은 저습지나 배수 불량지에서 발생한다.
- 철의 용해성이 증가하여 하층으로 이동한다.
- 유기물의 분해가 느리게 진행된다.

① 라테라이트화작용(Laterization)
② 갈색화작용(Braunification)
③ 점토생성작용(Argillation)
④ 회색화작용(Gleyzation)

해설

회색화작용	과습으로 인한 산소부족으로 형성된 환원상태에서 철과 망간이 환원됨에 따라 토양의 색이 암회색으로 변하는 작용
포드졸화 작용	• 습윤한 한대지방의 침엽수림 • 미생물 활동이 느려 표토에 유기물 집적
라테라이트화 작용	강수량이 많고 기온이 높은 환경에서 염기와 규산이 심하게 용탈되어 철과 알루미늄수산화물이 남게 되어 토양의 색깔이 빨간 적토가 됨
갈색화작용	화학적 풍화작용으로 녹아나온 철 이온이 산소나 물 등과 결합하여 가수산화철이 되어 토양을 갈색으로 착색시키는 과정
점토 생성작용	1차 광물이 분해되어 결정형 또는 비결정형의 2차 규산염광물을 생성하는 과정
점토의 이동작용	• 점토(특히 1㎛ 이하의 세점토), 철 산화물, 철 수산화물, 세립 규산염 1차 광물 등이 토양 하층에 집적되는 작용 • 결과적으로 A층보다 B층의 점토함량이 많아짐

01 ③ 02 ④ 정답

03

우리나라 토양 생성의 특징으로 옳은 것만을 모두 고른 것은? 17 국가직 7급 기출

> ㄱ. 강원도와 충북의 일부 지역에는 석회암지대가 분포한다.
> ㄴ. 산림지 잔적토와 하천변 충적토는 토양생성 연대가 짧다.
> ㄷ. 국토의 2/3가 화강암, 화강편마암을 모재로 하는 산성토양이다.
> ㄹ. 강우로 인한 침식작용으로 구릉지 토양이 많고 염기가 용탈된 토양이다.

① ㄱ, ㄴ, ㄷ
② ㄴ, ㄷ, ㄹ
③ ㄱ, ㄷ, ㄹ
④ ㄱ, ㄴ, ㄷ, ㄹ

해설 우리나라의 지온은 표토에서부터 토심 50cm 부근에 여름과 겨울의 토양 온도차가 5℃ 이상이고 연평균 기온이 15℃ 이하(제주도의 일부와 남해안 일부 제외)로 온대상(Mesic Family)에 속한다. 연평균 강우량은 전국이 1,000mm ~1,500mm로 7, 8월에 집중강우를 보이며 이로 인하여 경사지에 있어서는 일반적으로 토양유실이 심하여 토심이 얕은 토양이 생성된다. 이와 반대로 하천부근의 평탄지 및 산록경사지 하부는 충적물이 퇴적되어 일반적으로 토심이 깊어 경사지 토양과 특성이 다른 토양이 생성된다. 우리나라의 자연적인 식생은 주로 침엽수와 활엽수의 혼성림 또는 간이초지로 구성되어 있고 생육상태는 양호한 편은 아니므로 여름의 집중강우에 의한 토양침식이 심하며 일부 지역은 기층 및 암반층이 노출된 곳도 있다. 또한 식생의 빈약으로 인하여 고산악지의 일부를 제외하고는 토양 중 유기물의 함량이 적으며 비교적 남색토양이 많다. 그러나 지금은 식생이 풍부해지고 있으므로 대부분의 임야는 토양 중 유기물의 함량이 비교적 많은 토양이 많아지고 있다.

04

산성조건에서 표토의 토양교질이 순양전하(Net Positive Charge)를 나타낼 수 있는 토양 목(Order)에 가장 부합하는 것은? 17 국가직 7급 기출

① Mollisols
② Oxisols
③ Vertisols
④ Alfisols

해설 Oxisols는 철과 알루미늄산화물이 많아 영구전하량의 비중이 낮고 pH 의존전하의 영향을 크게 받는다. 따라서 산성조건에서 점토표면의 양성자화로 인해 순양전하를 나타낼 수 있다.

05

토양생성작용 중 온도가 높고 비가 많이 내리는 지역에서 규산이 용탈되고 철 또는 알루미늄 산화물이 집적되어 표토의 규반비가 낮게 형성되는 작용은? 16 국가직 7급 기출

① Podzol화 작용
② Laterite화 작용
③ Glei화 작용
④ Salinization화 작용

해설 규소, 칼슘, 칼륨 등이 용탈로 빠져나가고, 철과 알루미늄수산화물이 남게 된 적토를 라테라이트토양이라 한다. 이 토양은 건기와 우기가 반복되는 열대와 아열대의 흔한 토양이다. 비옥도가 낮은 산성토양이며, 점토의 활성이 낮아 양이온치환용량이 낮고, 딱딱하여 경운이 어렵기 때문에 농사짓기에 불리한 토양이다.

정답 03 ④ 04 ② 05 ②

06

유기물함량이 유사할 때, 온대지역의 토양보다 열대지역 표층토 내에서 안정화된 입단이 많이 형성되는 이유로 옳은 것은? 11 국가직 7급 기출

① 열대지역토양에 철 또는 알루미늄 산화물이 풍부하다.
② 열대지역토양에 1:1형 점토광물보다 2:1형 점토광물의 함량이 많다.
③ 열대지역토양의 pH는 4 이하 정도로 낮다.
④ 열대지역토양은 Ca 함량이 높은 Sodic 특성을 가지고 있다.

해설 Ca^{2+}, Mg^{2+}, Fe^{2+}, Al^{3+} 등의 다가 이온은 수화반지름이 작아 음전하를 띤 점토와 점토를 정전기적으로 응집하게 한다. 열대지역토양에는 철과 알루미늄 산화물이 풍부하기 때문에 표층토 내에서 안정화된 입단이 많이 형성된다.

07

다음 중 토양을 구성하는 1차 광물 중 온대지방의 습윤 기후 조건에서 가장 풍화되기 어려운 광물은? 12 국가직 7급 기출

① 정장석
② 감람석
③ 휘 석
④ 방해석

해설 **온대지방 습윤 기후에서의 1차 광물의 풍화순서**

석영 > 백운모 · 정장석(K 장석) > 사장석(Na과 Ca 장석) > 흑운모 · 각섬석 · 휘석 > 감람석 > 백운석 · 방해석 > 석고

08

장석류(Feldspars)는 함유된 주 염기성 성분에 따라 정장석, 조장석, 회장석 등으로 구분한다. 조장석의 주 염기성 성분은? 13 국가직 7급 기출

① K ② Na
③ Ca ④ Mg

해설 지각의 구성광물 중 약 50%(사장석 39%, 정장석 12%)를 차지하는 가장 풍부한 광물로, 우리가 흔히 장석이라 부르는 장석광물군은 Ca, K 또는 Na를 주성분으로 하는 알루미늄 규산염광물이다. 장석광물군은 $KAlSi_3O_8$과 $NaAlSi_3O_8$ 사이에 속하는 알칼리 장석과 $NaAlSi_3O_8$과 $CaAl_2Si_2O_8$ 사이에 속하는 사장석으로 나눌 수 있다. 장석은 화성암에서 마그마의 분화과정에서 주로 산출하지만, 변성암에서도 다양하게 관찰된다. 경도는 6~6.5, 비중은 2.55~2.76이다.

정장석(Orthoclase)	$KAlSi_3O_8$	K 풍부
조장석(Albite)	$NaAlSi_3O_8$	Na 풍부
회장석(Anorthite)	$CaAl_2Si_2O_8$	Ca 풍부

09

건기와 우기가 반복되는 열대나 습윤 열대지방에서 염기와 규산의 용탈이 강하게 일어나 Fe이나 Al 산화물이 상대적으로 많아지는 작용은? 14 서울시 지도사 기출

① Podzol화 작용
② 석회화 작용
③ 탈염류화 작용
④ 이탄집적 작용
⑤ Laterite화 작용

06 ① 07 ① 08 ② 09 ⑤ 정답

해설

포드졸화 작용	• 습윤한 한대지방의 침엽수림 • 미생물 활동이 느려 표토에 유기물 집적
석회화 작용	건조 또는 반건조 지대의 비세탈형 토양수분상 조건에서 용해도가 큰 염화물과 황산염 등은 대부분 용탈되고, 용해도가 작은 탄산칼슘이나 탄산마그네슘이 축적되어 석회나 석고집적층 생성
탈염류화 작용	강수량 증가, 지하수위 하강, 인위적 관개에 의해 토양수분의 모세관 삼투수량이 많아져서 집적된 염류가 제거되는 현상
이탄집적 작용	혐기상태(산소가 부족한 상태 : 배수가 안 되거나 장시간 물이 정체되는 요함지, 지하수위가 지표면 가깝게 높은 토양에서 나타나기 쉬움)에서 불완전하게 분해된 유기물의 집적
라테라이트화 작용	강수량이 많고 기온이 높은 환경에서 염기와 규산이 심하게 용탈되어 철과 알루미늄수산화물이 남게 되어 토양의 색깔이 빨간 적토가 됨

10

주로 중력에 의해 높은 곳에서 분리된 암석파편이 경사면을 따라 낮은 곳으로 내려와 쌓이면서 형성되는 모재는 무엇인가?

14 서울시 지도사 기출

① 잔적모재
② 붕적모재
③ 충적퇴적물
④ 해안퇴적물
⑤ 풍적모재

해설 잔적과 운적은 이동의 유무에 의한 분류이다. 붕적모재(중력), 충적퇴적물(물), 해안퇴적물(파도), 풍적모재(바람)는 모두 운적모재에 해당한다.

11

다음 중 토양 생성 인자 5가지가 옳게 짝지어진 것은?

14 서울시 지도사 기출

① 강수량, 모암, 지형, 생물(식생), 온도
② 모재, 생물(식생), 온도, 미생물, 시간
③ 생물(식생), 기후, 지형, 모재, 시간
④ 미생물, 모재, 강수량, 시간, 기후
⑤ 모암, 기후, 지형, 강수량, 생물(식생)

해설
• 모재 : 광물 종류별로 풍화의 난이도가 다르기 때문에 모재의 광물학적 특성이 토양의 특성(광물 조성, 화학적 비옥도 등)과 발달속도에 영향을 준다.
• 기후 : 토양생성인자 중 가장 중요하고, 특히 강수량과 기온이 가장 중요하다.
• 지형 : 경사도가 급할수록 토양의 생성량보다 침식량이 많아져 토심이 얕은 암쇄토(Lithosol)가 생성되고, 평탄할수록 표토가 안정되고 투수량이 증가하여 토심이 깊고 단면이 발달한 토양이 생성된다.
• 생물 : 동물, 식물, 미생물 그리고 인류의 영향도 포함한다. 식물의 영향이 가장 크다.
• 시간 : 여러 토양생성인자들의 영향은 시간과 더불어 토양 단면에 나타난다.

정답 10 ② 11 ③

MEMO

I wish you the best of luck!

PART 2

토양분류 및 토양조사

토양분류

01 포괄적 토양분류체계

(1) 토양분류의 종류

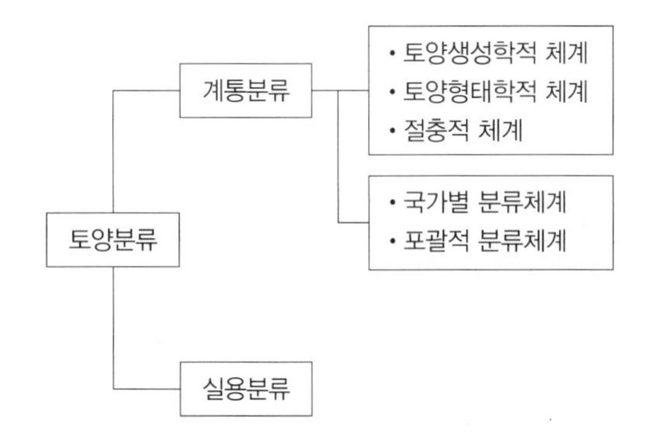

(2) 포괄적 분류체계

① 생성론적 분류와 형태론적 분류를 종합한 분류체계

② 미국 농무성의 신토양분류법과 FAO/UNESCO의 세계토양도 범례가 널리 쓰임

02 신토양분류법(Soil Taxonomy)

(1) 분류체계

목(Order) – 아목(Suborder) – 대군(Great Group) – 아군(Subgroup) – 속(Family) – 통(Series)

① 토양분류에 사용되는 기준

㉠ 감식표층 : 토양목을 결정하는 주요한 특성

층 위	어 원	특 징
Anthropic	Anthropos, 사람	인산 풍부, 인위적 암색 표층
Folistic	Folia, 잎	건조 유기물 표층
Histic	Histos, 생물조직	과습 부식질 표층
Melanic	Melas, 흑색	화산회와 식생에 의한 유기물 혼합집적
Mollic	Mollis, 부드러운	염기 풍부(염기포화도>50%), 암색 표층
Ochric	Ochros, 담색	담색 표층
Plaggen	Plaggen, 잔디	구비 연용으로 퇴적된 암색 표층
Umbric	Umbra, 그늘	염기 결핍(염기포화도<50%), 암색 표층

㉡ 감식차표층 : 토양분류단위 결정

층 위	어 원	특 징
Agric	Ager, 들	경작으로 미사, 점토, 부식 등이 집적
Albic	Albus, 흰색	철산화물 등의 용탈로 탈색된 토층
Argillic	Argilla, 흰 점토	A층과 E층에서 이동한 점토 집적(성숙토 결정)
Calcic	Calcium, 석회	Ca, Mg 등의 탄산염 집적(>15%), B층 또는 C층
Cambic		변화발달 초기의 약한 B층(약간 농색 및 구조)
Duripan	Durus, 경화	경반(난쇄반), 1N 염산이나 물에 풀리지 않음
Fragipan	Fragileis, 파쇄	경반(이쇄반), 물에 장시간 담그면 풀림
Gypsic		석고 집적층(위나 아래보다 >5%, 두께 >15cm)
Kandic		불활성 점토(CEC<16$cmol_c$/kg Clay), 두께 >30cm
Natric	Natrium	Na 집적(SAR>13), 단면 40~200cm 내에 출현
Ortstein	Ort : 장소, Stein : 돌	Spodosol에서 볼 수 있는 철경반, 두께 >25mm
Oxic	Oxide, 산화물	과분해층(CEC<12$cmol_c$/kg clay), 두께 >30cm
Petrocalcic	Petr, 돌	경화된 석회층
Petrogypsic	Petr, 돌	경화된 석고층
Placic	Plax, 평석	박철반층(Fe, Mn, 유기물 복합체), 두께 <25mm
Salic	Sal, 소금	석고보다 수용성 염 >2%, 두께 >15cm(곱한 값 >60)
Sombric	Somber, 어두운	냉대의 암색층(Al과 미결합, Na에 난분산)
Spodic	Spodos, 나뭇재	냉대의 Fe, Al복합체 집적층, 사(양)질

㉢ 토양온도

구 분	연평균온도(℃)	구 분	연평균온도(℃)
Pergelic	<0	Mesic	8~15
Cryic	0~8	Thermic	15~22
Frigid	<8	Hyperthermic	>22

㉣ 토양수분상태

구 분	토양수분조건
Aquic	연중 일정기간 포화상태 유지, 환원상태 주로 유지
Udic	연중 대부분 습윤한 상태
Ustic	Udic과 Aridic의 중간 정도의 수분상태
Aridic	연중 대부분 건조한 상태
Xeric	지중해성 수분조건, 겨울에 습하고 여름에 건조함

(2) 목

- 가장 상위 단위, 12개, 토양생성과정의 진행 정도를 위주로 분류
- 토양층위의 발달 정도로 판정

① Alfisol(완숙토)

㉠ 표층에서 용탈된 점토가 B층에 집적(Argillic 차표층)

㉡ 염기포화도 35% 이상

㉢ 밝은 색의 Ochric 표층

참고

Alfisol은 Mollisol과 유사한 수분환경에서 발생하지만, 온도가 높아 표층이 유기물이 집적되지 못하기 때문에 표층이 밝은 색을 띰

② Aridisol(과건토)

㉠ 건조한 기후지대, 연중 대부분 건조한 조건(Aridic 수분상)에서 생성

㉡ 사막형 식생, 유기물 축적 안 되며 밝은 색 토양(Ochric 표층)

㉢ 염기포화도 50% 이상

㉣ 주로 운적모재에서 생성되며 물이 제한적이기 때문에 풍화산물의 하방이동이 많지 않음

③ Entisol(미숙토)
  ㉠ 토양단면의 발달이 거의 진행되지 않은 토양
  ㉡ 풍화가 어려운 모재이거나 최근 형성된 모재 또는 침식에 노출된 모재 등에서 생성
  ㉢ 특징적인 층위의 발달이 거의 없고, 주로 담색 표층
④ Histosol(유기토)
  ㉠ 유기물(수생식물)의 퇴적으로 생성된 유기질 토양
  ㉡ 유기물함량 20~30% 이상, 유기물토양층 40cm 이상
⑤ Inceptisol(반숙토)
  ㉠ 토층의 분화가 중간 정도인 토양
  ㉡ 온대 또는 열대의 습윤한 기후조건에서 발달
  ㉢ Cambic, Ochric, Plaggen, Anthropic, Umbric 표층을 가짐
  ㉣ Argillic 토층이 형성될 만큼 점토 용탈이 일어나지 않음
⑥ Mollisol(암연토)
  ㉠ 표층에 유기물이 많이 축적되고 Ca이 풍부한 토양
  ㉡ 스텝이나 프레리에서 발달
  ㉢ 암갈색의 Mollic 표층
⑦ Oxisol(과분해토)
  ㉠ 고온다습한 열대기후지역(풍화와 용탈이 심한 환경)에서 발달
  ㉡ 토양의 광물조성 : Kaolinite, 석영, 철과 알루미늄산화물
  ㉢ 철산화물로 인해 적색 또는 황색을 띰(Oxic 차표층)
  ㉣ 양이온교환용량이 적고 비옥도가 낮음
⑧ Spodosol(과용탈토)
  ㉠ 냉온대의 침엽수림지역의 습윤한 사질 토양에서 발달
  ㉡ 유기산의 영향을 받아 심하게 표백된 용탈층이 특징
  ㉢ 강한 산도로 표층에는 석영을 제외한 대부분의 광물이 분해되어 하층으로 이동함
  ㉣ O층 바로 밑에 석영만 남은 백색의 E층 발달
  ㉤ 철과 알루미늄, 유기화합물 및 복합체가 E층 아래 집적되어 어두운 색의 Spodic층 형성
⑨ Ultisol(과숙토)
  ㉠ 온난 습윤한 열대 또는 아열대기후지역에서 발달
  ㉡ Alifisol보다 강한 풍화 및 용탈작용 조건에서 발달
  ㉢ 점토 집적층(Argillic), 염기포화도 30% 이하
  ㉣ 심한 풍화를 받았기 때문에 점토광물은 주로 Kaolinite와 철과 알루미늄 산화물임
  ㉤ Ochric 또는 Umbric 표층을 가지며, 비옥도가 낮음

⑩ Vertisol(과팽창토)

㉠ 팽창형 점토광물로 인해 수분상태에 따라 팽창과 수축이 심함

㉡ 대부분 초지이며, 온난하고 건조습윤한 기후대에서 나타남

㉢ 건조 시 생긴 넓고 깊은 틈새로 표층 토양이 하층으로 유입되기도 함

⑪ Andisol(화산회토)

㉠ 화산분출물을 모재로 하는 화산회토로 우리나라에서는 제주도와 울릉도 등에 분포함

㉡ 주요 점토광물 : Allophane

⑫ Gelisol(결빙토)

㉠ 영구동결층과 Gellic 토질 함유

㉡ 최근 지구온난화의 영향으로 영구동토층이 녹고 있음

(3) 아 목

① 토양목을 생성학적 동질성을 나타낼 수 있는 특성을 중심으로 세분한 것

② 토양의 수분상태, 경반층의 유무, 토성(특히 모래), 유기물의 분해 정도 등을 기준으로 함

③ 아목의 조어와 의미

조 어	의 미	조 어	의 미
Alb	표백 용탈층	Orth	평 범
And	화산회의 영향	Perud	연중 습윤
Aqu	과 습	Psamm	사질 토성
Arg	점토집적층	Rend	렌치나 유사 토양
Cry	추운 기후	Sapr	가장 부숙도가 높음
Fibr	미부숙 섬유질 유기물	Torr	고온 건조한 기후
Fluv	퇴적흔적	Ud	습윤 기후
Fol	물에 젖지 않은 나뭇잎	Usr	덥고 건조한 여름
Hem	반부숙 유기물	Xer	여름 건조
Hum	유기물 많음		

④ 아목의 종류

토양목	토양아목	토양목	토양아목
Alfisol	Aqualfs(과습 완숙토) Cryalfs(냉량 완숙토) Ustalfs(반건 완숙토) Xeralfs(하건 완숙토) Udalfs(습윤 완숙토)	Andisol	Aquands(과습 화산회토) Cryands(냉량 화산회토) Torrands(과건 화산회토) Xerands(하건 화산회토) Vitrands(유리질 화산회토) Ustands(반건 화산회토) Udands(습윤 화산회토)
Aridisol	Cryids(냉량 과건토) Salids(염류성 과건토) Durids(난쇄반 과건토) Gypsids(석고질 과건토) Agrids(성숙 과건토) Calcids(석회질 과건토) Cambids(반숙 과건토)	Entisol	Aquents(과습 미숙토) Arents(석력 미숙토) Psamments(사질 미숙토) Fluvents(충적 미숙토) Orthents(표준 미숙토)
Gelisol	Histels(유기질 결빙토) Turbels(빙전 결빙토) Orthels(표준 결빙토)	Histosol	Folists(건조 유기토) Fibrists(섬유질 유기토) Saprists(부숙 유기토) Hemists(반부숙 유기토)
Inceptisol	Aquepts(과습 반숙토) Anthrepts(인위 반숙토) Cryepts(냉량 반숙토) Ustepts(반건 반숙토) Xerepts(하건 반숙토) Udepts(습윤 반숙토)	Mollisol	Albolls(성숙 암연토) Aquolls(과습 암연토) Rendolls(대표 암연토) Cryolls(냉량 암연토) Xerolls(하건 암연토) Ustolls(반건 암연토) Udolls(습윤 암연토)
Oxisol	Aquox(과습 과분해토) Torrox(과건 과분해토) Ustox(반건 과분해토) Perox(항습 과분해토) Udox(습윤 과분해토)	Spodosol	Aquods(과습 과용탈토) Cryods(냉량 과용탈토) Humods(부식 과용탈토) Orthods(표준 과용탈토)
Ultisol	Aquults(과습 과숙토) Humults(부식 과숙토) Udults(습윤 과숙토) Ustults(반건 과숙토) Xerults(하건 과숙토)	Vertisol	Aquerts(과습 과팽창토) Cryerts(냉량 과팽창토) Xererts(하건 과팽창토) Torrerts(과건 과팽창토) Usterts(반건 과팽창토) Uderts(습윤 과팽창토)

조어법
아목 + 목 → Udepts(습윤반숙토)
ud = 습윤 기후, epts = inceptisol의 약어

(4) 대 군

① 아목을 특징적인 감식토층으로 분류
② 아목 앞에 대군의 구성요소를 한 음절 붙여서 명명

조어법
대군 + 아목 + 목 → Hapludepts = 층위가 거의 발달하지 않은 습윤 반숙토

③ 조어요소와 의미

조어요소	의 미	조어요소	의 미
Acr	가장 강하게 풍화된	Natr	Natric 토층이 있음
Agr	Agric층이 있음	Ochr	Ochric(담색) 표층
Alb	Albic층이 있음	Pale	과도한 발달
Bor	추운	Pell	Chroma(채도)가 낮음
Calc	석회집적층이 있음	Plac	박층반이 있음
Camb	Cambic 토층이 있음	Plagg	Plaggen 표층이 있음
Cry	추운 기후	Plinth	Plinthite(철결괴)
Dur	난쇄반(Duripan)이 있음	Psamm	사질 토성
Dystr	염기포화도가 낮음	Quartz	석영함량이 많음
Eutr	염기포화도가 높음	Rhod	암적색(토색)
Ferr	철분이 있음	Sal	Salic 토층이 있음
Fluv	Flood Plain	Sider	유리산화철이 있음
Fragi	이쇄반(Fragipan)이 있음	Somb	암색 토층이 있음
Gloss	Tongued(혀모양의 구조)	Sphagn	이끼질 토층이 있음
Hal	Salty(염류성의)	Sulf	황화물토층이 있음
Gibbs	Gibbsite가 있음	Torr	Torric 수분상
Gyps	Gypsic 토층이 있음	Ud	Udic 수분상
Hapl	최소 토층뿐임(특징 토층 없음)	Umbr	Umbric 표층이 있음
Hum	부식이 있음	Ust	건조 기후, 여름에 더움
Hydr	수분이 많음	Verm	동물에 의한 혼합토층

Luv	Illuvial(용탈)	Vitr	유리질 토층
Med	온대성 기후지대	Xer	Xeric 수분상
Nadur	Natr와 Dur 참조		

(5) 아 군

① 대군을 다시 세분한 것

② 수분상 또는 감식토층 등의 특성을 나타내는 단어를 붙여 명명

(6) 속

① 토지이용과 관련된 실용적 특성으로 분류

② 토성이 가장 중요

③ 토양속 분류를 위한 토성등급과 구분기준

토 성		내 용
암편질(Fragmental)		대부분이 돌, 석력
석력질 (Skeletal)	Sandy Skeletal	사질 + >35% 석력
	Loamy Skeletal	양질 + >35% 석력
	Clayey Skeletal	식질 + >35% 석력
사질(Sandy)		사토, 양질 사토(석력 <35%)
양질 (Loamy)	사양질(Coarse Loamy)	중량 15% 이상 세사 + 점토 <18%
	식양질(Fine Loamy)	중량 15% 이상 세사 + 점토 18~35%
	미사사양질(Coarse Loamy)	중량 15% 이하 세사 + 점토 <18%
	미사식양질(Fine Silty)	중량 15% 이하 세사 + 점토 18~35%
식질 (Clayey)	식질(Fine Clayey)	점토 35~59%
	중식질(Very Fine Clayey)	점토 >60%
기 타	분석질(Cindery)	화산쇄설물이 중량 > 60%, 용량 > 35%, 지름 > 2mm
	화산회 또는 석력질 화산회	계속 부비면 촉감이 사질 또는 양질 사토 정도인 화산회토

(7) 통

① 토양분류의 기본 단위

② 표토를 제외한 심토의 특성이 유사한 토양표본(페돈)의 집합체

㉠ 동일한 모재에서 유래

㉡ 토층의 순서 및 발달정도, 배수상태, 단면의 토성과 토색 등이 비슷

㉢ 토양생성학적 요소가 유사한 일정 면적의 토양

㉣ 표토의 토성이 서로 다를 수 있음

③ 발견된 지역의 지명 또는 주변의 지형적 특성을 따서 명명(관악통, 낙동통, 평창통 등)

〈신토양분류법의 토양분류구조〉 문포통 사례	분류단계
Munpo, coarse loamy, mixed, nonacid, mesic, Typic Haplaquents	통
coarse loamy, mixed, nonacid, mesic, Typic Haplaquents	속
Typic Haplaquents	아 군
Haplaquents	대 군
Aquents	아 목
Ents	목
토성이 사양질(Coarse Loamy)이며, 여러 점토광물들이 혼합된(Mixed) 비산성(Nonacid)이고, 연평균온도가 8~15℃(Mesic)인 전형적으로(Typic) 토양층의 발달이 미약한(Hapl) 과습(Aqu) 미숙 토양(Ents)	

PLUS ONE

페돈과 폴리페돈

- 페돈(Pedon) : 토양이라 부를 수 있는 최소 단위의 토양표본
  가로 · 세로 · 깊이가 각각 1~2m 이상인 3차원적 자연체로서 대개 6면체로 가정
- 폴리페돈(Polypedon) : 서로 성질이 유사하여 동일한 토양으로 분류할 수 있는 많은 페돈들이 모여 한 종류의 토양(토양개체)을 이루게 된 것

※ 토양의 대표적 특성은 페돈을 대상으로 조사하고, 생산성이나 특성의 범위 및 농업입지로서의 적부 등은 폴리페돈(토양개체)을 대상으로 조사함

※ 신토양분류법의 최종 분류단위인 토양통을 폴리페돈(토양개체)으로 볼 수 있으나, 우리나라는 토양상(Soil Phase) 단위까지 분류해 놓았기 때문에 토양상을 폴리페돈(토양개체)으로 볼 수 있음

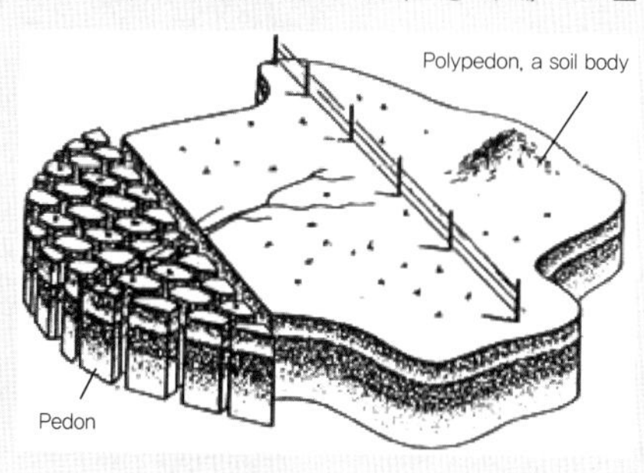

03 우리나라 토양

- 7개 목, 14개 아목, 27개 대군으로 분류
- 가장 많이 분포하는 토양 : Inceptisol
- 없는 토양목 : Aridisol, Gelisol, Oxisol, Spodosol, Vertisol

① **미숙토(Entisol)** : 퇴적 후 경과시간이 짧은 하상지 또는 침식이 심한 산악 급경사지 등 층위의 분화 발달 정도가 극히 미약한 토양

② **반숙토(Inceptisol)** : 우리나라에서 가장 흔한 토양. 침식이 심하지 않은 대부분의 산악지와 농경지로 쓰이고 있는 대부분의 충적토, 붕적토 등

③ **성숙토(Alfisol)** : 오랜 기간 안정 지면을 유지하여 집적층이 명료하게 발달한 토양. 저구릉지 · 홍적단구 · 오래된 충적토 등에 많음

④ **과숙토(Ultisol)** : 성숙토가 더욱 용탈작용을 받아 심토까지 염기가 유실된 토양이며, 척박하고 세립질이며 토심이 깊은 토양. 주로 서남해안부에 분포. 현재 기후 하에서 생성되지 않는 일종의 화석토양

⑤ 기타 토양

㉠ 제3기층 유래 융기해성토 : 포토의 갈색 층은 보통 야산지의 토양과 같으나, 심층의 검은색 토층은 잠재특이산성 토층임

㉡ 신불통 : Inceptisol의 일종이지만, 고산악지에 분포하기 때문에 표토에 유기물이 많이 축적되어 있음

토양조사 및 해설

01 토양조사

- 토양은 일정한 지표면과 더불어 깊이를 가진 3차원적인 자연체임
- 토양생성과정을 거치면서 특징적인 층위의 분화가 일어남
- 토양단면의 형태적 특성을 조사함으로써 모재의 종류, 기후 등 토양생성요인의 작용 정도와 토양의 발달 정도를 파악함

(1) 현장조사

① 현장조사 담당자들이 함께 조사지역을 둘러보면서 모암, 지형, 토양의 개괄적 분류를 실시하여 개인차를 줄임

② 개별 지형판별과 동시에 지형 내의 대표 지점을 정함

③ 토양시료채취기로 채취한 시료로 단면을 평가하고 작도단위를 결정함

④ 기본도 위에 작도단위명과 토양경계선을 표시함

⑤ 영농 및 토지이용실태 · 생산력 · 토양관리기술 등을 메모함

⑥ 한 지역의 조사가 끝나면 전국적 차원에서 다른 지역의 작도단위와의 유사성, 새로운 작도단위의 결정, 면적 과소 또는 유사 토양에 대한 병합 등을 실시

참고

새로운 작도단위나 토양통에 대해서는 토양별로 최소 3개 이상의 층위별 단면 특성 기록과 함께 토양시료를 분석실로 보내야 함

(2) 토양단면 만들기

① 토양단면을 보기 위한 구덩이 파기

㉠ 나비 1~2m, 길이 2~3m, 깊이 1.5m 정도의 장방형

㉡ 앞면 : 수직, 뒷면 : 몇 개의 계단

② 단면이 그늘지지 않게 일사방향을 고려함

③ 경사지에서는 경사방향과 직각인 쪽을 관찰함

④ 관찰하는 토양단면이 다져지지 않도록 주의하고, 삽자국과 같은 인공흔적을 없게 함

⑤ 자연토양의 색상과 구조가 잘 관찰될 수 있도록 함

〈사진 출처 : 농촌진흥청 흙토람〉

(3) 토양단면기술

구 분	세부 기록 사항
조사지점의 개황	단면번호, 토양명, 고차분류단위, 조사일자, 조사자, 조사지점, 해발고도, 지형, 경사도, 식생 또는 토지이용, 강우량 및 분포, 월별 평균기온 등
조사토양의 개황	모재, 배수등급, 토양수분 정도, 지하수위, 표토의 석력과 암반노출 정도, 침식 정도, 염류집적 또는 알칼리토 흔적, 인위적 영향도 등
단면의 개략적 기술	지형, 토양의 특징(구조발달도, 유기물집적도, 자갈함량 등), 모재의 종류 등
개별 층위의 기술	토층기호, 층위의 두께, 주 토색, 반문, 토성, 구조, 견고도, 점토 피막, 치밀도나 응고도, 공극, 돌 · 자갈 · 암편 등의 모양과 양, 무기물 결괴, 경반, 탄산염 및 가용성 염류의 양과 종류, 식물 뿌리의 분포 등

(4) 토양도 편집 및 토양조사보고서

① 토양조사보고서의 구성
- ㉠ 토양도
- ㉡ 작도단위별 설명
- ㉢ 토양해설

② 토양도 편집
- ㉠ 현장조사와 검토를 바탕으로 토양분포실태와 작도단위별 토양실태 종합
- ㉡ 축척에 맞추어 토양경계선과 작도 부호 등을 옮겨 토양도 편집

③ **보고서에 포함되어야 할 사항** : 현장에서 수집한 토양별 생산성, 토양관리실태와 주요 관리기술, 시험성적 등

④ **토양해설** : 이용자가 토양별 특성과 이용 및 관리방법 등을 알기 쉽게 설명

02 우리나라의 토양조사

(1) 개략토양조사

① 1965년~1967년에 걸쳐 완료

② 기본도 1:40,000

③ 발간된 토양도의 축척은 1:50,000이고, 도별로 제본

④ 우리나라 개략토양도의 작도단위(58개 토양연접군)

구 분	토양종류	토양부호
해안지	3	Fba, Fbb, Fta
해안평탄지	7	Fma, Fmb, Fmc, Fmd, Fmg, Fmk, Fml
하천범람지	4	Afa, Afb, Afc, Afd
내륙평탄지	5	Apa, Apb, Apc, Apd, Apg
산악곡간지	4	Ana, Anb, Anc, And
용암류대지 및 대지	5	Lpa, Lpb, Lta, Ltb, Lf
저구릉지 및 산록지	15	Raa, Rab, Rac, Rad, Rea, Rla, Rlb, Rsa, Rsb, Rsc, Rva, Rvb, Rvc, Rvd, Rxa
구릉지 및 산악지	15	Maa, Mab, Mac, Mja, Mla, Mlb, Mma, Mmb, Msa, Msb, Mua, Mub, Mva, Mvb, Ro

(2) 정밀토양조사

① 군 단위나 그 이하의 소지역에 대하여 최종분류단위까지 정밀하게 조사

② 개별 토양에 대한 이용과 관리기술의 추천 등 농가단위 또는 지역개발계획에 활용

③ 조사 기본도는 1:10,000~1:20,000 항공사진이 주로 쓰임

④ FAO의 지원을 받아 1964년~1974년 시 · 군별 전 지역을 조사

⑤ 축척 1:25,000 토양도와 종합보고서 발간

⑥ 1974년~1979년 농경지 및 야산개발 가능지만을 조사한 간이보고서 발간

⑦ 1980년~1990년 산악지 조사 완료

⑧ 현재는 지리정보체계(GIS)로 자료를 전산영상화하고, 인공위성 영상자료를 활용하여 토지이용변화와 지형변동에 신속하게 대처하고 있음

(3) 토양조사 방법간 비교

기 관 구 분	개략토양조사	정밀토양조사	세부정밀토양조사
기본도의 축척	1 : 40,000	1 : 10,000~18,750	1 : 1,200~5,000
토양도의 축척	1 : 50,000	1 : 25,000	1 : 5,000
토양도상의 최소 작도면적	6.25ha	1.56ha	10a
조사의 정밀도 및 토양구분	항공사진 위주	현지답사 위주	필지별 조사
	고차분류 단위인 대토양군 및 토양군	저차분류 단위인 토양통과 작도 단위(토양통, 구 및 상)	저차분류 단위인 토양통과 작도 단위(토양통, 토양구, 토양상 및 현토지 이용)
조사지점간 거리	500~1,000m	100m 이내	50m
결과내용	전국적인 토양생성 및 대토양군별 분포 파악	군 및 면 단위 영농지도 계획	농가별 세부영농계획
	중앙 및 도 단위 종합개발 계획	지역별 개발계획	필지별 토양관리 처방 자료
	농업개발 가능지 분포 파일	지대별 주산단지 조성	토양특성별 작물 선택
		지역별 비료 사용 개선	전, 과수 등 적지 파악
		토양보전 등 기초자료	객토, 심경 및 배수 대상지 선정

03 토양해설의 구분

참고

토양해설은 이용측면에서의 분류이기 때문에 실용적 분류 또는 해설적 분류라고 함

(1) 제한적 구분

① 토양해설방법 중 가장 간단한 방법

② 한 가지 또는 몇 가지 특성을 기준으로 토양조사결과를 일반화시키는 방법

예 토양반응(pH)별 분포면적 또는 분포도, 토성별 면적분포도, 객토대상지 분포도 및 면적표 등

(2) 기술적 구분

① 여러 가지 토양 특성을 기준으로 구분하나, 분류단위들 사이에 우열이나 순위가 표시되지 않음(적성등급 구분은 우열이나 순위를 나타냄)

② 「우리나라 농경지 토양의 유형별 구분」은 유형별 토양관리대책 수립에 필요한 정보를 제공하는 기술적 구분의 예

③ 논토양의 유형별 분류기준

유 형	보통답	사질답	습 답	미숙답	염해답	특이산성답
1. 토지생산력						
	높 음	낮 음	낮 음	보 통	매우 낮음	매우 낮음
2. 지 형						
	평탄 및 곡간지	평탄 및 곡간지	평탄저지 및 곡간저지	곡간 및 홍적대지	하해혼성 평탄저지	하해혼성 평탄지
3. 토양조건						
토양배수	약간 불량, 약간 양호 (단, 표토 50cm 이상 회색화 토양에 한함)	약간 양호, 약간 불량	불량 (단, 작토 20~50cm 하부에 암회색이 나타나는 토양에 한함)	약간 양호 (단, 표토 50cm 이상에 회색화 된 역질토 포함)	불 량	불량, 약간 불량
토 성	식질, 식양질, 미사식양질	사양질, 사질, 미사사양질	토성에 관계 없음	식질, 식양질	식질을 제외한 토성	미사식양질, 미사사양질
토 색	회색, 회갈색	회색, 회갈색	암회색, 청회색	회갈색, 황갈색	회색, 청회색	회색, 청회색
토심(cm)	>50	>20	20~50	>100	20~80	20~70
경사(%)	<15	<30	<15	<30	<2	<2
지하수위(cm)	>50	>50	<50	>100	20~100	20~80
보수일수	4~7	0.5~3	>7	2~7	>7	>7
심토의 석력함량(%)	없거나 있음 <35	없거나 많음 <10, 35<	없 음 <10	없거나 많음 <10, 35<	없 음 <10	없 음 <10
기 타	–	감수심이 크고 양분 용탈이 심함	습해 및 냉해 유발	지역이 낮음	염농도 $4dSm^{-1}$ (25℃) 이상	50cm 이하에 유산염의 집적층

참고

논의 유형 중 보통답을 제외한 나머지 유형들을 저위생산지라고 함

④ 밭토양의 유형별 분류기준

유 형	보통전	사질전	중점전	미숙전	고원전	화산회전
1. 지 형						
	해안평탄지, 하평탄지, 곡간 및 선상지, 용암류 평탄지	해안평탄지, 하천변, 곡간 및 선상지, 산록경사지	홍적대지, 곡간지, 산록경사지, 구릉지, 용암류 평탄지	곡간 및 선상지, 산록경사지, 구릉지	고원지 (단, Humic-epipedon이 있는 토양)	용암류 대지, 분석구
2. 토양조건						
토 성	식양토, 양토, 사양토	사토, 역질토 (단, 표토에 돌, 둥근바위 <35% 토양 포함)	식토, 식양토 (단, 경반층이 있는 토양에 한함)	식양토, 사양토, 역질토	식토, 식양토	미사질양토
토양배수	양호, 약간 양호 (단, 현 전토양에 한함)	매우 양호, 양호, 약간 양호 (단, 현 전토양에 한함)	양호, 약간 양호	매우 양호, 양호	양 호	양 호
경사(%)	<30	<30	<30	<30	<30	<30
토 색	갈 색	갈 색	갈색, 적색	적색 (단, 구릉지의 갈색 토양 포함)	농암갈색, 흑색	농암갈색, 흑색
유효토심(cm)	>50	<50	<50	>20	>20	>20
침식정도	없거나 있음	없거나 있음	없거나 있음	없거나 있음	없 음	없 음

(3) 적성등급 구분

① 가장 복잡한 토양해설방법

② 실용적 분류의 핵심

③ 등급 상호간의 우열이나 특정 목적별 적성 정도가 계량적으로 표시됨

④ 논토양의 적성등급 기준(비화산회 토양)

구 분	1급지	2급지	3급지	4급지
1. 정 의				
	• 논으로 생산력이 높음 • 수도 재배의 집약적 경영이 용이하며, 토양을 관리하는 데 제한을 받지 않음	• 논으로 생산력이 보통 • 수도 재배의 집약적 경영이 가능하나 토양을 관리하는 데 다소 제한을 받음	• 논으로 생산력이 낮음 • 수도 재배에 심한 제한을 받고 있어 특수 관리 및 재배 기술을 필요로 함	• 논으로 생산력이 매우 낮음 • 수도 재배에 매우 심한 제한을 받고 있어 경제적 이용이 어려울 경우가 있음
2. 토양조건				
토양배수	약간 불량, 약간 양호 (단, 지표에서 25cm 이상의 회색화 된 것에 한함)	약간 양호, 약간 불량, 불량, 매우 불량	양호, 약간 양호, 약간 불량, 불량, 매우 불량	양호, 약간 양호, 약간 불량, 불량, 매우 불량
토 성	식질, 식양질, 미사식양질	식질, 식양질, 미사식양질	식질, 식양질, 미사식양질, 사양질, 미사사양질	식질, 식양질, 미사사양질, 사질 (단, 배수 양호 및 매우 양호한 사질 제외)
유효토심cm–암석층, 경반층 Bx층	>100	100~50	50~20	50~20
석력층, 모래층	>100	100~50	50~20	20~10
표토의 석력 함량	없 음	없 음	없 음	없 음
염농도 (dS/m at 25℃)	<4	4~8	8~16	16<
유산철의 집적층 (cm)	>100	100~50	50~20	50~20
침식정도	없음~약간 있음	없음~약간 있음	있 음	있 음
경사(%)	<2	2~7	7~15	15~30

⑤ 밭토양의 적성등급 기준(비화산회 토양)

구 분	1급지	2급지	3급지	4급지
1. 정 의				
	• 밭으로 생산력이 높음 • 전작물 재배의 집약적 경영	• 밭으로 생산력이 보통 • 전작물 재배의 집약적 경영이 가능하나 토양관리 및 작물 선택에 다소 제한을 받음	• 밭으로 생산력이 낮음 • 전작물 재배에 심한 제한을 받고 있어 특수 관리 및 재배 기술을 필요로 함	• 밭으로 생산력이 매우 낮음 • 전작물 재배에 매우 심한 제한을 받아 경제적 이용이 어려울 경우가 있음
2. 토양조건				
토양배수	양호, 약간 양호	양호, 약간 양호, 약간 불량	매우 양호, 양호, 약간 양호, 약간 불량	매우 양호, 양호, 약간 양호, 약간 불량, 불량
토 성	식양질, 미사식양질, 사양질, 미사사양질	식질, 식양질, 미사식양질, 사양질, 미사사양질	식질, 식양질, 미사식양질, 사양질, 미사사양질, 사질 (단, 배수가 매우 양호한 사질은 제외)	식질, 식양질, 미사식양질, 사양질, 미사사양질, 사질 (단, 배수가 약간 불량, 불량은 제외)
유효토심cm–암석층, 경반층 Bx층	>100	100~50	50~20	50~20
석력층, 모래층	>50	50~25	25~10	25~10
표토의 석력 함량	없음~약간 있음	있 음	있 음	있 음
표층의 암석 노출 (돌, 둥근바위, 바위)	없 음	없 음	돌이 있음	바위가 있음
침식정도	없음~약간 있음	있 음	있 음	심 함
경사(%)	<2	2~7	7~15	15~30

PART

02 적중예상문제

01

다음 조건을 가진 토양의 특성에 대한 설명으로 옳지 않은 것은? 19 국가직 7급 기출

- 심토층 토양의 색이 먼셀 토색장의 7.5YR 6/1에 해당된다.
- 토양단면에서 층위는 Ap–B/Ab–Btb–Cb이다.
- 토양의 속명(Family Name)은 Loamy, Kaolinitic, Semiactive, Mesic, Typic Paleaquults이다.

① 해당 토양은 심하게 용탈되어 염기포화도는 35% 미만이며 B층에 규산염 점토가 집적되어 있다.

② 심토층에는 철이 환원된 형태로 존재하며 지하수위가 높거나 배수가 불량한 토양이다.

③ 표층은 경운에 의해 교란된 경작층이고, 전이층은 B층의 특성이 우세하며 인위적으로 적토된 토양이다.

④ 해당 토양에 석회비료를 시용하면 토양의 양이온교환용량을 증대시킬 수 있다.

해설 제시된 토양은 우리나라의 논토양의 특징을 나타내고 있다. 전이층(예 AB)과 혼합층(예 A/B)의 표기법에 유의한다.

- 토양색 : 7.5YR 6/1 – 회색(Gray)
- 토양층위
  - Ap : 경운(경작)으로 인한 인위직 교란의 특성이 있는 A층
  - B/Ab : B층과 Ab층의 혼합층
  - Ab : 매몰의 특성이 있는 A층
  - Btb : 규산염점토의 집적 특성과 매몰의 특성이 있는 B층
  - Cb : 매몰의 특성이 있는 C층
- 토양 속명
  - Loamy, Kaolinitic, Semiactive : 토성은 양토이고 주요 점토가 카올리나이트이며 중간 정도의 활성을 가진 토양
  - Mesic : 토양의 연평균온도가 8~15℃
  - Typic : 전형적인
  - Paleaquults : Pale(과도한 발달)aqu(과습)ults(울티솔)

02

토양목을 풍화 정도가 큰 순서대로 바르게 나열한 것은? 18 국가직 7급 기출

① 엔티솔 < 알피솔 < 옥시솔

② 알피솔 < 엔티솔 < 옥시솔

③ 옥시솔 < 알피솔 < 엔티솔

④ 알피솔 < 옥시솔 < 엔티솔

해설
- Entisol(미숙토) : 토양단면의 발달이 거의 진행되지 않은 토양
- Inceptisol(반숙토) : 토층의 분화가 중간 정도인 토양
- Alfisol(완숙토) : 표층에서 용탈된 점토가 B층에 집적(Argillic 차표층)
- Oxisol(과분해토) : 고온다습한 열대기후지역(풍화와 용탈이 심한 환경)에서 발달

정답 01 ③ 02 ①

03

그림은 토양단면에서 나타나는 감식층위의 사례이다. 이에 대한 다음 설명 중 옳은 것만을 모두 고른 것은?

17 국가직 7급 기출

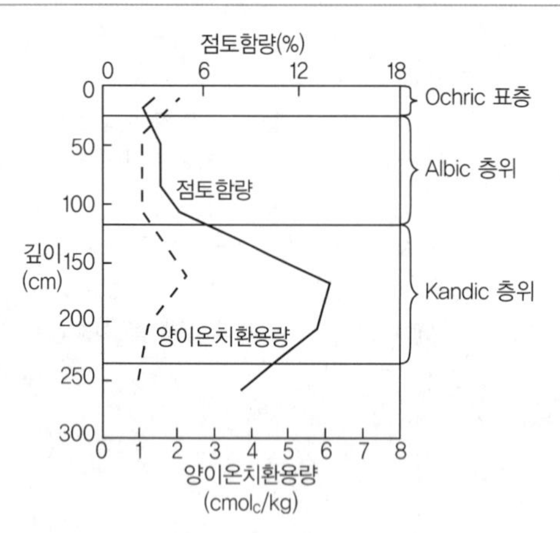

ㄱ. Ochric 표층은 두께가 얇고, Mollic 또는 Umbric 층위보다 유기물 함량이 낮은 표층이다.
ㄴ. Kandic 층위는 점토피막(Clay Skin)이 있고, Fe, Al 산화물이 집적되어 양이온치환용량이 높은 층위이다.
ㄷ. Kandic 층위에서 양이온치환용량이 증가한 이유는 상부 층위에서 용탈된 점토의 집적에서 기인한다.
ㄹ. Ochric 표층의 양이온치환용량이 Albic 층위보다 큰 이유는 Albic 층위보다 유기물 함량이 많기 때문이다.

① ㄴ, ㄷ
② ㄷ, ㄹ
③ ㄱ, ㄴ, ㄹ
④ ㄱ, ㄷ, ㄹ

해설
- Fe, Al 산화물의 집적은 양이온치환용량을 감소시킨다.
- Ochric 표층 : 담색 표층
- Mollic : 암색 표층(염기포화도 > 50%, 염기 풍부)
- Umbric : 암색 표층(염기포화도 < 50%, 염기 결핍)
- Albic 층위 : 철산화물 등의 용탈로 탈색된 토층
- Kandic 층위 : 불활성 점토(CEC < 16cmol$_c$/kg clay), 층위 두께 > 30cm

04

다음의 조건을 만족하는 토양목(Oder)은?

15 국가직 7급 기출

- 온난 습윤한 열대 또는 아열대 지역에서 발달한 토양
- 염기포화도가 30% 이하인 Argillic 층이 발달된 토양
- Orchric 표층 또는 Umbric 표층이 발달된 토양

① Vertisol
② Ultisol
③ Histosol
④ Oxisol

해설 Ultisol(과숙토)
- 온난 습윤한 열대 또는 아열대기후지역에서 발달
- Alifisol보다 강한 풍화 및 용탈작용 조건에서 발달
- 점토 집적층(Argillic), 염기포화도 30% 이하
- 심한 풍화를 받았기 때문에 점토광물은 주로 Kaolinite와 철과 알루미늄 산화물임
- Ochric 또는 Umbric 표층을 가지며, 비옥도가 낮음

03 ④ 04 ② 정답

05

우리나라 문포통 토양의 분류가 'Munpo, Coarse Loamy, Mixed, Nonacid, Mesic, Typic Fluvaquents'로 서술되었다면 이 토양의 특성에 대한 설명으로 옳은 것은? 15 국가직 7급 기출

① 비산성(比酸性) 토양으로 연평균 온도가 8~15℃ 조건에서 발달되었으며 토양목은 Inceptisol이다.

② 토성이 사양질이고 경사가 심하며 해발이 높은 지역에 위치한다.

③ 알칼리성 토양으로 건조한 조건에서 발달되어 염기포화도가 매우 높다.

④ 점토광물이 혼합되어 있고 토양층의 발달이 미약한 과습 미숙토양이다.

해설

Munpo, Coarse Loamy, Mixed, Nonacid, Mesic, Typic Fluvaquents	통
Coarse Loamy, Mixed, Nonacid, Mesic, Typic Fluvaquents	속
Typic Fluvaquents	아 군
Fluvaquents	대 군
Aquents	아 목
Ents	목
토성이 사양질(Coarse Loamy)이며, 여러 점토광물들이 혼합된(Mixed) 비산성(Nonacid)이고, 연평균온도가 8~15℃(Mesic)인 전형적으로(Typic) 퇴적흔적이 있는(Fluv) 과습(Aqu) 미숙 토양(Ents)	

06

토양의 감식표층 중 염기포화도가 50% 미만이며 어두운 색의 층위명은? 14 국가직 7급 기출

① Anthropic

② Mollic

③ Histic

④ Umbric

해설 감식표층 : 토양목을 결정하는 주요한 특성

층 위	어 원	특 징
Anthropic	Anthropos, 사람	인산 풍부, 인위적 암색 표층
Folistic	Folia, 잎	건조 유기물 표층
Histic	Histos, 생물조직	과습 부식질 표층
Melanic	Melas, 흑색	화산회와 식생에 의한 유기물 혼합집적
Mollic	Mollis, 부드러운	염기 풍부 (염기포화도>50%), 암색 표층
Ochric	Ochros, 담색	담색 표층
Plaggen	Plaggen, 잔디	구비 연용으로 퇴적된 암색 표층
Umbric	Umbra, 그늘	염기 결핍 (염기포화도<50%), 암색 표층

정답 05 ④ 06 ④

07

신토양분류법상 배수가 제한적인 Aquic Hapludolls와 지렁이 활력의 증가가 있는 Vermic Hapludolls가 속하는 분류단계는?

14 국가직 7급 기출

① 아목(Suborder)
② 대군(Great Group)
③ 아군(Subgroup)
④ 통(Series)

해설 Hapludolls(= Hapleo(대군) + ud(아목) + olls(목))의 다음 단계인 Aquic Hapludolls 또는 Vermic Hapludolls는 아군에 속한다.

08

연중 습윤한 상태의 자연 초지토양을 조사한 결과, B층 상부에 두꺼운 암갈색의 A층이 존재하였다. 이 토양이 속해 있는 아목(Suborder)은?

11 국가직 7급 기출

① Udolls
② Cambids
③ Aquents
④ Udults

해설 **토양수분상태의 표기**

구 분	토양수분조건
Aquic	연중 일정기간 포화상태 유지, 환원상태 주로 유지
Udic	연중 대부분 습윤한 상태
Ustic	Udic과 Aridic의 중간 정도의 수분상태
Aridic	연중 대부분 건조한 상태
Xeric	지중해성 수분조건, 겨울에 습하고 여름에 건조함

Mollisol(암연토)
스텝이나 프레리와 같은 초지에 발달하고, 표층에 유기물이 많이 축적되어 암갈색의 Mollic 표층을 형성한다.

09

토양목(Soil Order)의 특징에 대한 설명으로 옳지 않은 것은?

12 국가직 7급 기출

① Inceptisols : 습윤 기후조건에서 발달하며 토층분화가 중간 정도인 토양이다.
② Entisols : 최근에 형성된 지질지형에서 발견되며 토양발달에 의한 감식층위가 뚜렷하지 않은 토양이다.
③ Mollisols : 표층의 유기물 함량이 높고 염기의 공급이 많은 검은 색을 띠는 토양이다.
④ Histosols : 표층의 유기물 함량이 낮으며 건조한 지역에 존재하는 토양이다.

해설 **Histosols(유기토)**

- 유기물(수생식물)의 퇴적으로 생성된 유기질 토양이다.
- 유기물함량이 20~30% 이상이고, 유기물토양층의 두께가 40cm 이상이다.

07 ③ 08 ① 09 ④ 정답

10

인산 고정이 가장 심할 것으로 예상되는 토양목은? 13 국가직 7급 기출

① Oxisol
② Vertisol
③ Mollisol
④ Histosol

해설 인산은 낮은 pH에서는 철과 알루미늄과 결합하여 고정되고, 높은 pH에서는 칼슘과 결합하여 고정되는 특성을 가진다. Oxisol은 철과 알루미늄 함량이 높은 토양이다.

11

다음에 설명하고 있는 우리나라에 나타나는 토양목에 해당하는 것을 고르시오. 14 서울시 지도사 기출

> 우리나라에 가장 흔한 토양으로서 침식이 심하지 않은 대부분의 산악지와 농경지로 쓰이고 있는 대부분의 충적토와 붕적토 등이 이에 속하며, 삼각통 · 지산통 · 백산통 등이 있다.

① Inceptisol
② Alfisol
③ Ultisol
④ Entisol
⑤ Vertisol

해설 **반숙토(Inceptisol)**
우리 나라에 가장 흔한 토양으로 삼각통(산악지 또는 구릉지), 지산통(곡간지), 백산통(곡간지 상부 또는 산록 하부) 등이 있다.

12

토양 생성 중 충분한 변화과정을 거쳐 원래의 모재의 구조를 더 이상 확인하기 쉽지 않은 층이며 차상위 층에서 기인한 철 · 알루미늄 산화물이나 규산염 점토광물이 집적되어진 층은 무엇인가? 14 서울시 지도사 기출

① O층
② A층
③ E층
④ B층
⑤ C층

해설 O층 : 유기물층
A층 : 무기물표층
E층 : 용탈층
B층 : 집적층
C층 : 모재층

정답 10 ① 11 ① 12 ④

MEMO

I wish you the best of luck!

PART 3

토양의 물리적 성질

CHAPTER 01

토양의 3상

01 토양의 구성 및 3상

(1) 토양의 구성

① 토양은 고상, 액상, 기상의 세 가지 상으로 구성

고상(Solid Phase)	액상(Liquid Phase)	기상(Air Phase)
토양입자, 유기물	토양수분	토양공기

② 일반적인 구성비율

㉠ 고상 50%, 액상 + 기상 50%

㉡ 토양의 수분상태에 따라 액상과 기상 비율 변화

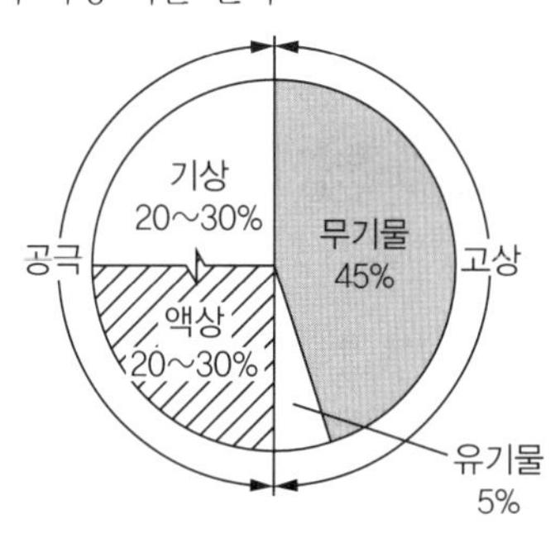

(2) 토양 3상의 중요성

① 3상의 구성비율에 따른 토양의 특성 변화

㉠ 고상의 비율이 낮아지면 액상과 기상의 비율이 증가 → 공극률 증가, 용적밀도 감소

㉡ 고상의 비율이 높아지면 액상과 기상의 비율이 감소 → 공극률 감소, 용적밀도 증가

② 고상 비율이 높아지는 조건

㉠ 모래와 같이 굵은 입자의 비율이 높을 때

㉡ 유기물 함량이 적을 때

③ 토양 3상의 의의

㉠ 식물생육적 측면 : 고상 비율이 커질수록 뿌리가 발달할 공간이 적어짐

㉡ 환경적 측면 : 고상 비율이 작아질수록 오염물질의 이동속도가 빨라짐

④ 토양의 고상비율을 낮추는 토양관리법

㉠ 석회질비료의 투입

㉡ 유기물의 투입

CHAPTER 02

토성(Soil Texture)

01 토성의 정의와 특성

(1) 토성의 정의 및 특성

① 정의 : 토양입자를 크기별로 모래, 미사, 점토로 구분하고, 그 구성비율에 따라 토양을 분류한 것

② 특 성

㉠ 토양의 가장 기본적인 성질

㉡ 투수성, 보수성, 통기성, 양분보유용량, 경운성 등과 밀접한 관계

02 토양입자의 크기 구분(입경구분)

(1) 입경구분

① 입자의 크기가 2mm 이하인 것만을 토양으로 취급

② 자갈(2mm 이상)

㉠ 물, 이온, 화합물을 흡착 보유하지 못함

㉡ 토양의 골격으로만 기능

㉢ 투수성과 통기성 개선 효과

㉣ 엄밀한 의미에서 토양이 아님

③ 모래, 미사, 점토의 특성

모래(Sand)	미사(Silt)	점토(Clay)
2~0.05mm	0.05~0.002mm 맨 눈으로 거의 볼 수 없는 크기	0.002mm 이하 현미경으로만 볼 수 있는 크기
• 극조사, 조사, 중간사, 세사, 극세사로 세분됨 • 석영, 장석, 전기석 등의 풍화되기 어려운 1차 광물로 구성 • 풍화되면서 양분을 내놓거나 2차 광물을 형성함 • 대공극 형성으로 토양의 통기성과 투수성을 향상시킴 • 양분보유와 같은 화학성과는 무관 • 경운을 용이하게 함	• 손가락으로 비볐을 때 미끈미끈한 느낌 • 주로 석영으로 구성 • 모래에 비해 작은 공극을 형성 → 보수성 증가, 투수성 감소 • 미사 자체적으로는 가소성과 점착성이 없으나 표면에 점토가 흡착되면서 약간의 가소성이나 응집성이 나타남	• 주로 2차 광물로 구성 • 교질(콜로이드)의 특성과 표면전하를 가지기 때문에 수분과 양분을 흡착 보유함 • 점토의 종류와 함량은 토양의 화학적 특성에 결정적 • 수분이 많을 때 가소성과 응집성을 가짐 • 건조할 때 덩어리로 굳어짐 • 모래와 미사에 비해 작은 공극 형성 → 보수성 증가, 투수성 및 통기성 감소 • 광물학적 특성에 따라 수축과 팽창의 정도가 달라짐

참고

1mm = 1,000μm 따라서 0.002mm = 2μm

PLUS ONE

• 입자가 굵어지면 공극이 커진다. 따라서 투수성과 통기성이 증가한다. 하지만 보수성은 감소한다. 통기성이 증가하면 토양의 유기물분해가 촉진되어 남아있는 유기물의 함량은 감소한다.
• 입자가 작아지면 비표면적이 증가한다. 따라서 양분저장능력이 증가한다. 같은 이유로 오염물질을 흡착하는 능력도 증가한다.

(2) 토양입자의 크기가 갖는 의의

① **식물생육적 측면** : 모래가 많아지면 배수성과 투수성은 커지지만 양분보유력은 작아짐

② **환경적 측면** : 점토가 많아지면 투수속도가 느려지고 오염물질이 흡착되는 양이 많아짐

예 골프장에서 농약에 의한 지하수 오염을 방지하기 위해 점토를 함유한 차수벽을 만들도록 규정하고 있음

(3) 입자의 크기가 토양의 성질에 미치는 요인들

구 분	모 래	미 사	점 토	비 고
수분보유능력	낮 음	중 간	높 음	공극량의 차이에서 옴
통기성	좋 음	중 간	나 쁨	
배수속도	빠 름	느림~중간	매우 느림	
유기물함량수준	낮 음	중 간	높 음	통기성과 관련
유기물분해	빠 름	중 간	느 림	통기성과 관련
온도변화	빠 름	중 간	느 림	
압밀성	낮 음	중 간	높 음	
풍식감수성	중 간	높 음	낮 음	
수식감수성	낮 음	높 음	낮 음	입단상태에서만 낮음
팽창수축력	매우 낮음	낮 음	높 음	
차수능력	불 량	불 량	좋 음	댐 등의 차수벽 역할
오염물질 용탈능력	높 음	중 간	적 음	
양분저장능력	나 쁨	중 간	높 음	
pH 완충능력	낮 음	중 간	높 음	

03 토성의 분류

- 토성은 실험에서 얻은 모래, 미사 및 점토함량을 토성삼각도에 적용하여 구분함
- 토양입자들의 분포는 입경분포도로 나타냄

(1) 토성삼각도

① 미국 농무성법(USDA)과 국제토양학회법이 있으며, 우리나라는 미국 농무성법을 이용

② **미국 농무성법에 의한 토성구분(12가지 토성)** : 식토(Clay, C), 식양토(Clay Loam, CL), 미사질 식토(Silty Clay, SiC), 미사질 식양토(Silty Clay Loam, SiCL), 미사질 양토(Silty Loam, SiL), 미사토(Silt, Si), 양토(Loam, L), 양질 사토(Loamy Sand, LS), 사질 식토(Sandy Clay, SC), 사질 식양토(Sandy Clay Loam, SCL), 사양토(Sandy Loam, SL), 사토(Sand, S)

③ 전통적인 토성삼각도와 개량토성삼각도가 있음

전통적인 토성삼각도	개량토성삼각도
아랫부분에 모래함량, 왼쪽 경사면에 점토함량, 오른쪽 경사면에 미사함량 표시	• X축에 모래함량, Y축에 점토함량 표시 • 전통적인 토성삼각도의 불편함 개선

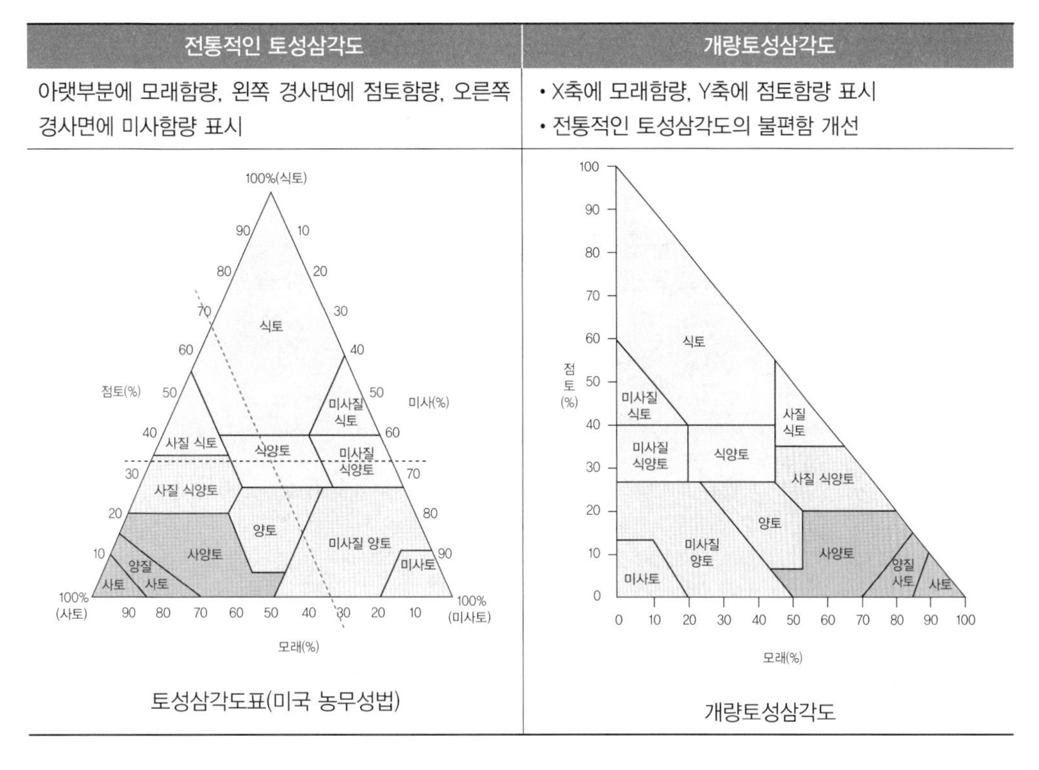

토성삼각도표(미국 농무성법)

개량토성삼각도

④ 토성삼각도 읽기 연습

문제 모래함량이 25%이고 점토함량이 35%일 때 이 토양의 토성은?

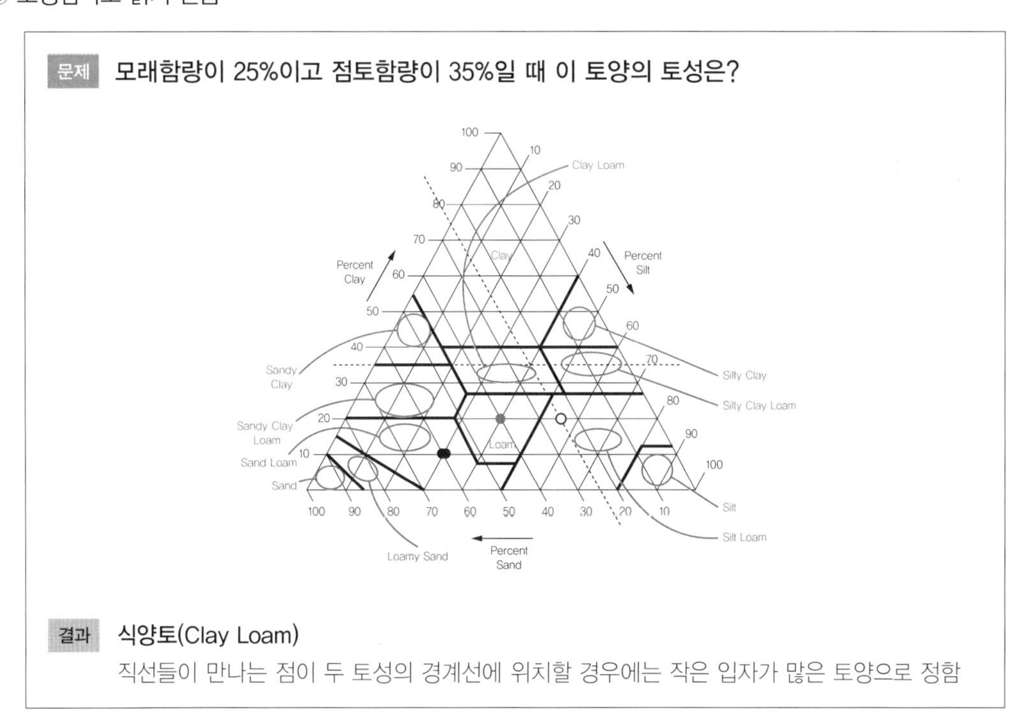

결과 식양토(Clay Loam)

직선들이 만나는 점이 두 토성의 경계선에 위치할 경우에는 작은 입자가 많은 토양으로 정함

⑤ 우리나라 농경지 토양의 주요 토성

㉠ 논토양 : 양토, 미사질 양토, 사양토

㉡ 밭토양 : 양토, 사양토

(2) 입경분포도

① 단순한 토성분류 보다 많은 정보를 줌

② 입경의 누적합계를 그래프로 표현(X축 : 입경, Y축 : 표시된 입경보다 작은 입자의 누적합계)

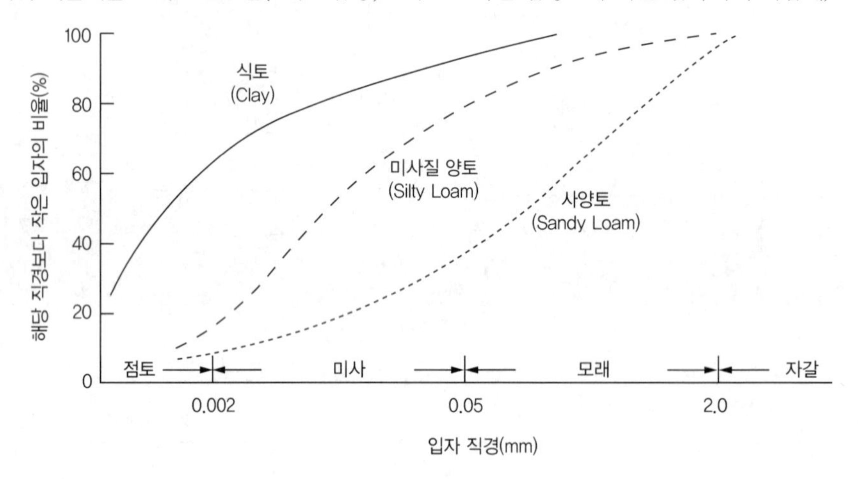

04 토성의 결정 방법

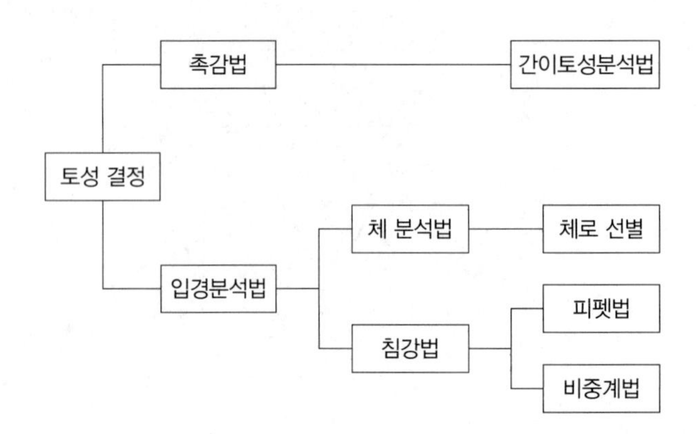

(1) 촉감법

① 현장에서 이용하는 간이토성분석법으로 숙달된 경험이 필요

② 토양을 손가락으로 비볐을 때의 촉감과 만들어지는 띠의 길이, 뭉쳐짐 등으로 판단

㉠ 입자별 주된 촉감 : 모래–까칠까칠, 미사–미끈미끈, 점토–끈적끈적

㉡ 토성 판별 예시

사 토	양 토	식양토	식 토
• 손바닥 안에서 뭉쳐지지 않고 부서짐 • 거친 촉감	• 손 안에서 뭉쳐짐 • 띠길이 : 2.5cm 이하	• 손 안에서 뭉쳐짐 • 띠길이 : 5cm 이하 • 다소 까칠까칠한 느낌이 있음	• 손 안에서 뭉쳐짐 • 띠길이 : 5cm 이상 • 매끄러운 촉감

순 서	기 준	토 성
ⓐ	탁구공만큼의 흙을 떼어서 손바닥에 올려놓고 물 몇 방울을 더해 토양입자를 부수면서 움켜쥔다.	
	• 흙이 탁구공 모양으로 뭉쳐지지 않는다. • 흙이 탁구공 모양으로 뭉쳐진다. → ⓑ	사토(S)
ⓑ	• 엄지와 검지로 문질러도 띠가 생기지 않는다. • 엄지와 검지로 문지르면 띠가 생긴다. → ⓒ	양질사토(LS)
ⓒ	• 띠의 길이가 2.5cm 이하이다. → ⓓ • 띠의 길이가 2.5~5.0cm이다. → ⓔ • 띠의 길이가 5.0cm 이상이다. → ⓕ	
ⓓ	• 매우 거칠다. • 거칠지도 부드럽지도 않다. • 매우 부드럽다.	사질양토(SL) 양토(L) 미사질양토(SiL)
ⓔ	• 매우 거칠다. • 거칠지도 부드럽지도 않다. • 매우 부드럽다.	사질식양토(SCL) 식양토(CL) 미사질식양토(SiCL)
ⓕ	• 매우 거칠다. • 거칠지도 부드럽지도 않다. • 매우 부드럽다.	사질식토(SC) 식토(C) 미사질식토(SiC)

③ 토성명은 결정할 수 있으나, 모래 · 미사 · 점토함량은 알 수 없음

(2) 체를 이용한 모래입자분석법

① 지름 0.05mm 이상의 모래를 분석하는 데 사용

② 미국 ASTM 표준체(체번호 10번부터 325번까지)를 사용

③ 토양체 번호별 Mesh의 크기와 모래입자의 분류 특성

체번호 (Sieve No.)	입자(또는 체 눈)의 크기		모래의 분류(USDA법)
	μm	mm	
10	2,000	2	극조사, 매우 거친 모래
18	1,000	1	
35	500	0.5	조사, 거친 모래
60	250	0.25	중간 모래
70	212	0.212	고운 모래
140	106	0.108	
270	53	0.053	매우 고운 모래
325	45	0.045	

참고

메시(Mesh)

체의 눈이나 가루의 입자의 크기를 나타내는 단위

(3) 침강법

① 모래를 제외한 미사와 점토를 분석하는 방법

㉠ Stokes의 법칙 이용

- 구형의 입자가 액체 내에서 침강할 때 침강속도는 입자의 비중에 비례하고 입자 반지름의 제곱에 비례하고 액체의 점성계수에 반비례함
- 침강법의 이론적 원리(토양입자가 클수록 빨리 침강)
- 모래를 제외한 미사와 점토 분석에 적용
- 입자 크기에 따라 침강속도가 다르기 때문에 특정 크기의 입자가 일정 깊이까지 침강하는 데 걸리는 시간을 계산할 수 있음
- 주의해야 할 가정 : 입자들은 동일한 비중을 가진 단단한 구체, 침강하는 입자끼리의 마찰 무시, 입자들은 액체분자의 브라운운동에 영향을 받지 않을 만큼 충분히 큼, 액체의 점성이 일정하게 작용

㉡ 구상의 입자가 물 중에서 10cm 깊이를 침강하는데 소요되는 시간

입경(mm)	온도(℃)	입자의 밀도(g/cm³)		
		2.5	2.6	2.7
0.05	20	49초	46초	43초
	30	39초	37초	34초
0.002	20	8시간 35분	8시간 0분	7시간 35분
	30	6시간 45분	6시간 21분	6시간 0분

㉢ 측정원리 : 20℃의 현탁액 내에서 비중이 2.6인 경우의 침강 시간에 따른 토양현탁액의 입자 구성 모식도

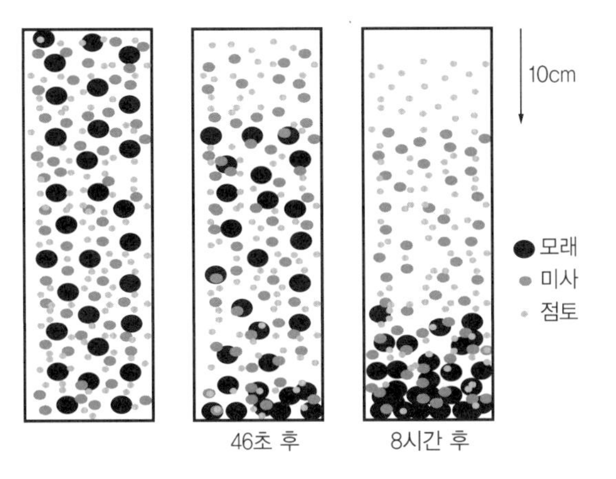

② 피펫법과 비중계법

㉠ 피펫법과 비중계법의 분류

피펫법	비중계법
토양현탁액을 피펫으로 직접 채취하여 건조시킨 후 토양함량을 측정하여 토성을 결정하는 방법	비중계를 이용하여 토양현탁액의 비중을 측정하여 토양함량으로 환산하여 토성을 결정하는 방법
구상 필터 (Bulb Filter) 피펫 덮개 실린더 10cm 현탁액	Control Cylinder Hydrometer Soaking Soil Specimen

<table>
<tr><td colspan="2">〈실험법 공통〉
10번체(2mm)를 통과한 토양시료를 전처리를 통해 완전 분산시킴 → 270번체(0.053mm)로 모래입자 분리(모래함량 측정) → 나머지 토양현탁액을 1L 실린더에 옮기고 물로 1L를 채움 → 온도를 20℃로 유지 → 실린더의 현탁액이 균일하게 섞이도록 흔들어 준 후 실린더를 바닥에 세움(이 때부터 시간을 셈)</td></tr>
<tr><td>→ 계산된 시간(입자비중이 2.6일 때, 20℃에서 46초와 8시간)에 10cm 깊이에서 피펫으로 현탁액 10ml 채취 → 현탁액 건조 후 중량 측정 → 분산제 보정 후 모래, 미사, 점토 중량 비율 계산</td><td>→ 계산된 시간(입자비중이 2.6일 때, 20℃에서 46초와8시간)에 비중계를 넣어 토양현탁액의 비중을 측정하여 토양함량으로 환산(비중계의 눈금은 현탁액 중의 토양함량(g-soil/L solution)으로 표시되어 있음)</td></tr>
</table>

㉡ 피펫법에서 채취한 현탁액에서 점토함량을 구하는 공식

$$\text{점토함량(\%)} = \frac{\text{피펫으로 채취한 시료의 건조중량} - \text{blank 건조중량}}{\text{토양시료의 건조중량}} \times \frac{1,000}{10} \times 100$$

CHAPTER

03 토양의 용적과 질량과의 관계

01 토양 3상의 모식도

(1) 토양 3상의 모식도

① 토양의 기상(Air), 액상(Water), 고상(Soil)의 부피(V)와 무게(W)를 표현한 모식도

② 공기의 무게는 무시할 수 있을 만큼 작기 때문에 표기하지 않음

예 Vs = 고상의 부피, Ws = 고상의 무게

PLUS ONE

무게 대신 질량을 사용하게 되면 W를 M으로 표기하면 되며, 토양을 다룰 때 둘 사이의 차이는 없음

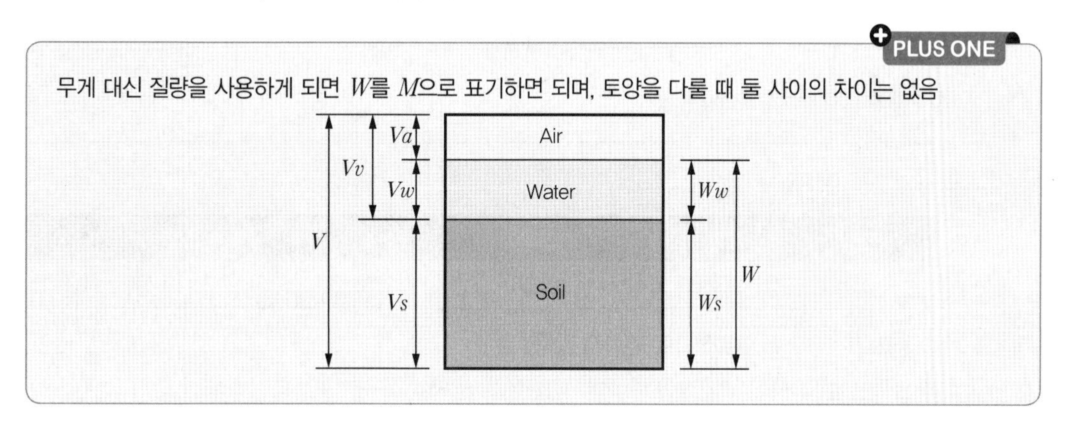

02 토양의 밀도

밀도 = 무게 / 부피
토양의 밀도는 입자밀도와 용적밀도로 구분
밀도개념은 반드시 단위를 명시해야 함

(1) 입자밀도

① 토양의 고상(무기물과 유기물) 무게를 고상부피로 나눈 것
  ㉠ 입자밀도 = 고형 입자의 무게 / 고형 입자의 용적 = Ws / Vs
  ㉡ 단위 : g/cm^3 또는 Mg/m^3

참고

1Mg = 1,000,000g = 1,000kg = 1ton

  ㉢ 토양 구성물질의 입자밀도(g/cm^3)

물	석영 · 장석	철산화물	탄산칼슘	유백색 규소	유기물
1.0	2.65	> 3.0	2.71	2.2	1.2~1.5

② 토양의 고유한 값으로 인위적으로 변하지 않음
  ㉠ 석영과 장석이 주된 광물인 일반 토양 : 2.6~2.7g/cm^3
  ㉡ 각섬석, 감람석, 휘석 등은 철, 망간 등 중금속을 함유하고 있어 입자밀도가 커지기 때문에 2.75g/cm^3 이상인 경우가 많음
  ㉢ 유기물이 많은 토양은 작아짐
  ㉣ 공극률 계산에 이용

③ 일반적으로 표토가 심토보다 유기물 함량이 높기 때문에 표토의 입자밀도가 심토보다 낮음 (예 유기물 함량이 15~20%인 표토의 입자밀도는 약 2.4g/cm^3)

(2) 용적밀도

① 토양의 고상무게를 토양 전체부피로 나눈 것
  ㉠ 용적밀도 = 고형입자의 무게 / 전체 용적 = Ws / V, $V = Va + Vw + Vs$
  ㉡ 단위 : g/cm^3 또는 Mg/m^3
  ㉢ 용적밀도가 크다는 것은 단위용적 당 고형입자가 많은 것을 의미
  ㉣ 토양의 물리적 성질을 직접적으로 나타냄

② 토양관리방법 등의 인위적 이유로 변함

㉠ 일반 토양 : 1.2~1.35g/cm³

㉡ 토양이 다져지면 용적밀도가 커짐 → 뿌리 생장, 투수성, 배수성 악화

㉢ 경운은 용적밀도를 낮추는 효과가 있음

③ 고운 토성과 유기물이 많은 토양은 공극이 발달하기 때문에 용적밀도가 낮음

㉠ 모래가 많은 토양 : 1.6g/cm³까지 증가

㉡ 입단이 잘 형성된 토양 : 1.1g/cm³까지 낮아짐

㉢ 제주도 화산회토 : 0.7g/cm³ 이하 토양도 발견

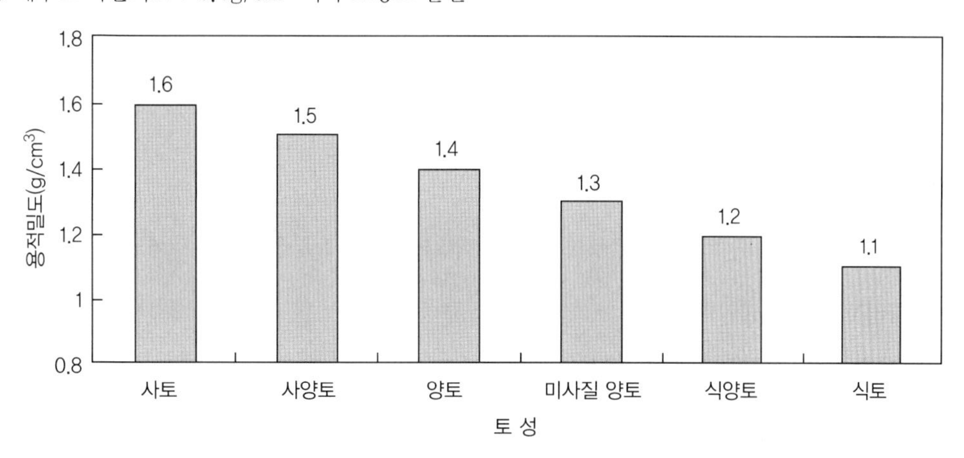

④ 용적밀도를 이용한 토양무게의 계산 방법

토양무게 = 토양의 부피 ×용적밀도

연습문제

면적 1ha, 깊이 10cm의 농경지 토양의 무게는? (단, 토양의 용적밀도는 1.2g/cm³)

풀이 토양의 용적 = 면적 ×깊이 = 10,000m² ×0.1m = 1,000m³

용적밀도 = 1.2g/cm³ = 1.2Mg/m³

토양무게 = 토양의 용적 ×용적밀도 = 1,000m³ ×1.2Mg/m³ = 1,200Mg

= 1,200ton

참고

1ha = 10,000m² = 3,000평

03 공극률

(1) 공극률(Porosity)

① 공극 : 토양입자들 사이에 형성된 공간

② 공극률 : 전체 토양용적에 대한 공극의 비율로 나타냄

$$공극률 = \frac{공극의\ 용적}{전체\ 토양의\ 용적} = \frac{Va + Vw}{V}$$

③ 입자밀도와 용적밀도를 이용한 공극률 계산

$$공극률 = \frac{공극의\ 용적}{전체\ 토양의\ 용적} = 1 - \frac{용적밀도}{입자밀도}$$

④ 용적밀도와 공극률과의 관계

㉠ 반비례 관계

㉡ 용적밀도가 큰 토양은 공극률이 낮고, 용적밀도가 작은 토양은 공극률이 커짐

(2) 공극비(Void Ratio)

① 토양공극의 부피와 고상 부피의 비

$$공극비 = \frac{공극의\ 용적}{토양\ 고상의\ 용적} = \frac{Va + Vw}{Vs}$$

② 주로 토목분야에서 이용

㉠ 클수록 푸석푸석한 토양

㉡ 작을수록 다져진 토양

③ 일반적인 토양의 공극비 : 0.3~2

④ 용적밀도가 낮거나 공극률이 큰 토양의 공극비가 큼

(3) 공기충전공극률(Air Filled Porosity)

① 토양 전체 용적에 대한 공기의 용적비

$$공기충전공극률 = \frac{기상의\ 용적}{토양\ 전체\ 용적} = \frac{Va}{V}$$

㉠ 높을수록 토양이 건조되어 있으며, 공기 유통이 유리하다는 의미

㉡ 낮을수록 토양 공극에 채워진 물이 많고, 공기 유통이 불리하다는 의미

② 수분포화도와 반대되는 개념

③ 공기충전공극률 = 공극률 − 용적수분함량

04 토양의 습윤성

(1) 중량수분함량

① 무게기준으로 나타낸 토양수분함량

$$\text{중량수분함량} = \frac{\text{물의 무게}}{\text{토양 무게}} = \frac{Ww}{Ws}$$

② 퍼센트 개념으로 나타내는 것이 일반적

③ 105℃에서 건조시킨 토양의 무게를 기준으로 함

④ 보통 25~60% 수준

(2) 용적수분함량

① 용적기준으로 나타낸 토양수분함량

$$\text{용적수분함량} = \frac{\text{물의 부피}}{\text{토양 전체 부피}} = \frac{Vw}{V}$$

② 퍼센트 개념으로 나타내는 것이 일반적

③ 물로 포화된 토양의 용적수분함량

㉠ 모래가 많은 토양 : 40~50%

㉡ 점토가 많은 토양 : 60% 이상

참고

용적수분함량이 중량수분함량보다 더 자주 사용되는 이유

- 관개수의 양을 계산하는 데 편리
- 강수량을 이용하여 관개된 양을 계산하는 데 편리
- 토양수분의 양을 토양깊이로 나타내는 데 편리

④ 용적수분함량 = 중량수분함량 × 용적밀도

(3) 수분포화도

① 공극의 용적에 대한 수분의 용적비

$$\text{수분포화도} = \frac{\text{물의 부피}}{\text{토양 공극의 부피}} \times 100 = \frac{Vw}{Va + Vw} \times 100$$

㉠ 수분이 전혀 없을 때 : 0

㉡ 공극이 물로 포화되었을 때 : 100

② 수분포화도 = 용적수분함량 / 공극률

연습문제

코어 샘플러로 $100cm^3$의 토양을 채취하여 무게를 측정하였더니 150g이었다. 이 토양을 105℃에서 건조하고 난 후 다시 무게를 측정하였더니 130g이었다. 이 토양의 입자밀도가 $2.6g/cm^3$일 때,

토양의 용적 = $100cm^3$ = V
물의 무게 = 150g − 130g = 20g = Ww
토양 고상의 무게 = 130g = Ws = 건조한 토양의 무게

① 용적밀도?

풀이 용적밀도 = Ws / V = 130g / $100cm^3$ = $1.3g/cm^3$

② 면적 10a, 토양깊이 10cm의 토양무게?

풀이 1ha = $10,000m^2$ = 100a, 따라서 면적 10a = $1,000m^2$, 깊이 10cm = 0.1m
토양의 용적 = 면적 × 깊이 = $1,000m^2$ × 0.1m = $100m^3$
토양무게 = 용적밀도 × 용적 = $1.3Mg/m^3$ × $100m^3$ = 130Mg = 130톤

- 용적밀도 = 무게 / 용적
  무게 = 용적밀도 × 용적
- $1g/cm^3 = 1Mg/m^3$
  1Mg = 1,000,000g = 1,000kg = 1톤

③ 공극률?

풀이 공극률 = 1 − 용적밀도/입자밀도 = 1 − 1.3/2.6 = 0.5 = 50%

④ 공극비?

풀이 토양 공극의 용적 = $Va + Vw$ = $50cm^3$
토양 고상의 용적 = Vs = $100cm^3$ − $50cm^3$ = $50cm^3$
공극비 = $(Va + Vw)/Vs$ = $50cm^3/50cm^3$ = 1

⑤ 수분포화도?

풀이 토양 공극의 용적 = 물의 용적(Vw) + 공기의 용적(Va)
물의 용적(Vw) ≒ 물의 무게(Ww) (물의 비중을 1이라고 봄)
수분포화도 = $Vw/(Va + Vw)$ × 100 = $20cm^3/(20cm^3 + 30cm^3)$ × 100 = 40

⑥ 공기충전공극률?

풀이 공기충전공극률 = Va/V = $30cm^3/100cm^3$ = 0.3

⑦ 토양의 3상분포도?

풀이 고상 $50cm^3$, 액상 $20cm^3$, 기상 $30cm^3$
따라서 고상 : 액상 : 기상 = 50 : 20 : 30

⑧ 중량수분함량?

풀이 중량수분함량 = Ww/Ws = 20g/130g = 0.15

⑨ 용적수분함량?

풀이 용적수분함량 = Vw/V = $20cm^3/100cm^3$ = 0.20

⑩ 토양깊이가 50cm일 때, 토양입자, 토양수분, 토양공기를 깊이로 나타내면

풀이 면적이 동일한 조건이므로 부피비 = 깊이비, 따라서 토양의 3상분포비와 같음
50cm의 50%가 고상이므로 토양입자의 깊이는 25cm,
같은 방법으로 토양수분의 깊이는 10cm,
토양공기의 깊이는 15cm

CHAPTER 04

공 극

01 공 극

(1) 공극의 정의

① 공극(Pore Space) : 토양입자들의 배열에 따라 만들어지는 공간

② 식물의 생육과 환경오염측면에서 매우 중요

(2) 공극의 특성

① 공기와 물이 들어갈 수 있는 공간

② 크기에 따라 물과 공기의 양이 달라짐

③ 크기에 따라 물의 흐름과 건조속도가 달라짐

④ 식물에 필요한 산소, 물, 양분이 존재하는 공간

⑤ 토양입자들의 배열상태에 따라 크기가 달라짐

02 공극의 역할

(1) 대공극과 소공극

① 대공극 : 공기와 수분의 이동 통로

② 소공극 : 물 보유(모세관현상)

사질토양	통기성 좋지만 보수력 작음
식 토	통기성 나쁘지만 보수력 높음

③ 대공극과 소공극의 적절한 균형 유지 필요

㉠ 소나무와 같이 산소를 좋아하는 식물은 식토에서 잘 자라지 못함

㉡ 사토에서는 쉽게 수분부족현상이 나타남

(2) 대공극과 소공극의 적절한 균형이 유지되는 조건

① 모래, 미사, 점토가 골고루 혼합되어야 함

② 입단이 잘 형성되어야 함(입단 사이에서 대공극, 입단 내에서 소공극이 형성됨)

(3) 식물의 뿌리 자람에 미치는 공극의 영향

① 용적밀도가 증가하면 공극이 줄어들게 되어 뿌리 생장에 불리해짐

② 기계작업 등 압력에 의하여 다져진 토양에서는 식물의 뿌리가 깊게 자라지 못함

03 입자의 배열상태와 공극

(1) 입자의 배열상태와 공극

① 정열배열과 사열(교호)배열로 구분

② 정열배열이 사열배열보다 공극의 양이 많아지고 각 공극의 크기도 커짐

③ 실제 토양에서는 복합적으로 나타남

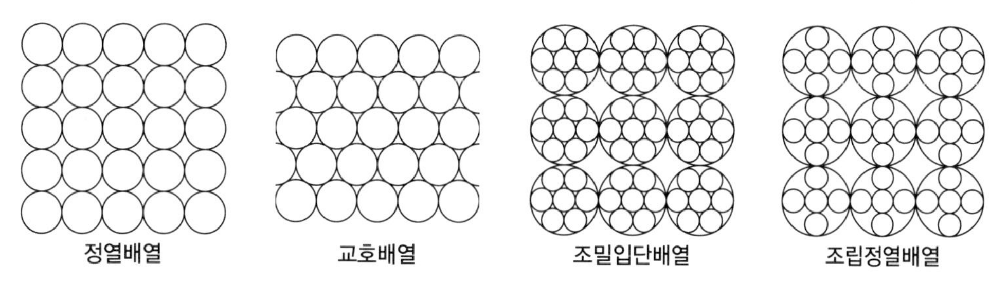

04 공극의 분류

(1) 생성원인별 분류

토성공극	• 토양입자 사이에 형성된 공극 • 작기 때문에 물을 보유하는 성질을 가짐
구조공극	• 토양입단 사이에 형성된 공극 • 보통 공기의 통로로 작용
특수공극(생물공극)	• 뿌리, 소동물의 활동, 가스 발생 등으로 형성된 공극 • 생물의 크기에 따라 달라지며 공기의 통로로 작용

(2) 크기에 따른 분류

① 대공극 : 0.08~5mm 이상. 물의 이동통로, 뿌리 생장 공간, 토양생물 이동 통로
② 중공극 : 0.03~0.08mm. 모세관 현상에 의해 수분 보유, 곰팡이와 뿌리털 생장 공간
③ 소공극 : 0.005~0.03mm. 토양입단 내부의 공극, 유효수분 보유, 세균 생장 공간
④ 미세공극 : 0.0001~0.005mm. 점토입자 사이의 공극, 식물이 이용하지 못하는 수분 보유
⑤ 극소공극 : 0.0001mm 이하. 식물이 이용하지 못하는 수분 보유, 미생물이 자랄 수 없음

참고

정 리
① 공극률 = $(Va + Vw)/V$
② 공극률과 용적밀도와의 관계
㉠ 공극률 = 1 – 용적밀도/입자밀도
㉡ 공극률이 클수록 용적밀도는 작아짐(반비례 관계)

05 공극의 발달 요인

(1) 토 성

① 공극률 : 고운 토성의 토양 > 모래가 많은 토양
모래가 많은 토양에는 소공극과 미세공극이 적기 때문

② 점토가 많은 토양에서는 상태에 따라 공극률 차이가 큼
㉠ 수축 상태와 팽창 상태
㉡ 입단형성이 잘 된 상태와 분산된 상태

(2) 입 단

① 입단이 잘 형성된 토양 : 대공극과 미세공극 골고루 분포 → 공극률 커짐
② 입단이 형성되지 않은 토양 : 미세공극은 많지만 대공극이 작음 → 공극률 낮아짐

(3) 토양의 깊이

① 심토의 공극률은 대체로 낮음
㉠ 위에 있는 토양의 무게에 의한 다져짐
㉡ 심토 공극률, 25~30%까지 낮아질 수 있음

② 깊이에 따른 공극률의 감소 특성
㉠ 사양토에서는 크지 않지만, 미사질 양토에서는 뚜렷한 감소
㉡ 입단구조가 잘 발달할수록 표토에서의 공극률이 큼

PLUS ONE

사양토와 미사질 양토 비교

사양토	대공극이 소공극에 비해 많음
미사질 양토	입단구조 발달 : 대공극과 소공극 비슷한 분포 → 작물에 필요한 수분과 공기를 모두 보유할 수 있는 능력
	입단구조 미발달 : 소공극이 대공극에 비해 훨씬 많음 → 수분보유능력은 크지만 통기성은 나쁨

CHAPTER

05 토양입단과 구조

01 토양입단

(1) 입 단

① 입단 : 작은 토양입자들이 응집하여 형성된 덩어리 형태의 토양(떼알구조)

② 물리, 화학, 생물학적 현상에 의해 생성

③ 생성과 붕괴가 끊임없이 이루어짐

④ 토양의 물리적 구조를 변화시켜 수분보유력과 통기성을 향상시킴

(2) 입단이 만들어지는 기작

① 점토 사이의 양이온에 의한 응집현상

② 점토 표면의 양전하와 점토에 의한 응집현상

③ 점토 표면의 양전하와 유기물에 의한 입단화

④ 점토 표면의 음전하와 양이온과 유기물에 의한 입단화

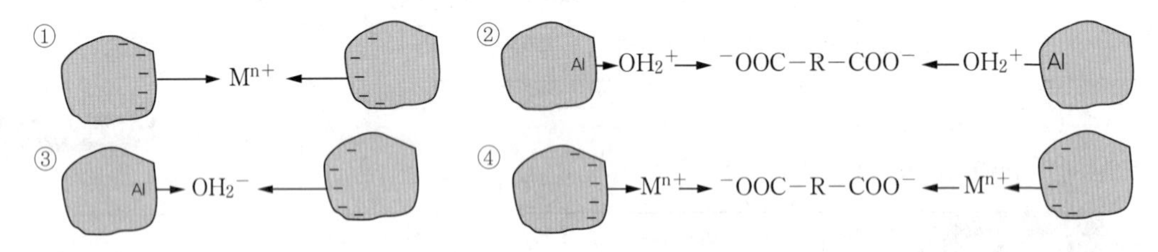

02 입단형성요인

(1) 양이온의 작용

① 토양용액의 양이온은 음전하를 띤 점토와 점토를 정전기적으로 응집하게 함

㉠ 대표적인 양이온 : Ca^{2+}, Mg^{2+}, Fe^{2+}, Al^{3+} 등의 다가 이온, 수화반지름이 작음

㉡ 점토광물의 표면 음전하 중화

㉢ 점토와 점토입자 사이에서 다리 역할

㉣ 0.03mm 크기의 작은 입단까지 커짐

② **의사모래(Pseudo-sand)** : 점토입자가 2가 또는 3가 양이온과 함께 결합된 매우 안정한 작은 입단, Ultisol과 Oxisol에서 잘 발견됨(Tip : 가짜모래)

③ **주의** : Na^{+}이온은 수화반지름이 커서 점토입자를 분산시킴

㉠ 수화된 물에 의하여 양전하가 가려져 점토의 음전하를 충분히 중화시키지 못함

㉡ 점토 입자들 사이의 반발력으로 응집하지 않고 분산됨

㉢ Na의 농도가 높은 토양은 입단이 발달하지 못해 투수성이 불량해짐(예 간척지 토양)

(2) 유기물의 작용

① 미생물이 분비하는 점액성 유기물질, 특히 폴리사카라이드는 큰 입단의 형성에 중요

② 뿌리의 분비액

③ **유기물의 작용기** : 점토-양이온-점토와의 결합에 관여, 응집된 점토를 더 강하게 결합시킴

④ 유기물이 많은 토양과 유기질 비료를 시용한 토양에서 입단 형성이 많이 됨

(3) 미생물의 작용

① **곰팡이의 균사** : 실 같이 가는 균사가 토양입자와 서로 엉켜 입단 생성

② 균근균의 균사 및 글로멀린(Glomulin, 끈적끈적한 단백질)

③ **입단생성 정도** : 살균제 무처리 토양 > 살균제 처리 토양 > 멸균 토양

(4) 기후의 작용

① 습윤과 건조의 반복

② 얼음과 녹음의 반복

> **참고**
>
> 토양이 건조하거나 얼면 수분이 빠져 나가기 때문에 점토입자들이 더 가까워져 토양의 부피가 줄어들게 되고 이로 인해 약하게 결합된 면을 따라 균열이 생기게 됨

③ 팽창형 점토광물이 많은 토양(Vertisol, Mollisol, Alfisol)에서 잘 일어남

(5) 토양개량제의 작용

① **토양개량제** : 토양 무게의 약 0.1%의 처리량으로 입단개량 효과를 나타내는 합성물질

㉠ Krillium : 최초의 상업용 토양개량제, 1951년 Polyacrylonitrile과 Vinyl Acetate의 합성폴리머

㉡ Polyvinyl Acetate(PVAc)

㉢ Polyvinyl Alcohol(PVA)

㉣ Poly Acrylic Acid(PAA)

㉤ Poly Acryl Amide(PAM)

② 천연 고분자물질인 Polysaccharide 또는 Polyuronide와 유사한 구조를 가짐
③ Polyvinyl형과 Polyacryl형으로 제조됨
④ 토양개량제의 입단화 효과에 작용하는 기작
㉠ 정전기적 또는 교환반응
㉡ 수소결합
㉢ Van Der Waals 힘
㉣ 양이온과 유기물의 입단화 기작과 유사

03 입단과 공극

(1) 입단의 크기와 토양공극

① 입단의 크기가 클수록 전체 공극량 많아짐
㉠ 입단의 크기 0.5~1.0mm일 때, 공극률 약 50%
㉡ 입단의 크기 3.0mm 이상일 때, 공극률 60% 이상
② 비모세관공극량은 입단의 크기와 비례하여 증가
③ 모세관공극량
㉠ 입단의 크기 0.5~1.0mm일 때, 40% 이상
㉡ 입단의 크기 0.5~1.0mm 이상일 때, 25% 내외

참고

정 리
• 비모세관공극 = 대공극(수분 이동통로)
• 모세관공극 = 소공극(수분 저장)
• 입단이 발달하면 대공극과 소공극이 골고루 발달하게 되어 식물 생육에 유리

CHAPTER

06 토양구조

01 토양구조

(1) 토양구조(Soil Structure)

① 정의 : 토양을 구성하는 토양입자들의 배열상태

② 입단의 모양(Shape 또는 Type), 크기(Size 또는 Class), 발달 정도(Grade 또는 Distinctness)에 따라 분류

(2) 토양구조의 분류

① **모양에 따른 분류** : 입상(Granule 또는 Spherical), 판상(Platy), 주상(Prismatic), 괴상(Blocky)

② 크기에 따른 분류: 매우 작음(Very Fine), 작음(Fine), 중간(Medium), 큼(Coarse), 매우 큼(Very Coarse)

③ **발달 정도에 따른 분류** : 약함, 중간, 강함

㉠ 약함 : 외관상으로 구조의 식별이 겨우 가능한 경우

㉡ 중간 : 약함과 강함의 중간 정도

㉢ 강함 : 외관상으로 구조의 식별이 뚜렷하고 인접한 토괴가 서로 분리되어 있음

(3) 토양구조의 기술

① 발달 정도(Grade) – 크기(Class) – 모양(Type) 순서로 기술

② **기술 사례** : Strong Fine Granule(잘 발달한 미세한 입상 구조)

02 토양구조의 발달과 종류

(1) 토양구조의 발달

① 발달 초기 : 외관상 특징이 없음
② 압력, 유기물 퇴적, 응집이온의 집적 등에 의해 특정 구조로 발달
③ 토양단면 상에서 나타나는 토양구조의 특성
㉠ 약 30cm 이내의 표층 : 입상과 판상 구조가 주로 발견
㉡ 30cm~1m 이내 심층 : 괴상 구조가 주로 발견
㉢ 1m 이상 깊이 : 주상 구조(결정주) 발달

(2) 토양 구조의 종류

① 구상(입상) 구조
㉠ 유기물이 많은 표층토(깊이 30cm 이내)에 발달
㉡ 초지나 토양동물(예 지렁이)의 활동이 많은 토양에서 발견
㉢ 입단의 결합이 약해 쉽게 부서짐
② 판상 구조
㉠ 접시 모양 또는 수평배열의 토괴로 구성된 구조
㉡ 구상 구조와 같이 표층토(깊이 30cm 이내)에 발달
㉢ 토양생성과정 또는 인위적인 요인으로 형성
㉣ 모재의 특성이 그대로 유지
㉤ 물이나 빙하 아래에 위치하기도 함
㉥ 논토양에서도 발달 : 오랜 경운으로 특정 깊이(약 15cm) 이하에 점토가 집적되고 압력으로 다져져 생성(경반층) → 용적밀도가 크고 공극률이 매우 낮고 대공극이 없어짐 → 수분의 하방이동 및 뿌리의 생장에 불리한 환경 조성 → 깊이갈이로 판상 구조를 제거할 수 있음
③ 괴상 구조
㉠ 불규칙한 6면체 구조로 입단 간 거리는 5~50mm
㉡ 각이 있으면 각괴, 없거나 완만하면 아각괴
㉢ 배수와 통기성이 양호한 심층토에서 발달
④ 주상 구조
㉠ 지표면과 수직한 방향으로 1m 이하 깊이에서 발달
㉡ 단위구조의 수직 길이가 수평 길이보다 긴 기둥모양

㉢ 각주상 구조과 원주상 구조로 구분

각주상 구조	원주상 구조
• 수평면이 평탄하고 각진 모서리 • 대개 150mm 이상의 지름 크기 • 습윤 지역의 배수불량토양 또는 팽창형 점토가 많은 토양에서 발달	• 수평면이 둥글게 발달 • Na이 많은 토양 B층에서 많이 관찰됨 • 우리나라에서는 하성 또는 해성 퇴적물을 모재로 하는 논토양의 심층토에서 많이 나타남

⑤ 무형구조(Structureless)

㉠ 낱알구조 : 모래와 같이 토양입자들이 서로 결합되지 않는 상태

㉡ 덩어리형태의 구조 : 어떠한 모양으로 구분하여 나눌 수 없는 형태로 결합되어 있는 형태

㉢ 주로 모재가 풍화과정에 있는 C층에서 발견

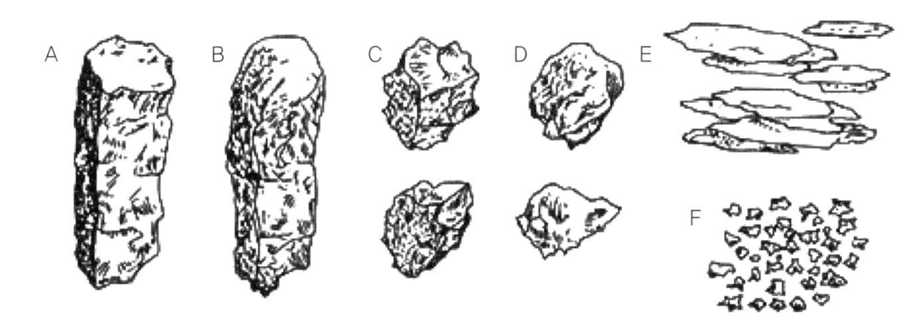

A : 각주상, B : 원주상, C : 괴상, D : 아각괴상, E : 판상, F : 입상

토양구조의 형상(Soil Survey Staff, 1951)

(3) 토양구조의 역할

① 뿌리 생장 환경, 수분과 공기의 함유비율에 영향

② 토괴(Ped) 사이의 거리는 토양입자 사이의 간격보다 넓음

㉠ 괴상 구조의 토양이 노출되었을 때, 토괴 사이 넓은 공간은 수분이동의 통로가 됨

㉡ 괴상 구조의 토양이 습윤하게 되면 점토가 팽창하여 토괴 공간이 사라지고 점토판(Clay Pan)이 생성됨 → 불투수층으로 작용하여 뿌리 생장과 수분의 하향이동 방해

③ 일반적으로 입상 구조가 수분침투성과 배수성 및 통기성이 모두 좋음

④ 판상 구조는 수분침투성과 배수성 및 통기성이 모두 나쁨

구 분	수분침투	배수성	통기성
주 상	양 호	양 호	양 호
괴 상	양 호	중 간	중 간
입 상	양 호	최 상	최 상
판 상	불 량	불 량	불 량

CHAPTER 07

토양의 견지성

01 토양의 견지성

(1) 정 의

① 외부 요인에 의하여 토양 구조가 변형 또는 파괴되는 것에 대한 저항성 또는 토양입자 간의 응집성

② 모래, 미사, 점토입자 간의 힘의 특성과 강도를 나타내는 것

③ 토성과 수분함량에 따라 달라짐

㉠ 수분함량에 따라 유동성, 점성, 소성을 가짐

㉡ 수분함량이 너무 적어지면 부스러지거나 응집하여 단단해짐

④ 토양관리와 경운에 중요한 요인으로 작용

(2) 용 어

① 강성(Rigidity) = 견결성(Coherence)

㉠ 건조하여 굳어지는 성질

㉡ Van Der Waals 힘에 의해 결합

㉢ 판상의 점토입자(예 Montmorillonite계 2:1 점토광물과 Kaolinite계 1:1 점토광물)가 많을수록 커짐

㉣ 구상의 무정형광물(예 Allophane계 점토광물)이 많을수록 작아짐

㉤ 점토가 많은 토양이 건조하면 벽돌처럼 딱딱해짐

② 이쇄성(Friability)

㉠ 적당한 수분을 가진 토양에 힘을 가할 때 쉽게 부서지는 성질

㉡ 강성과 소성을 가지는 수분함량의 중간 정도의 수분을 가진 토양에서 나타남

㉢ 경운하기 적합한 강도를 가진 토양 상태로 경운 후에도 입단구조가 잘 형성됨

③ 소성(Plasticity)

㉠ 힘을 가했을 때 파괴되지 않고 모양만 변하고 원래 상태로 돌아가지 않는 성질

㉡ 기계에 토양이 많이 달라붙어 경운하기 어려운 상태

㉢ 입단이 쉽게 파괴됨

02 수분함량에 따른 토양의 견지성 변화

(1) 견지성 변화

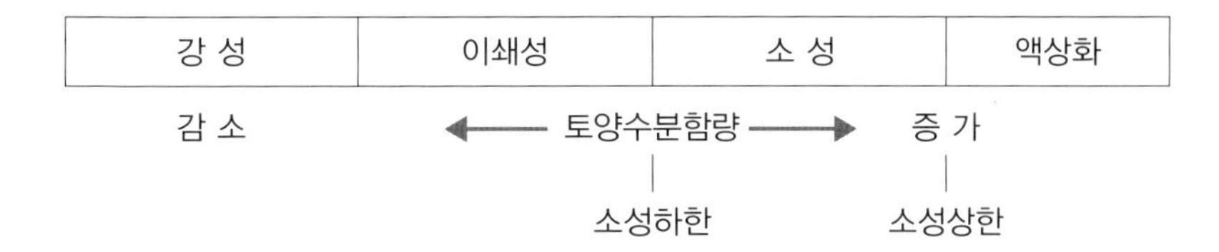

① **소성하한** : 토양이 소성을 가질 수 있는 최소 수분함량, 소성한계(Plastic Limit, PL)

② **소성상한** : 토양이 소성을 가질 수 있는 최대 수분함량, 액성한계(Liquid Limit, LL)

③ **소성지수(Plastic Index, PI)** : 소성한계와 액성한계의 차이

㉠ 점토함량이 증가할수록 소성지수 증가

㉡ 점토종류에 따른 소성지수의 크기

Montmorillonite > Illite > Halloysite > Kaolinite > 가수 Halloysite

(2) Atterberg 한계

① 소성과 액성의 한계수분함량 범위

② 액성한계

㉠ 소성상태에서 액성상태로 변하는 순간의 수분함량

㉡ 외력에 의한 전단저항이 0이 되는 최소 수분함량과 같음

㉢ 측정방법 : 건조한 토양 시료를 40번 체로 10mm 높이에서 1초에 2회 속도로 낙하하여 25회 낙하할 때 둘로 나뉜 부분의 토양이 홈의 양쪽으로부터 유출하여 약 1.5cm의 길이에 합류했을 때의 수분함량

㉣ 조립토의 판별분류 및 토양의 공학적 성질을 판단하는 데 이용

③ 소성한계

㉠ 반고체상태에서 소성상태로 변하는 순간의 수분함량

㉡ 파괴 없이 변형시킬 수 있는 최소 수분함량과 같음

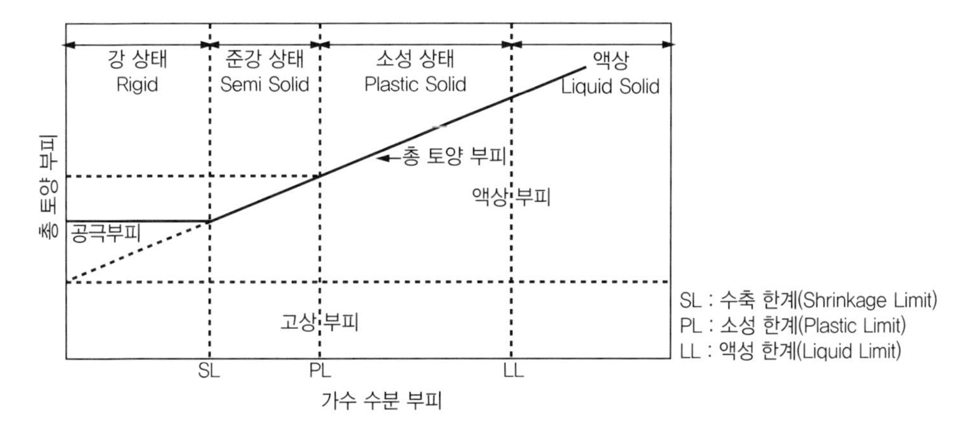

CHAPTER

08 토양색, 공기, 온도

01 토양색

(1) 토양색의 표기

① 색첩을 사용하여 객관적으로 표기

㉠ Ridgeway Color Atlas, Maxwell Color Mixer, Munsell Color Chart 등이 있음

㉡ 토양색에는 Munsell Color Chart(Munsell 토색첩)를 주로 사용

(2) Munsell Color Chart

① 색의 3가지 속성을 사용해 분류

㉠ 색상(Hue, H) : 색깔의 속성

빨강(R) · 노랑(Y) · 초록(G) · 파랑(B) · 보라(P)의 5개 색상과 그 중간 색상 5개, 즉 10개 색상으로 구분하고, 각 색상은 2.5, 5, 7.5, 10의 4단계로 구분

㉡ 명도(Value, V) : 색깔의 밝기 정도

순수한 흰색 10에서 순수한 검은색 0까지 11단계로 구분, 토양은 2(또는 2.5)에서 8까지 7단계로 구분

㉢ 채도(Chroma, C) : 색깔의 선명도

회색에 가까울수록 낮은 값인 1부터 2, 3, 4, 6, 8까지 6단계로 구분

(3) 토양색의 측정 방법

① 토양 덩어리 채취(수분상태 기록, 건조할 경우 분무기로 습윤하게 적심)

② 토양 덩어리를 2등분함

③ 직사광선이 토양 시료와 토색첩에 직접 비춰지게 함

④ 토색첩의 색도표를 2등분된 토양시료의 안쪽 면과 비교하여 가장 유사한 색을 찾아 토양색으로 정하고 기록

※ 주의 : 색이 1개 이상일 때, 모든 색을 기록하고 지배적인 색을 표시함

⑤ **토양색 표기방법** : 색상 명도/채도(각 쪽의 상단 Y축/X축)

토색첩 읽기 예시 : 7.5YR 6/1 gray

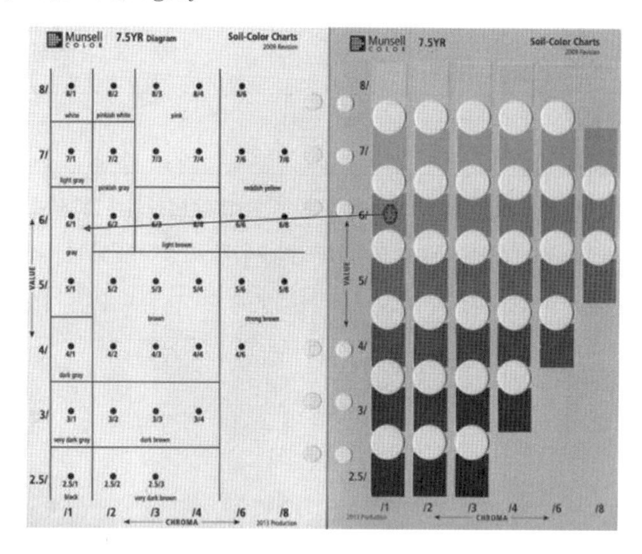

(4) 토양색 영향 요인

① 유기물

㉠ 토양색을 어둡게 함(암갈색, 흑색)

㉡ 유기물이 많은 표토가 심토에 비해 어두운 색을 띰

㉢ 검은색을 띠는 토양은 보수성, 배수성, 투수성이 좋은 토양일 가능성이 높음

㉣ 초지 토양과 산림 토양의 비교

초지 토양	산림 토양
• 잔뿌리가 많은 식물이 자라는 토양 • 보통 유기물함량 4~5%로 높음 • 검은색을 띠는 경우가 많음	유기물함량이 높다 해도 검은색을 띠지 않음 → 부식으로 축적되는 유기물의 분해산물의 특징 때문

참고

우리나라 토양의 유기물함량은 대부분 2~5%이고 유기물함량이 높을수록 어두운 색, 제주도 화산회토와 같이 유기물함량이 10%가 넘으면 흑색에 가까운 색을 띰

② **조암광물** : 석영과 장석의 구성 비중이 클수록 연한 색깔

③ 철과 망간

㉠ 존재 형태 : 배수양호 또는 불량의 판별에 도움

산화상태(밭)	• 산소 공급이 원활 • 붉은 색을 띰	산화철 Fe^{3+}, 산화망간 Mn^{4+}
환원상태(논)	• 산소 부족 • 회색 또는 청색을 띰	환원철 Fe^{2+}, 환원망간 Mn^{3+}, Mn^{2+}

㉡ 주기적인 과습과 건조의 반복 조건에서 철과 망간이 용해되었다 침전되면서 광물입자의 표면에 밝은 붉은색, 노랑 또는 갈색 피막을 형성함(지하수위가 변동하는 곳에서 발달)

㉢ 지속적인 풍화와 용탈로 철화합물이 제거되면 석영이 주로 잔존하게 되어 아주 밝은 색을 띠게 됨

④ 수분함량

㉠ 습윤 토양이 건조 토양 보다 짙은 색을 띰

㉡ 토양색을 정할 때 적당한 수분함량(포장용수량 조건이 가장 좋음)에서 정해야 함

02 토양공기

(1) 토양공기의 조성

① 질소 : 대기 중의 함량과 비슷

② 산 소

㉠ 대기 중의 함량보다 적음 → 식물 뿌리와 미생물의 호흡 때문

㉡ 표토에서 심토로 내려갈수록 감소

㉢ 토양공극의 특성과 토양구조의 영향을 크게 받음

③ 이산화탄소

㉠ 산소가 줄어드는 양과 비례하여 증가

㉡ 산소 한 분자가 소모되면 이산화탄소 한 분자가 생성되기 때문에 산소와 이산화탄소 함량의 합은 약 21%로 일정하게 유지됨

㉢ 석회질 비료의 시용으로도 발생

$CaCO_3 + 2H_2O \rightarrow Ca^{2+} + 2OH^- + CO_2$

㉣ 토양 pH를 낮추고, 광물을 녹이거나 침전물을 형성 → 미부숙 유기물이 많을수록 이산화탄소 발생이 많아지기 때문에 더 뚜렷하게 나타남

④ 대기와 토양공기의 조성 비교 : 대기에 비해 토양에서 질소농도는 비슷하고, 산소농도는 적고, 이산화탄소와 수증기 함량은 높음

(2) 토양의 통기성

① **통기성** : 대기와 토양공기가 분압의 차이에 의해 공극을 통해 교환되는 특성

② **산소와 이산화탄소의 교환**

㉠ 산소 : 대기에서 토양으로 확산

㉡ 이산화탄소 : 토양에서 대기로 확산

㉢ 공극의 특성과 온도, 습도, 기압, 지표면의 바람속도가 교환 속도에 영향을 줌

> **참고**
>
> 확 산
>
> 토양과 대기 사이에서 일어나는 기체화합물의 교환 방식으로 높은 농도에서 낮은 농도로 이동함. 이산화탄소는 토양에서 농도가 높기 때문에 대기로 확산되고, 산소는 대기에서 농도가 높기 때문에 토양으로 확산됨

③ **산소확산율(Oxygen Diffusion Rate, ODR)**

㉠ 대기 중의 산소가 토양으로 공급되는 공급률

㉡ 단위시간당 단위면적을 통과하는 산소의 무게로 표시

㉢ 대공극이 많은 토양에서 산소확산율이 커지고 소공극이 많으면 작아짐

㉣ 토양 깊이 1m에서의 산소확산율은 표토의 1/2 내지 1/4로 감소

㉤ 밭작물 생장이 양호한 산소확산율 : $30 \sim 40 \times 10^{-2} g/cm^2 \cdot min$

㉥ 뿌리의 활동이 저해되는 산소확산율: $20 \times 10^{-8} g/cm^2 \cdot min$

(3) 토양특성과 통기성

① 토성, 구조, 수분함량이 가장 중요한 인자

② 모래함량이 많고 대공극이 많고 토양구조가 발달한 토양에서 통기성이 좋음

③ 수분함량이 많아지면 대기와 토양 사이의 기체교환이 쉽게 차단됨

㉠ 산소함량 감소

㉡ 이산화탄소함량 증가

(4) 산소 농도가 토양 이온 및 기체 분자의 존재 형태에 미치는 영향

① **산화상태** : 통기성이 양호하여 토양 공기의 산소가 풍부한 상태

㉠ 전자수용체 : 산소

㉡ 산화적인 화학반응과 토양미생물의 산화적인 대사활동 활발

② **환원상태** : 통기성이 불량하여 토양 공기의 산소가 부족한 상태

㉠ 전자수용체 : NO_3, Fe^{3+}, Mn^{4+}, SO_4^{2-} 등

㉡ 환원적인 유기물 분해 반응으로 CO_2 대신 CH_4 발생

③ 토양의 산화환원상태에 따른 토양 이온 및 기체 분자의 존재 형태

산화상태	CO_2 이산화탄소	NO_3^- 질산 이온	SO_4^{2-} 황산이온	Fe^{3+} 3가 철	Mn^{4+} 4가 망간
환원상태	CH_4 메 탄	N_2, NH_3 질소, 암모니아	S, H_2S 황, 황화수소	Fe^{2+} 2가 철	Mn^{2+}, Mn^{3+} 2가, 3가 망간

㉠ 환원상태에서 발생하는 메탄, 암모니아, 황화수소 등은 식물에 해로움
㉡ 환원상태의 철과 망간은 용해도가 증가하기 때문에 식물에 해로움
㉢ 환원상태의 황(S^{2-})은 Fe^{2+}, Mn^{2+}, Cu^{2+}, Zn^{2+} 등과 불용성 황화물을 형성하고, 식물의 금속이온 흡수를 저해하거나 뿌리 표면에 침전하여 양분과 수분 흡수를 저해함
㉣ 벼의 추락현상 : 논토양의 하층은 산소가 부족한 환원상태에 놓이게 되는데 황산암모늄 비료(유안비료, $(NH_4)_2SO_4$)로 공급된 황산이온이 불용화되거나 황화수소로 바뀌면서 벼가 피해를 입어 가을에 벼의 생육이 급격히 저해되는 현상

(5) 토양 중 산소농도와 식물 생육

① 일반적으로 10% 이상이면 식물 생육에 지장 없음
② 5% 이하로 떨어지면 심각하게 생육이 저해됨
③ 토양 내 이산화탄소 함량이 높더라도 산소 공급이 충분하면 식물 생육에 문제없음
④ 토양산소가 부족해도 통기조직을 통해 뿌리로 산소를 공급할 수 있는 식물은 정상 생육
⑤ 산소 부족으로 생성되는 환원성 유해물질은 낮은 농도에서도 식물 생육을 저해함
⑥ 과습한 점질토에 미부숙 유기물을 과다하게 시용하면 산소 고갈이 심해져 심한 환원상태가 됨

03 토양온도

(1) 토양온도와 유기물

① 토양 유기물 함량 : 냉온대지역 > 아열대 및 열대지역
② 낮은 온도에서 미생물 활성이 낮아 유기물 분해가 지연되기 때문

(2) 비 열

① 토양의 비열(cal/g · ℃): 토양 1g의 온도를 1℃ 올리는데 필요한 열량
② 토양 구성물의 비열

물	무기광물(모래, 미사, 점토)	유기물	공 기
1	0.2	0.4	0.000306

(3) 토양의 용적열용량

① 용적열용량(cal/cm³ · ℃) : 단위부피의 토양온도를 1℃ 올리는데 필요한 열량
  ㉠ 용적열용량 = 비열 × 밀도
  ㉡ 고상의 조성(무기물과 유기물함량), 수분함량, 용적밀도 등에 따라 달라짐

② 토양은 3상으로 구성되기 때문에 고상, 액상, 기상의 열용량의 합으로 계산됨
  ㉠ 계산식

> $C = \sum f_{si}C_{si} + f_w C_w + f_a C_a$
> C : 용적열용량[비열(cal/g · ℃) × 입자밀도(g/cm³) = cal/cm³ · ℃]
> f : 각 상의 용적비, s : 고상, i : 여러 가지 형태의 무기광물 및 유기물, w : 액상, a : 기상

  ㉡ 대부분 토양광물들이 비슷한 입자밀도와 열용량을 가지고 있고, 유기물은 평균적인 입자밀도와 열용량을 적용하며, 공기의 밀도는 매우 작아 무시할 수 있기 때문에 간단한 식으로 다시 정리됨

> $C = f_m C_m + f_o C_o + f_w C_w = 0.48 f_m + 0.60 f_o + f_w$
> C : 용적열용량[비열(cal/g · ℃) × 입자밀도(g/cm³) = cal/cm³ · ℃]
> f : 각 상의 용적비, m : 무기광물, o : 유기물, w : 물

구 분	밀도(g/cm³)	열용량(cal/cm³ · ℃)
석 영	2.66	0.48
기타 무기광물 평균	2.65	0.48
유기물	1.3	0.6
물	1.0	1.0
공 기	0.00125	0.003

③ 토성과 용적열용량
  ㉠ 모래가 많을수록 용적열용량 감소
  ㉡ 점토가 많을수록 용적열용량 증가

④ 수분함량과 용적열용량
  ㉠ 물의 비열이 높기 때문에 수분상태가 매우 중요
  ㉡ 수분함량이 많을수록 용적열용량 증가 → 건조한 토양보다 습윤한 토양의 온도변화가 작음
  ㉢ 식토가 사토보다 온도변화가 작은 이유는 식토의 수분함량이 많기 때문

(4) 토양에서의 열전달

① 토양 표면에서 흡수된 열은 열전도현상에 의해 토양 내부로 전달됨

② 열전도도(Heat Conductivity, cal/cm · sec · ℃) : 두께 1cm의 물질 양면에 1℃의 온도차를 두었을 때 1cm²의 면적을 통하여 1초 동안 통과되는 열량

㉠ 토양구성성분의 열전도도 : 무기입자 > 물 > 부식 > 공기
㉡ 토양입자가 클수록 열전도도 높음 : 사토 > 양토 > 식토 > 이탄토
㉢ 물은 공기보다 열전도가 25배 빠름 : 습윤토양 > 건조토양
㉣ 고상과 고상 사이의 열전도가 공극을 통하는 것보다 빠름 : 토양 덩어리 > 입단 또는 괴상 구조 토양

(5) 열의 흡수

① 색 깔
㉠ 지표면의 색깔이 짙을수록 태양열을 많이 흡수하여 토양온도가 높아짐
㉡ 어두운 토양 > 밝은 토양

② 토양의 경사와 경사방향
㉠ 태양광선을 수직으로 받을 때 단위토양면적당 온도 상승이 가장 큼
㉡ 경사가 크게 질수록 단위토양면적당 태양광선의 양이 작아짐
㉢ 북반구에서는 남향 경사면에서 단위토양면적당 수광량이 많음
㉣ 여름철 수광량은 남북방향 이랑에서 많고, 겨울철 수광량은 동서방향의 이랑에서 많음

(6) 토양온도의 변화와 관리

① 태양복사열의 흡수량과 방출량이 온도 변화에 영향을 줌
② 토심이 깊어질수록 변화 속도와 폭이 작아짐
③ 토심이 깊어질수록 최저온도나 최고온도가 나타나는 시각이 기온에 비해 늦어짐 → 지표면에서 토양 내부로 순차적으로 열이 전달되기 때문
④ 토양온도 관리 방안
㉠ 토양 표면을 다져주고 수분함량을 높여주면 토양의 열전도율이 올라감
㉡ 유기물 : 토양색을 어둡게 하여 태양광선 흡수를 증가시킴
㉢ 흰색 또는 투명 멀칭 : 태양복사열을 반사하여 토양온도를 낮춤
㉣ 비닐 멀칭 : 복사열 방출 차단 및 물의 증발을 줄여 열손실을 낮춤
㉤ 이랑의 방향과 깊이 및 작물의 선택에 따라 토양온도 관리 가능

PART

03 적중예상문제

01

다음은 토양의 성질에 영향을 미치는 각 요인들에 대한 토양입자 크기별 특성을 나타낸 것이다. ㉠~㉥에 들어갈 말을 바르게 연결한 것은?

19 국가직 7급 기출

구 분	모 래	미 사	점 토
압밀성	(㉠)	중간	(㉡)
양분저장능력	(㉢)	중간	(㉣)
유기물함량	(㉤)	중간	(㉥)

	㉠	㉡	㉢	㉣	㉤	㉥
①	낮음	높음	높음	낮음	높음	낮음
②	낮음	높음	낮음	높음	낮음	높음
③	높음	낮음	낮음	높음	낮음	높음
④	높음	낮음	높음	낮음	높음	낮음

해설 건축자재로 모래가 쓰이는 것은 압력을 받았을 때 눌려져 부피가 줄어들지 않는 특성 때문이다. 입자의 크기가 클수록 배수성과 통기성은 높아지나, 양분보유능력과 화학적 성질(보비력, pH 완충능력 등)은 낮아진다.

02

논토양을 부피 100cm^{3}의 Core로 채취한 후 Core를 제외한 토양의 무게가 150g이었고, 105℃에서 24시간 건조 후 토양의 무게는 120g이었다. 이때 토양의 입자밀도가 2.6g/cm^{3}이고, 물의 밀도가 1.0g/cm^{3}일 경우 중량수분함량(%)은?

19 국가직 7급 기출

① 20　② 25
③ 30　④ 65

해설 중량수분함량
= (습윤토양무게 − 건조토양무게) / 건조토양무게

03

토양색에 영향을 미치는 요인에 대한 설명으로 옳지 않은 것은?

18 국가직 7급 기출

① 철은 산화상태에서 붉은색을 띤다.
② 수분함량이 높아지면 짙은색을 띤다.
③ 망간은 산화상태에서 회색을 띤다.
④ 유기물이 많은 토양은 어두운 색을 띤다.

해설 철과 망간은 산화환원상태에 따라 색깔이 변한다.

구분	특성	형태
산화상태 (밭)	• 산소 공급이 원활 • 붉은 색을 띰	산화철 Fe^{3+}, 산화망간 Mn^{4+}
환원상태 (논)	• 산소 부족 • 회색 또는 청색을 띰	환원철 Fe^{2+}, 환원망간 Mn^{3+}, Mn^{2+}

정답 01 ② 02 ② 03 ③

04

점토함량이 4%이고 용적밀도가 1.2g/cm^{3}인 1,000m^2 농경지가 있다. 작토층 10cm를 점토함량 12%로 개량하고자 할 때, 필요한 점토함량 36%인 객토원의 양은?

18 국가직 7급 기출

① 20Mg
② 40Mg
③ 60Mg
④ 80Mg

해설
- 토양의 무게 = 토양의 부피 × 용적밀도 = (1,000m^2 × 0.1m)×1.2Mg/m^3 = 120Mg (1g/cm^3 = 1Mg/m^3)
- 원래 토양의 점토 무게 = 원래 토양무게 × 점토함량 = 120Mg × 0.04 = 4.8Mg
- 객토원의 무게 = XMg
- 객토원의 점토 무게 = 객토원 무게 × 점토함량 = XMg × 0.36 = 0.36XMg
- 개량토양의 무게 = 원래 토양의 무게 + 객토원 무게 = 120Mg + XMg
- 개량토양의 점토 무게 = 원래토양의 점토 무게 + 객토원의 점토 무게 = 4.8Mg + 0.36XMg
- 개량토양의 점토함량 = 0.12 = 개량토양의 점토 무게 / 개량토양의 무게
- 0.12 = (4.8 + 0.36X) / (120 + X)

따라서 X = 40Mg

05

토양의 통기성과 관련된 설명으로 옳지 않은 것은?

18 국가직 7급 기출

① 통기성이 좋은 토양은 뿌리호흡과 유기물 분해가 원활하다.
② 대공극이 많은 토양은 통기성이 좋아지고 산소 확산율이 작아진다.
③ 통기성이 불량한 환원상태에서 발생하는 황화수소는 작물생육에 유해하다.
④ 토양 수분함량이 증가하면 토양 공기 중 산소함량이 감소하고 이산화탄소함량은 증가한다.

해설 통기성이 좋아지면 산소뿐만 아니라 다른 기체 성분의 확산율도 커진다.

06

안정적인 토양 입단 형성이 가장 불리한 경우는?

17 국가직 7급 기출

① 부식함량이 높고, 토양 용액 중 Ca^{2+} 농도가 높다.
② 부식함량이 낮고, 토양 용액 중 Ca^{2+} 농도가 높다.
③ 부식함량이 높고, 토양 용액 중 Na^{+} 농도가 높다.
④ 부식함량이 낮고, 토양 용액 중 Na^{+} 농도가 높다.

해설 부식함량과 Ca^{2+}의 농도가 높아지면 토양입단 형성에 유리하다. 반면에 Na^{+}는 토양입자를 분산시키기 때문에 Na^{+}의 농도가 높아지면 토양 입단형성에 불리하다.

04 ② 05 ② 06 ④ 정답

07

표토 10cm에서 공극률이 50%인 토양의 중량수분함량이 20%이다. 이 토양에서 표토가 수분으로 포화되기 위해서 필요한 관개량은? (단, 물의 밀도 $1.0g/cm^3$, 토양의 용적밀도 $1.3g/cm^3$, 표토 아래의 수분이동과 표토 위 담수층은 없다)

17 국가직 7급 기출

① 24mm
② 26mm
③ 74mm
④ 76mm

해설
- 용적수분함량 = 중량수분함량 × 용적밀도 = 20% × $1.3g/cm^3$ = 26%
- 공극률이 50%이고 용적수분함량이 26%이므로 이 토양은 고상:액상:기상 = 50:26:24이다.
- 표토 10cm에 대한 길이로 표현하면 고상 5cm, 액상 2.6cm, 기상 2.4cm가 된다.
- 기상부분을 물로 채우면 포화되므로 관개량은 2.4cm, 즉 24mm가 된다.

08

촉감법으로 토성을 결정할 때, 다음 중 옳은 것은?

17 국가직 7급 기출

토양 리본의 길이(cm)	촉 감	토성 결정
2.5 미만	갈리는 소리가 들리고, 모래와 같이 껄끄러운 느낌이 강함	㉠
2.5 이상 ~ 5 미만	껄끄럽고 부드러운 느낌이 약하고, 갈리는 소리가 분명치 않음	㉡
5 이상	밀가루 같이 부드러운 느낌이 강함	㉢

	㉠	㉡	㉢
①	사양토	식양토	미사질식토
②	사 토	양질사토	식 토
③	미사질양토	사질식양토	식 토
④	사양토	미사질식양토	미사질식토

해설 토양 리본의 길이와 촉감에 따른 토성 결정

촉 감 \ 토양 리본(띠)의 길이	2.5cm 미만	2.5~5cm	5cm 이상
매우 거칠다	사양토	사질 식양토	사질 식토
거칠지도 부드럽지도 않다	양 토	식양토	식 토
매우 부드럽다	미사질 양토	미사질 식양토	미사질 식토

09

비중계(Hydrometer)를 이용한 토성분석법에 대한 설명으로 옳지 않은 것은?

16 국가직 7급 기출

① 토양 현탁액의 비중을 측정하여 토양입자 함량으로 환산하는 방법이다.
② Stokes의 법칙에 의하면, 침강시간이 경과함에 따라 토양현탁액의 비중은 감소한다.
③ 침강시간이 동일한 경우, 식질토 현탁액이 사질토 현탁액보다 비중이 크다.
④ 토양 현탁액 제조 시 분산제를 사용하지 않으며, 비중계 측정값은 온도에 따라 보정해야 한다.

해설 물에 분산되어 있는 입자가 많을수록 현탁액의 비중이 커지므로, 침강속도가 느린 점토의 비율이 높은 토양일수록 동일한 침강시간과 깊이에서 현탁액에 더 많은 입자가 존재하기 때문에 현탁액의 비중이 크다. 비중계법과 피펫법 모두 입자의 분산상태를 유지하기 위해 분산제를 사용한다.

정답 07 ① 08 ① 09 ④

10

토양 입단에 대한 설명으로 옳지 않은 것은?

16 국가직 7급 기출

① 입단의 형성은 토양의 보습력과 통기성을 향상시켜 식물과 미생물의 성장에 유리한 물리적 환경을 제공한다.

② 토양용액에 존재하는 Ca^{2+}, Al^{3+} 등은 점토입자들의 응집을 촉진하고, Na^{+}는 점토입자의 분산을 촉진한다.

③ 미생물의 유기물 분해과정에서 생성되는 폴리사카라이드(Polyscaccharide)는 점토입자를 분산시켜 입단 형성을 촉진한다.

④ 장기간의 경운활동은 토양입자와 결합하고 있는 토양유기물의 분해를 촉진시켜 입단의 안정성을 떨어뜨린다.

해설 미생물이 분비하는 유기물은 점토입자를 응집시켜 입단 형성을 촉진한다.

11

토양의 밀도와 공극률에 대한 설명으로 옳은 것은?

16 국가직 7급 기출

① 입자밀도와 공극률은 토양수분 함량에 따라 달라진다.

② 용적밀도가 커지면 공극률도 비례하여 증가한다.

③ 용적밀도가 1.33g/cm^{3}이고 입자밀도가 2.66g/cm^{3}인 토양의 공극률은 25%이다.

④ 점토의 함량이 높은 식질토는 사질토보다 용적밀도가 낮다.

해설 ① 입자밀도는 개별 토양의 고유값으로 변하지 않는다. 공극은 고상을 제외한 공간이므로 토양수분의 변화와 상관없이 일정하게 유지된다.

② 용적밀도의 증가는 고상이 증가한 결과이기 때문에 공극률은 감소하게 된다.

③ 공극률 = 1 − 용적밀도/입자밀도, 따라서 공극률은 50%이다.

④ 점토함량이 높은 토양은 입단 형성으로 공극률이 증가하기 때문에 용적밀도가 감소하게 된다.

12

토양의 용적밀도가 1.3g/cm^{3}이고 작토층의 깊이가 15cm인 10a 면적의 농경지가 있다. 이 농경지에 작토층 1Mg당 0.1kg의 질소비료를 사용하고자 할 때 필요한 질소비료의 양[kg]은 얼마인가?

16 국가직 7급 기출

① 16.5

② 18.5

③ 19.5

④ 21.5

해설
- 토양의 무게 = 토양의 부피 ×용적밀도
  = 1,000m^2 × 0.15m = 150m^3 × 1.3
  = 195Mg(10a = 1,000m^2 = 0.1ha)
- 질소비료의 양(kg)
  = 토양의 무게(Mg) ×0.1kg/Mg
  = 195Mg ×0.1kg/Mg = 19.5kg

10 ③ 11 ④ 12 ③ 정답

13

토색을 표시하는 Munsell 색 분류체계에 대한 설명으로 옳지 않은 것은? 16 국가직 7급 기출

① 채도는 색의 선명도를 8단계로 나타내며, 회색에 가까울수록 높은 값을 갖는다.
② 색상은 색의 속성으로서, 5개의 대표색상과 5개의 중간색상을 포함하여 10개 색상으로 구분한다.
③ 명도는 색의 밝기 정도를 나타내며, 흰색은 10, 검은색은 0으로 나타낸다.
④ 토색장의 각 쪽(Page)은 색상을 나타내며, Y축은 명도, X축은 채도를 나타낸다.

해설 **채도(Chroma, C) : 색깔의 선명도**
회색에 가까울수록 낮은 값인 1부터 2, 3, 4, 6, 8까지 6단계로 구분

14

토양 3상(고상, 액상, 기상)의 비율에 영향을 받지 않은 것은? 15 국가직 7급 기출

① 용적밀도
② 포장용수량
③ 입자밀도
④ 수분이동속도

해설
- 입자밀도 : 토양의 고유한 값으로 인위적으로 변하지 않는다.
- 석영과 장석이 주된 광물인 일반 토양 : 2.6~2.7g/cm^3
- 각섬석, 감람석, 휘석 등은 철, 망간 등 중금속을 함유하고 있어 입자밀도가 커지기 때문에 2.75g/cm^3 이상인 경우가 많다.
- 유기물이 많은 토양은 작아진다.

15

다음 설명의 토양구조(Soil Structure)에 해당하는 것은? 15 국가직 7급 기출

- 우리나라 논토양에서 많이 발견된다.
- 용적밀도가 크고 공극률이 급격히 낮아지며 대공극이 없다.
- 수분의 하향이동이 불가능해지고 뿌리가 밑으로 자랄 수 없어 벼 생육이 나빠진다.

① 괴상구조(Blocky Structure)
② 판상구조(Platy Structure)
③ 원주상구조(Columnar Structure)
④ 구상구조(Spherical Structure)

해설 논에서는 오랜 경운으로 특정 깊이(약 15cm) 이하에 점토가 집적되고 압력으로 다져져 판상구조가 생성된다. 이를 경반층이라고 한다. 깊이갈이(심경)로 판상 구조를 제거할 수 있다.

16

토양의 열전도현상에 대한 설명으로 옳지 않은 것은? 11 국가직 7급 기출

① 토양수분함량이 증가하면 열전도율도 증가한다.
② 경운을 실시하면 열전노율이 높아진다.
③ 사토가 이탄토보다 열전도도가 높다.
④ B층의 열전도율이 O층의 열전도율보다 높다.

해설 경운으로 토양 덩어리가 깨져 공극이 생기게 되므로 열전도율이 낮아진다.

정답 13 ① 14 ③ 15 ② 16 ②

17

3월, 4월 봄철에 젖은 토양의 온도가 건조된 토양의 온도보다 서서히 증가하는 이유는?

12 국가직 7급 기출

① 물의 밀도(Density)가 무기광물보다 크기 때문이다.
② 물의 비열(Specific Heat)이 무기광물보다 크기 때문이다.
③ 물의 유전상수(Dielectric Constant)가 무기광물보다 크기 때문이다.
④ 물의 용적열용량(Volumetric Heat Capacity)이 무기광물보다 작기 때문이다.

해설 물의 비열이 높기 때문에 수분함량이 많을수록 용적열용량이 증가한다. 이로 인해 건조한 토양보다 습윤한 토양의 온도변화가 작다.

18

현장에서 50cm³ 크기의 토양시료 채취용기(Soil Core)를 이용하여 습토시료를 채취하였다. 이 때 용기를 포함한 총 시료무게는 90g이었으며, 105℃에서 12시간 완전건조 후의 무게가 75g이었다. 이 토양의 용적밀도 [g/cm³]와 용적수분함량 [%]이 바르게 짝지어진 것은? (단, 용기의 무게는 10g이다)

12 국가직 7급 기출

	용적밀도	용적수분함량
①	1.3	23
②	1.3	30
③	1.5	23
④	1.5	30

해설 주의 : 토양무게 계산 시 용기의 무게를 빼주어야 한다.
- 용적밀도 = 건조토양의 무게/토양의 부피 = 65/50 = 1.3g/cm³
- 용적수분함량 = 물의 부피/토양의 부피 = 15/50 = 0.3 = 30%

19

Stokes의 법칙에 대한 설명으로 옳지 않은 것은?

13 국가직 7급 기출

① 액체 내에서 침강하는 입자들은 구형으로 가정한다.
② 입자의 침강속도는 액체의 점성계수에 비례한다.
③ 입자의 침강속도는 입자의 밀도에 비례한다.
④ 입자의 침강속도는 입자 반지름의 제곱에 비례한다.

해설 입자의 침강속도는 액체의 점성계수에 반비례한다.

20

토양 입단화에 대한 설명으로 옳지 않은 것은?

13 국가직 7급 기출

① Na^+는 점토입자들을 분산시켜 입단화를 저해한다.
② 클로버 같은 콩과식물은 입단화를 촉진시킨다.
③ 음(−) 전하를 띠는 유기물은 입단화를 저해한다.
④ 점토입자들은 Pseudo-sand를 형성할 수 있다.

해설 **입단이 만들어지는 기작**
- 점토 사이의 양이온에 의한 응집현상
- 점토 표면의 양전하와 점토에 의한 응집현상
- 점토 표면의 양전하와 유기물에 의한 입단화
- 점토 표면의 음전하와 양이온과 유기물에 의한 입단화(유기물의 작용기는 점토-양이온-점토와의 결합에 관여하여, 응집된 점토를 더 강하게 결합시킴)

17 ② 18 ② 19 ② 20 ③ 정답

21

토양 A의 소성한계(Plastic Limit)는 19%, 소성지수(Plastic Index)는 21%이고, 토양 B의 소성한계는 11%, 액성한계(Liquid Limit)는 토양 A의 1.5배이다. 이 경우 토양 B의 소성지수는? 13 국가직 7급 기출

① 34%
② 39%
③ 44%
④ 49%

해설 소성지수 = 액성한계 − 소성한계

구 분	소성한계	액성한계	소성지수
A토양	19%	X	21%
B토양	11%	1.5X	Y

- X − 19 = 21, 따라서 X = 40
- Y = 1.5X − 11 = 49

22

토양공기에 대한 설명으로 옳지 않은 것은? 13 국가직 7급 기출

① 토양공기의 상대습도는 대기에 비해 낮거나 비슷하다.
② 토양구조가 발달하고 대공극이 많은 토양은 깊이까지 산소가 확산된다.
③ 토양공기 중 이산화탄소의 농도는 대기보다 높다.
④ 토양공기 중 이산화탄소는 토양수의 pH를 낮춘다.

해설 대기에 비해 토양에서 질소농도는 비슷하고, 산소농도는 적고, 이산화탄소와 수증기 농도는 높다.

23

토양 내 나트륨의 함량이 높게 되면 점토입자들이 분산되게 된다. 이러한 현상은 나트륨의 어떠한 성질 때문인가? 14 서울시 지도사 기출

① 나트륨이온은 원자가가 2가이고 원자반지름이 크기 때문에
② 나트륨이온은 원자가가 1가이고 수화반경이 크기 때문에
③ 나트륨이온은 원자반지름이 크기 때문에 점토입자들과의 반발력이 강하므로
④ 나트륨이온은 원자가가 1가이고 원자반지름이 크기 때문에
⑤ 나트륨이온은 원자반지름이 크고 수화반경이 작기 때문에

해설
- Na의 농도가 높은 토양은 입단이 발달하지 못해 투수성이 불량해짐(예 간척지 토양)
- 나트륨이온은 수화반지름이 커서 점토입자를 분산시킴

24

토양의 용적밀도가 $1.3g/cm^3$이고 입자밀도가 $2.6g/cm^3$일 때, 이 토양의 공극률은 얼마인가? 14 서울시 지도사 기출

① 100%
② 70%
③ 50%
④ 40%
⑤ 30%

해설 **공극률 = 1 − 용적밀도/입자밀도**
= 1 − 1.3/2.6 = 0.5 = 50%

정답 21 ④ 22 ① 23 ② 24 ③

25

토양색에 영향을 끼치는 요인에 대한 설명으로 옳지 않은 것은? 14 서울시 지도사 기출

① 토양색의 차이는 광물성분과 수분함량 등에 따라 달라진다.
② 철(Fe)은 밭토양에서 Fe^{3+}로 존재하고, 논토양에서 Fe^{2+}로 존재한다.
③ 망간(Mn)이 많은 토양을 밭으로 사용하는 경우에는 붉은 색을 나타내고, 논으로 사용하는 경우에는 짙은 회색을 나타낸다.
④ 지속적인 풍화와 용탈을 통하여 토양층위로부터 철 화합물이 제거되면 토양이 어두운색을 띤다.
⑤ 수분이 많은 토양은 짙은 색을 나타내고, 건조하면 옅은 색으로 변한다.

해설 철화합물이 제거된 토양은 담색을 띠게 된다. 포드졸 토양의 표백층은 철화합물이 심하게 용탈되고 규산질이 주로 남게 될 때 나타나는 현상이다.

25 ④ 정답

PART 4

토양수

I wish you the best of luck!

CHAPTER

01 물의 특성

01 물 분자의 구조적 특성

(1) 물의 분자 구조

① 분자식 H_2O, 수소 원자 2개가 산소원자 1개와 공유결합

② 물의 극성(Polarity)

㉠ 물 분자 자체는 전기적으로 중성이지만 분자 내 전자분포는 불균일함

㉡ 산소원자 쪽 : 부분적 음전하

㉢ 수소원자 쪽 : 부분적 양전하

(2) 수소결합(Hydrogen Bonding)

① 물 분자의 산소 원자는 이웃 물 분자의 수소 원자와 전기적으로 끌려 결합

② 물 분자끼리의 결합력이 강해짐 → 상온에서 액체상태로 존재, 높은 비열과 증발열

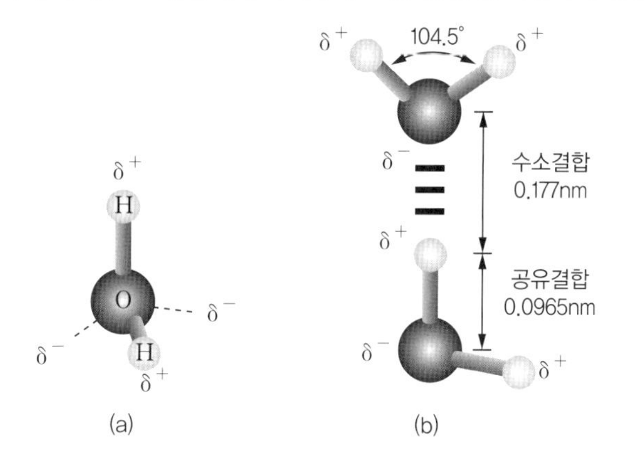

02 물의 물리적 특성

(1) 물의 부착과 응집

① 응집(Cohesion) : 극성을 가진 물 분자들이 서로 끌려 뭉치는 현상

② 부착(Adhesion) : 물 분자가 다른 물질의 표면에 끌려 붙는 현상

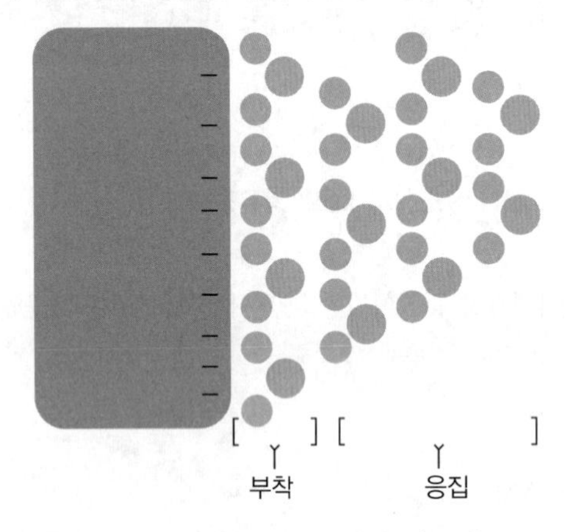

③ 토양 중에 물이 보유 저장될 수 있는 것은 응집과 부착 현상 때문임

(2) 표면장력(Surface Tension)

① 액체분자끼리의 결합력이 액체분자와 기체분자와의 결합력 보다 클 때, 액체와 기체의 경계면에서 일어나는 현상으로 액체의 표면적을 최소화하려는 힘

② 물의 경우, 물 분자끼리의 응집력이 물 분자와 공기 분자와의 부착력보다 크기 때문에 물방울이 형성됨

③ 물방울, 이슬방울이 생기는 원인

(3) 모세관현상(Capillarity)

① 모세관 표면에 대한 물의 부착력과 물 분자들끼리의 응집력 때문에 모세관을 타고 물이 상승하는 현상

② 모세관 상승 높이

㉠ 비례 : 용액의 표면장력과 흡착력

㉡ 반비례 : 관의 반지름과 액체의 점도

㉢ 물의 모세관 상승 높이

$$H = \frac{2T\cos\alpha}{rdg}$$

H : 모세관 높이, T : 표면장력, $\cos\alpha$: 물의 표면과 모세관 벽면과의 흡착각도,

r : 모세관의 반지름, d : 액체의 밀도, g : 중력가속도

참고

식의 단순화

- 토양입자와 수분의 흡착이 매우 강하므로 흡착각도는 거의 0에 가깝기 때문에 흡착각도 $\alpha = 0$으로 간주. 따라서 $\cos \alpha = 1$
- 20℃에서 물의 표면장력 : 72.8dyne/cm
- 중력가속도 : $9.8m/s^2$
- 비중 : $1g/cm^3$

$$H(cm) = \frac{15(cm^2)}{r(cm)}$$

※ 단위가 cm임에 유의

③ 중공극 이하의 크기로 연결된 공극을 모세관과 같은 형태로 볼 수 있음

④ 모세관 현상의 효과

㉠ 외부에서 유입된 물이 토양 중에 보유될 수 있는 것

㉡ 식물 뿌리에서 흡수된 물이 양분과 함께 식물체 전체에 퍼지는 것

(4) 습윤열

① 토양입자 표면에 물이 흡착될 때 방출되는 열

② 물의 토양 흡착에 따른 열 방출 기작

㉠ 물의 분자운동 감소

㉡ 수분 에너지 감소

㉢ 저에너지 수준으로 수분의 이동

CHAPTER 02

토양수분

01 토양수분함량

(1) 중량수분함량

① 토양수분의 단위무게 당 함량(W / W)

② (젖은 토양의 무게 - 마른 토양의 무게) / 마른 토양의 무게

= (Ws + Ww) - Ws / Ws = Ww / Ws

③ **토양시료 건조 방법** : 105℃에서 24~48시간 건조

(2) 용적수분함량

① 토양수분의 단위부피당 함량(V / V)

② 물의 부피 / 전체 토양의 부피 = Vw / V

③ 토양 시료의 부피를 알아야 함(Core Sampler 등 용적을 알 수 있는 기구 사용)

④ 토양수분의 양을 물만의 깊이 또는 높이로 표현할 수 있음

예 깊이가 1m인 토양의 3상 분포가 고상 50%, 액상 25%, 기상 25%라고 하면, 물만의 깊이는 25cm라고 나타낼 수 있음

⑤ 관개수량 계산과 강수량 자료의 활용에 편리

(3) 중량수분함량과 용적수분함량의 관계

① (용적수분함량) = (중량수분함량) × (용적밀도)

② (Vw / V) = (Ww / Ws) × (Ws / V)

③ 물의 비중을 1로 보면 Vw = Ww가 됨

(4) 토양에 저장되어 있는 물의 양 계산

① 면적과 깊이를 곱하여 토양의 용적을 계산함

② 용적수분함량을 알 경우, 토양용적에 용적수분함량을 곱해서 물의 양을 계산함

③ 중량수분함량을 알 경우, 중량수분함량과 용적밀도를 곱해서 용적수분함량을 알아낸 후 ②번과 같은 방법으로 물의 양을 계산함

④ 물의 비중은 1로 가정함

02 토양수분함량의 측정방법

(1) 건조법

① 시료의 건조 전후의 무게 차이로 직접 수분함량을 구함

② 매번 시료를 채취해야 하기 때문에 토양 환경의 변화를 초래함

(2) 전기저항법

① 전기저항값이 토양의 수분함량에 따라 변하는 원리 이용(수분함량이 많아지면 저항값이 작아짐)

② 한 쌍의 전극이 내장된 전기저항괴(석고, 나일론, 섬유질 유리로 만듦)를 토양에 묻고 저항값을 측정

③ 미리 구해 둔 전기저항과 토양수분함량 관계식을 통해 환산

(3) 중성자법

① 중성자가 물 분자의 수소원자와 충돌하면 속력이 느려지고 반사되는 원리 이용

② 중성자수분측정기(Neutron Moisture Meter)로 느린 중성자의 수를 측정(수분함량이 높을수록 느린 중성자 수 증가)

㉠ 프로브에 내장된 방사성 원소(예 Americium, Am)에서 중성자 방출

㉡ 토양에 미리 설치해 둔 알루미늄관을 따라 프로브를 깊이에 따라 이동하면서 측정

③ 장점과 단점

㉠ 장점 : 동일 지점의 수분함량을 깊이별로 수시로 측정 가능

㉡ 단점 : 고가이며, 방사성 물질을 사용, 토양마다 관계식이 있어야 함

(4) TDR(Time Domain Reflectometry)법

① 토양의 유전상수(Dielectroic Constant)가 토양의 수분함량에 비례함을 이용

㉠ 유전상수는 토양 3상의 구성비에 따라 달라질 수 있으나, 물의 유전상수는 80 정도로 공기와 토양입자들에 비해 훨씬 크기 때문에 수분함량에 비례하여 변하게 됨

㉡ 유전상수(Ka)

$$Ka = \left(\frac{C}{V}\right)^2$$

C : 빛의 속도, V : TDR에서 발사되는 전자기파의 속도

② 전자기파가 한 쌍의 평행한 금속막대를 왕복하는데 걸리는 시간으로 유전상수를 구함

$$V = \frac{2L}{t}$$

L : 금속막대의 크기, t : 전자기파가 왕복하는데 걸리는 시간

③ 미리 구해 둔 유전상수와 토양수분함량 관계식을 통해 환산

④ 가장 최근에 상용화된 방법

CHAPTER 03

토양수분퍼텐셜

01 토양수분의 에너지 개념

(1) 에너지 개념의 필요성

① 토양이 물을 보유하는 현상을 이해할 수 있음

② 토양 내 물의 이동 현상을 이해할 수 있음

③ 토양에서 식물로의 물의 이동 현상을 이해할 수 있음

(2) 토양수분의 이동과 에너지 상태

① 수분함량이 많고 적음으로 물의 상태와 이동을 설명할 수 없음

② 물은 에너지 상태가 높은 곳에서 에너지 상태가 낮은 곳으로 이동

③ 단위질량, 단위부피, 단위무게의 물이 가지는 에너지 = 수분퍼텐셜(Water Potential)

02 토양수분퍼텐셜

(1) 토양수분의 퍼텐셜

① 물에 작용하는 힘과 관계되는 각각의 퍼텐셜의 합

㉠ 중력, 매트릭, 압력, 삼투퍼텐셜의 합

㉡ $\Psi_T = \Psi m + \Psi p + \Psi g + \Psi o$

총수분퍼텐셜 = 매트릭퍼텐셜 + 압력퍼텐셜 + 중력퍼텐셜 + 삼투퍼텐셜

② 토양의 수분환경에 따라 작용하는 퍼텐셜에 차이가 있음

㉠ 4개의 퍼텐셜이 동시에 작용하는 경우는 없음

㉡ 압력퍼텐셜 : 포화수분상태에서만 작용

㉢ 매트릭퍼텐셜 : 불포화수분상태에서만 작용

③ 퍼텐셜이 0이 되는 기준 상태와 비교하여 표시하는 상대적인 값

㉠ +, −, 0의 값으로 표시됨

㉡ 토양수분퍼텐셜에 영향을 끼치는 요인과 기준상태

퍼텐셜		영향요인	기준상태
Ψ_m	매트릭퍼텐셜	토양의 수분흡착	자유수(Free Water)
Ψ_p	압력퍼텐셜	적용 압력	대기압
Ψ_g	중력퍼텐셜	중력 높이	기준 높이
Ψ_o	삼투퍼텐셜	용존물질	순수수(Pure Water)

④ 불포화상태의 토양수분은 포화상태의 토양수분에 비해 자유에너지가 낮음
㉠ 불포화상태의 토양수분은 항상 (−)값으로 퍼텐셜이 표시됨
㉡ 흡인력 : 토양이 물을 흡착하는 힘, (−)부호가 필요 없음

⑤ 토양조건에 따른 퍼텐셜 작용 특성
㉠ 밭토양 : 총수분퍼텐셜이 매트릭퍼텐셜과 거의 비슷
㉡ 염류가 높은 시설재배토양 : 삼투퍼텐셜의 비중이 커짐
㉢ 공극이 수분으로 포화된 논 : 압력퍼텐셜의 비중이 커짐

(2) 중력퍼텐셜

① 중력에 의하여 물이 갖게 되는 에너지

$\Psi g = \rho_w \cdot g \cdot z$

ρ_w : 물의 밀도, g : 중력가속도, z : 기준면으로부터 물 위치까지의 높이

② 기준면(높이)의 값을 0으로 하며, 높아지면 (+)값을 낮아지면 (−)값을 가짐
③ 강수 또는 관수 후 대공극에 채워진 과잉의 수분을 제거하는데 작용함

(3) 매트릭퍼텐셜

① 토양 표면에 흡착되는 부착력과 모세관력에 의하여 물이 갖게 되는 에너지
② 매트릭스(토양 입자)의 영향을 전혀 받지 않는 자유수의 값을 0으로 함
③ 토양 입자의 영향을 받는 수분은 항상 (−)값을 가짐
④ 매트릭스의 표면 부착력이 클수록 모세관이 작을수록 낮아짐
⑤ 불포화상태(예 밭토양 환경)에서 일어나는 수분 이동의 주된 원인
⑥ 식물의 물 흡수는 뿌리 부근의 매트릭퍼텐셜을 주변보다 낮추게 되며 이로 인해 상대적으로 매트릭퍼텐셜이 높은 주변의 수분이 뿌리 부근으로 이동함

(4) 압력퍼텐셜

① 물의 무게에 의하여 갖게 되는 에너지
② 대기와 접촉하고 있는 수면을 기준 상태로 하고, 그 값을 0으로 함
③ 포화상태(예 물이 채워진 논토양)에서 수면 이하의 물은 항상 (+)값을 가짐
④ 불포화상태에서 대기압과 평형상태이기 때문에 항상 0이 됨

⑤ 논과 물로 포화된 상태의 토양에서 작용
⑥ 불포화상태의 토양에서 물의 이동에 영향을 끼치지 못함

(5) 삼투퍼텐셜

① 토양용액의 이온이나 용질 때문에 생기는 에너지
② 용액 중의 이온이나 분자들은 수화현상으로 물 분자를 끌어당기므로 물의 퍼텐셜에너지가 낮아짐
③ 순수한 물의 삼투퍼텐셜을 0으로 하며, 토양용액은 이온과 용질을 함유하고 있기 때문에 항상 (−)값을 가짐
④ 토양용액의 농도가 높지 않고 반투막이 존재하지 않는 토양에서 물의 이동에 크게 작용하지 않으나, 뿌리 세포의 원형질막을 통한 세포용액과 토양용액 사이의 수분 이동에 중요하게 작용

(6) 총수분퍼텐셜의 종합적 이해

> **가정** 물로 완전히 포화된 후 충분히 배수가 된 토양에서
> ㉠ 지표면에서 깊이에 따라 수분함량 증가하다가 일정깊이에서 포화 상태가 됨
> ㉡ 포화상태 깊이를 1m로 가정
> ㉢ 토양 내에서 더 이상 물의 이동이 없음(Flux = 0)
> 따라서 토양의 깊이별로 총수분퍼텐셜은 모두 동일하고, 지점에 따른 수분퍼텐셜의 차이는 0이 됨

① 중력퍼텐셜
㉠ 100cm 깊이를 기준수면으로 하면, 이때의 중력퍼텐셜 = 0
㉡ 100cm 깊이에서 지표면으로 올라오면서 중력퍼텐셜의 값이 증가함
㉢ 기준수면 위에서 항상 (+)값을 가지며 지표면에서 최댓값
㉣ 토양의 수분상태와 상관없음
② 매트릭퍼텐셜
㉠ 수분함량이 가장 적은 지표면에서 가장 작은 값을 가짐
㉡ 깊이 들어갈수록 수분함량이 증가하기 때문에 매트릭퍼텐셜도 증가함
㉢ 항상 (−)값을 가지며, 100cm 깊이의 포화상태에서 매트릭퍼텐셜 = 0
③ 압력퍼텐셜
㉠ 지표면에서 100cm 깊이까지 불포화상태이기 때문에 모든 깊이에서 압력퍼텐셜 = 0
㉡ 모든 깊이에서 압력퍼텐셜 = 0
④ 삼투퍼텐셜
㉠ 보통 토양용액의 용존물질의 농도가 매우 낮기 때문에 삼투퍼텐셜을 0으로 가정
㉡ 깊이별 토양용액의 농도가 같다고 가정하면 모든 깊이에서 삼투퍼텐셜 = 0

⑤ 토양의 깊이별 수분함량분포와 수분퍼텐셜의 변화

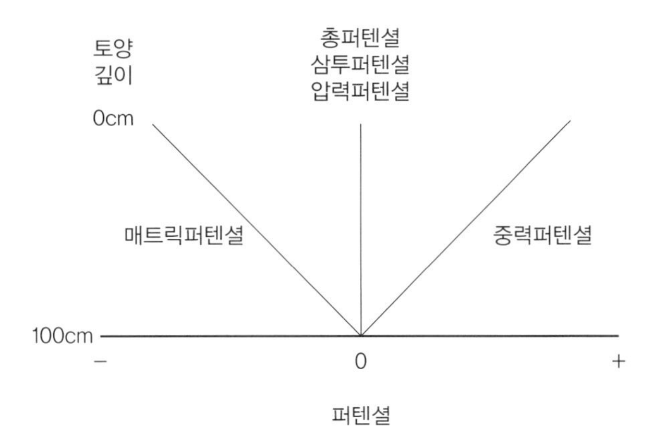

⑥ 토양표면에 일정한 양의 물을 가하면
㉠ 중력퍼텐셜(높이에 의해 결정)은 변화 없음
㉡ 불포화상태이기 때문에 압력퍼텐셜 = 0
㉢ 토양용액의 농도가 낮기 때문에 삼투퍼텐셜 = 0
㉣ 매트릭퍼텐셜(수분함량에 따라 변화)은 증가함
- 총수분퍼텐셜은 매트릭퍼텐셜의 변화에 의해 결정됨
- 지표면의 매트릭퍼텐셜이 증가하여 총수분퍼텐셜 또한 증가함
- 총수분퍼텐셜이 높은 지표면에서 총수분퍼텐셜이 낮은 토양 내부로 물이 이동하게 됨

㉤ 도양깊이별 총수분피텐셜이 동일하게 될 때까지 수분 이동 지속

(7) 토양수분퍼텐셜의 표시방법

① 단위질량당 에너지 : erg/g, J/kg, N · m/kg
② 단위부피당 에너지 : 압력(수두, 기압, bar, Pa 등)
③ 단위무게당 에너지 : cm
④ 압력단위환산

수두(물기둥의 높이, cm)	pF = log(수두)	bar	MPa	KPa
0.0		0	0	0
10.2	1.0	–0.01	–0.001	–1.0
102.0	2.0	–0.1	–0.01	–10
306.0	2.49	–0.3	–0.03	–30
1,020.0	3.0	–1.0	–0.1	–100
15,300.0	4.18	–15.0	–1.5	–1,500
31,700.0	4.5	–31.0	–3.1	–3,100
102,000.0	5.0	–100.0	–10.0	–10,000

03 토양수분퍼텐셜의 측정

(1) 매트릭퍼텐셜의 측정

① 일반적으로 대부분의 토양은 불포화상태로 존재
　㉠ 중력퍼텐셜은 깊이에 따라 일정
　㉡ 압력퍼텐셜과 삼투퍼텐셜 = 0
　㉢ 매트릭퍼텐셜은 토양수분함량에 따라 변함
　㉣ 총수분퍼텐셜은 매트릭퍼텐셜에 의해 결정

② 식물 뿌리의 토양 간의 수분이동 결정
　㉠ 토양수분퍼텐셜이 식물 뿌리 내의 퍼텐셜보다 높으면 식물이 물을 흡수할 수 있음
　㉡ 토양이 건조하여 토양수분퍼텐셜이 감소하게 되면 식물이 물을 흡수하기 어려워짐

(2) 텐시오미터(Tensiometer, 장력계)법

① 토양수분의 매트릭퍼텐셜 측정

② 텐시오미터 : 다공성 세라믹컵, 진공압력계, 연결관으로 구성
　㉠ 토양에 설치하면 토양 중의 물과 다공성 컵과 연결관 내부의 물이 컵 벽의 미세구멍을 통하여 서로 연결됨
　㉡ 토양이 건조하게 되면 다공성 컵의 미세구멍을 통해 연결관 내부의 물이 토양으로 흘러나감
　㉢ 장치 내부에 (−)압력이 형성됨
　㉣ 토양수분의 에너지 상태를 진공압력계로 확인함

③ 매트릭퍼텐셜을 직접 측정하는 것으로 유효수분함량을 평가할 수 있음

④ 관개시기와 관개수량 결정에 활용
　㉠ 포장에 설치해 두고 토양수분퍼텐셜을 연속적으로 측정할 수 있음
　㉡ −80KPa(−0.8bar) 이상의 매트릭퍼텐셜은 측정할 수 없음

(3) 싸이크로미터(Psychrometer)법

① 토양공극 내 상대습도로 토양수분퍼텐셜을 측정

② 평형상태에서 토양수분퍼텐셜은 토양공기의 수증기퍼텐셜과 같음

③ 매트릭퍼텐셜과 삼투퍼텐셜의 합에 해당

04 토양수분함량과 퍼텐셜과의 관계

(1) 토양수분특성곡선(Soil Moisture Characteristic Curve)

① 수분함량과 퍼텐셜의 관계 그래프

㉠ 수분함량이 감소하면 퍼텐셜도 감소

㉡ 토양의 구조와 토성에 따라 달라짐

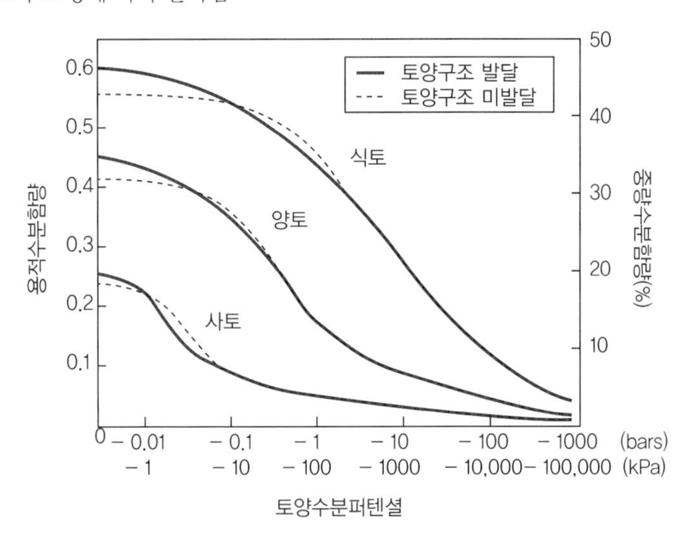

② Pressure Plate Extractor를 이용하여 측정

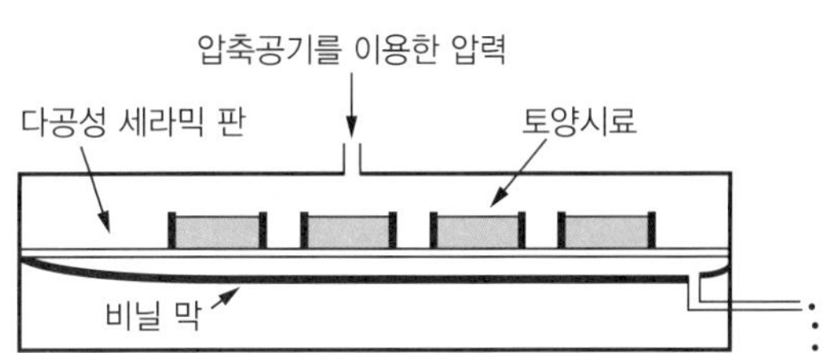

③ 점토가 많아지면 보유수분량도 많아짐

④ 보유수분량이 많더라도 에너지가 너무 낮으면 식물이 이용하기 어려움

수분퍼텐셜 = –(가해진 압력)	토양수분함량(%)		
	사 토	양 토	식 토
–0.1 MPa(포장용수량)	4	14	35
–1.5 MPa(위조점)	2~3	7	22
포장용수량 – 위조점 = 유효수분	1~2	7	13

㉠ 토성이 고울수록 같은 수분퍼텐셜 조건에서 보유되는 물의 양은 증가함
㉡ 보유된 물이 모두 식물에게 유용한 것이 아님에 유의해야 함 → 단순히 수분함량으로 수분상태를 평가할 수 없음

(2) 이력현상(Hysteresis)

① 토양수분특성곡선이 토양을 건조시키면서 측정하여 그린 것과 습윤시키면서 측정하여 그린 것이 일치하지 않는 현상
② 토양공극의 불균일성(토양공극의 내부공간이 그 입구보다 크기 때문), 공극 내 공기, 팽윤과 수축에 따른 토양 구조의 변화 등이 원인
③ 같은 압력에서 습윤과정의 수분함량이 건조과정의 수분함량보다 낮음

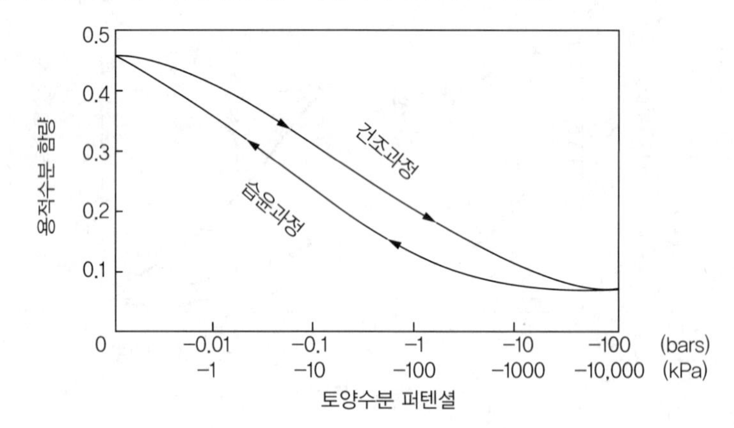

토양수분의 분류

01 식물의 흡수측면

(1) 포장용수량(Field Capacity)

① −0.033MPa 또는 −1/3bar의 퍼텐셜의 토양수분함량

② 과잉의 중력수가 빠져 나간 상태

③ 일반적으로 식물의 생육에 가장 적합한 수분조건

㉠ 포장용수량보다 수분이 많은 상태 : 물은 충분하지만, 산소가 부족한 환경

㉡ 포장용수량보다 수분이 적은 상태 : 산소는 충분하지만, 물이 부족해지는 상태

(2) 위조점(Wilting Point)

① 식물이 물을 흡수하지 못하여 시들게 되는 토양수분상태

② −1.5MPa 또는 −15bar의 퍼텐셜의 토양수분함량

㉠ 영구위조점 : 식물이 수분부족으로 시들고 회복하지 못함

㉡ 일시적 위조점 : −1.0MPa 정도에서는 낮에 시들었다 밤에 다시 회복함

(3) 유효수분(Plant-available Water)

① 식물이 이용할 수 있는 물

② 포장용수량과 위조점 사이의 수분

③ 유효수분함량은 중간 토성의 토양에서 많아짐

㉠ 점토함량이 많아질수록 포장용수량은 공극의 공간적 한계로 곡선적으로 증가

㉡ 점토함량이 많아질수록 위조점 수분함량은 직선적으로 증가

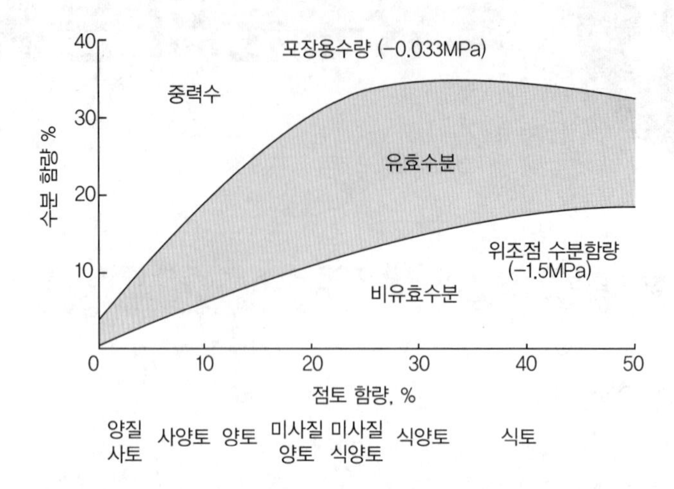

④ 유기물함량이 높아지면 토양구조가 발달하므로 유효수분함량이 증가

⑤ 염류의 집적은 물의 퍼텐셜을 낮추기 때문에 유효수분함량이 감소

02 물리적 측면

(1) 오븐건조수분

① 토양을 105℃ 오븐에서 건조시켰을 때 남아있는 수분

② 토양광물 또는 화합물의 결합수

③ −1,000MPa 이하의 퍼텐셜 → 식물이 이용할 수 없는 수분

(2) 풍건수분

① 토양을 건조한 대기 중에서 건조시켰을 때 남아있는 수분

② −100MPa 이하의 퍼텐셜 → 식물이 이용할 수 없는 수분

(3) 흡습수

① 습도가 높은 대기로부터 토양에 흡착되는 수분

㉠ 3개 정도의 물분자층으로 흡착

㉡ 두께 0.0002mm 이하

㉢ 105℃ 이상의 온도에서 8~10시간 건조로 제거됨

② −3.1MPa 이하의 퍼텐셜 → 식물이 이용할 수 없는 수분

(4) 모세관수

① 토양의 모세관공극에 존재하는 물
② −3.1~−0.033MPa 사이의 퍼텐셜 → 대부분 식물이 이용할 수 있는 수분
③ 모세관공극률을 높이는 것이 식물에 대한 토양의 물공급 능력을 향상시키는 방법

(5) 중력수

① 중력에 의해 쉽게 제거되는 수분
　㉠ 점토함량이 적은 토양에서 비가 온 후 1일 이내에 제거되어 포장용수량에 도달
　㉡ 점토함량이 많은 토양에서 비가 온 후 4일 정도 걸려 포장용수량에 도달
② 자유수, 대공극에 존재
③ −0.033MPa 이상의 퍼텐셜 → 식물이 지속적으로 이용할 수 없는 수분

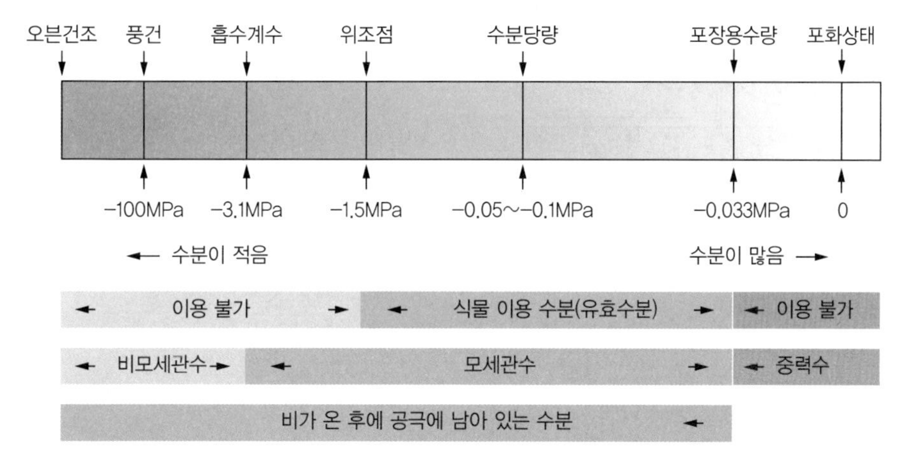

토양수분의 분류

참고

수분당량
물로 포화된 토양에 중력의 1,000배에 상당하는 원심력이 작용했을 때, 토양 중에 남아 있는 수분

CHAPTER 05

토양수분의 이동

01 토양 내 수분수지

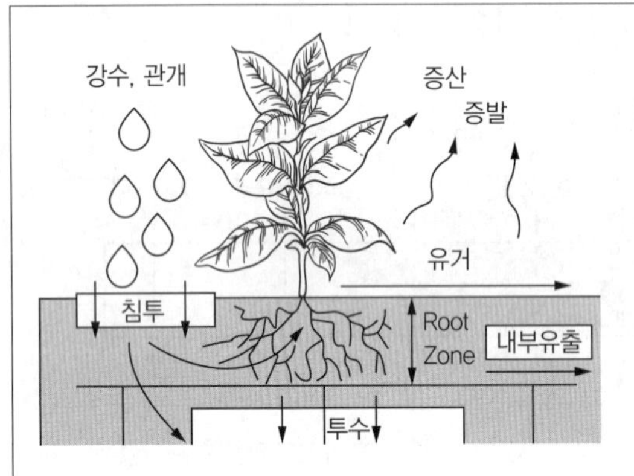

강수(P) + 관개(I) = 침투(IN) + 유거(R)

침투(IN) – 증산(PT) – 증발(PE) – 내부유출(IF) – 투수(PE)
= 토양저장(SS)

침투(IN) – 토양저장(SS)
= 증산(PT) + 증발(PE) + 내부유출(IF) + 투수(PE)

02 토양 내 수분이동

(1) 포화상태 수분이동

① **포화상태** : 토양공극이 물로 채워져 있는 상태

② **물의 이동 방향** : 주로 아래쪽 수직 이동과 일부 수평 이동

③ 중력퍼텐셜과 압력퍼텐셜 작용(토양이 포화상태이기 때문에 매트릭퍼텐셜 = 0)

④ Darcy의 법칙

㉠ 유량(Q)은 토주의 단면적(A)과 수두차(ΔH)에 비례하고, 토주의 길이(L)에 반비례

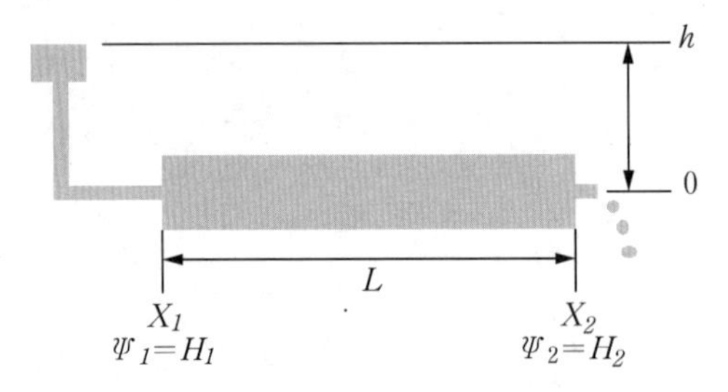

㉡ $Q = \frac{V}{t} \propto \frac{\triangle H}{\triangle X}$

Q : 단위시간당 이동하는 물의 양(cm^3/sec), V : 물의 양, t : 시간, H : 수두(Hydraulic Head), X : 위치, $\triangle H / \triangle X$: 수두구배(Total Head Gradient)

㉢ 수두는 압력퍼텐셜과 중력퍼텐셜의 합

㉣ X_1, X_2 두 지점의 높이가 같기 때문에 이 높이를 기준면으로 하면 중력퍼텐셜 = 0

㉤ X_1에서 h만큼의 물기둥에 의한 압력을 받고, X_2에서는 대기압과 같아 압력이 0이 됨

㉥ X_1, X_2 두 지점의 압력퍼텐셜 차이가 총토양수분퍼텐셜 차이와 같아짐

⑤ **포화수리전도도(Hydraulic Conductivity)** : 물의 이동속도와 수두구배 사이의 비례상수, cm/sec

㉠ $q = -K\frac{\triangle H}{\triangle X}$

q : Flux, 단위면적당 흐르는 물의 속도, K : 포화수리전도도

㉡ 투수성과 배수성의 척도

㉢ 토성, 용적밀도, 공극의 형태에 따라 달라짐

㉣ 토성이 거칠고 대공극이 많을수록 커지고, 토성이 곱고 대공극이 적을수록 작아짐

⑥ **토양 특성과 수리전도도의 관계**

㉠ 토양공극포화도 : 불포화상태에서 공극의 기포가 물의 흐름을 방해하기 때문에 포화상태보다 수리전도도가 작아짐 → 공극의 수분포화도가 커질수록 수리전도도가 커짐

㉡ 토양공극의 크기 : 물의 이동량은 공극 크기의 4제곱에 비례함

㉢ 토양구조와 공극의 배열상태 : 공극이 수직으로 배열되면 물이 쉽게 이동하기 때문에 수리전도도가 커짐

참고

토양에서 물의 이동속도를 나타내는 Flux, q는 물의 이동방향에 따라 그 부호를 달리 표기한다. 일반적으로 왼쪽에서 오른쪽 또는 위쪽에서 아래쪽으로 이동할 경우 + 부호, 오른쪽에서 왼쪽 또는 아래쪽에서 위쪽으로 이동할 경우 − 부호를 붙인다.

(2) 불포화상태 수분이동

① **불포화상태** : 토양공극이 물로 채워져 있지 않은 상태

② **물의 이동** : 모세관공극이나 토양 표면의 수분층을 따라 이동

㉠ 압력퍼텐셜 = 0

㉡ 매트릭퍼텐셜과 중력퍼텐셜 작용

㉢ 대부분 매트릭퍼텐셜이 더 중요하게 작용

③ **불포화수리전도도** : 매트릭퍼텐셜 또는 수분함량에 따라 달라짐

㉠ 수분함량이 많을수록 커짐

㉡ 시간과 위치에 달라짐

㉢ Darcy의 법칙이 적용되지 않음

(3) 수증기에 의한 이동

① 지표면에서 일어나는 증발과 불포화상태 토양에서 공극 사이의 수증기 이동

② 두 지점의 수증기압의 차이에 의한 확산현상

$$q_v = -D_v \frac{\triangle \rho_v}{\triangle X}$$

q_v : 수증기의 Flux, D_v : 수증기의 확산계수, ρ_v : 수증기의 농도

③ 토양의 수분퍼텐셜과 공기의 수분퍼텐셜의 차이가 클수록 증발이 활발해짐

④ 온도가 높을수록 수증기압이 증가하기 때문에 건조한 바람이 불어 수증기가 빨리 제거되면 증발이 훨씬 빨리 일어남

⑤ 증발이 계속되면서 수증기 밀도가 줄어들기 때문에 토양수분퍼텐셜과 공기의 수분퍼텐셜의 차이가 작아져 증발이 감소하게 됨

(4) 침투(Infiltration)

① 물이 토양표면에서 토양층위 안으로 유입되는 현상

② 침투에 따른 토양 내의 수분분포 특성

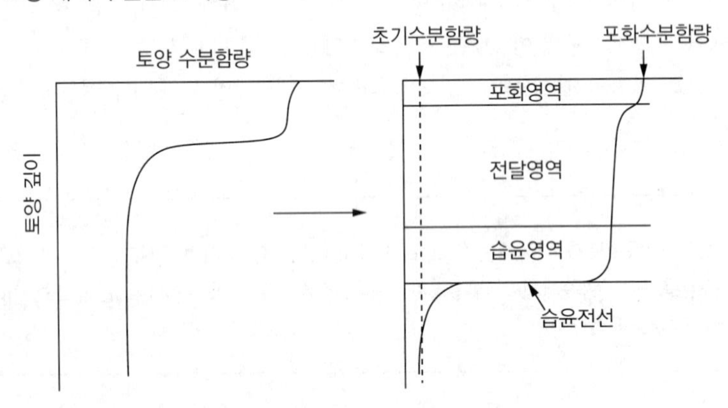

㉠ 강수의 강도(강수량의 많고 적음)에 따라 달라짐

㉡ 논토양 : 오랜 기간 담수된 토양에서 수분의 분포 깊이가 깊고 수분함량이 많음

㉢ 밭토양 : 강수의 강도와 시간에 따라 토양 내 수분함량이 증가하면서 습윤전선이 하층부로 이동함

③ 침투율(Infiltration Rate) : 단위시간당 단위면적을 통과하여 침투하는 수분의 양

㉠ 시간에 따라 감소함

㉡ 토양이 습윤해지면 급격히 감소함

㉢ 강수가 지속됨에 따라 일정한 값에 도달함 → 토양 자체의 포화수리전도도에 가까워짐

㉣ 침투율이 낮은 토양(식질 토양, 다져진 토양 등)은 유거량이 많아짐

④ 침투율에 영향을 끼치는 요인

㉠ 토성과 구조

구 분	안정 침투율(m/hr)
자갈과 모래	>20
사질 및 미사질 토양	10~20
양 토	5~10
점토질 토양	1~5

㉡ 식생 : 강수는 식물체를 통과하면서 에너지가 크게 감소하므로 빗방울에 의한 지표면 충격이 완화되고 이로 인해 지표면의 토양구조가 덜 파괴됨

㉢ 표면봉합과 덮개 : 빗방울의 타격으로 토양입자들이 분산되면서 공극을 막는 현상(표면봉합, Surface Sealing)은 침투율을 감소시키며, 이를 막기 위해 멀칭, 잔류 식물체 덮개 또는 입경이 큰 자갈을 사용하여 표면봉합을 줄일 수 있음

㉣ 토양의 소수성과 동결 : 분해과정에서 소수성을 띠는 유기물이 많거나, 토양이 얼게 되면 침투율이 크게 떨어지거나 거의 일어나지 못하게 됨

참고

수분이 얼었다가 녹아서 유거될 경우 손실되는 양분은 일반 강수에 의한 유거에서 발생하는 양분손실의 10배에 달함

(5) 유거(Runoff)

① 침투하지 못한 물이 지표면을 따라 다른 지역으로 흘러가는 현상

② 침투율이 강수량보다 작을 때 발생

③ 유거양수곡선(Runoff Hydrograph)

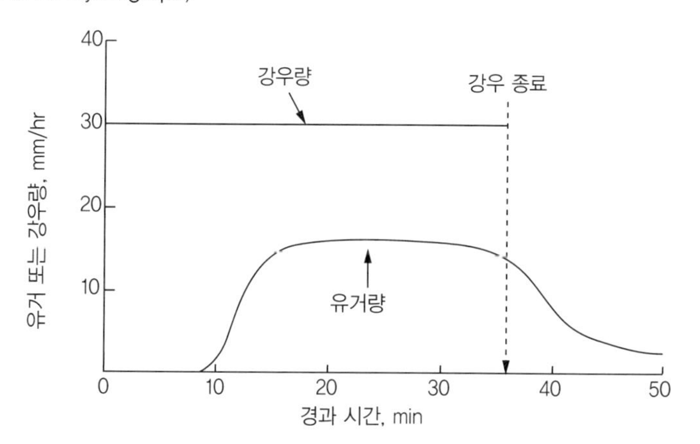

④ 토양침식을 유발하고 하천 부영양화의 원인

CHAPTER 06

식물의 물 흡수

01 식물 뿌리의 물 흡수

(1) 식물이 부족한 토양수분환경에 대응하는 방법

① 토양수분을 흡수하는 능력을 키움

② 증산에 따른 물의 손실을 조정하는 능력을 키움

③ 작물의 경우, 증산조절능력의 차이가 거의 없고, 대부분 수분흡수능력의 차이가 큼

(2) 식물의 뿌리 체계

① 뿌리밀도

㉠ 단위토양부피당 뿌리의 양

㉡ 뿌리의 밀도가 높을수록 물을 많이 흡수할 수 있음

② 뿌리깊이

㉠ 물을 흡수하기 위해 식물이 이용할 수 있는 토양의 부피를 결정하는 특성

㉡ 뿌리가 깊이 발달할수록 물을 흡수하는데 유리

③ 식물의 물 흡수능력은 뿌리밀도보다는 뿌리깊이에 따라 크게 달라짐

④ 토양수분함량이 충분할 때, 식물은 보통 토양깊이 30cm 이내에서 대부분의 물을 흡수함

→ 토층 30cm 깊이의 토양에 적당한 수분을 유지시켜주는 것이 중요(잔디는 뿌리가 길지 않기 때문에 10~15cm 깊이까지 관리함)

⑤ 뿌리가 접촉할 수 있는 토양의 부피는 극히 일부분이기 때문에 토양수분퍼텐셜에 의한 물의 이동이 중요함

02 식물의 물 흡수 기작

(1) 능동적 흡수

① 증산율이 낮은 경우의 흡수 기작

② 물관의 용질농도가 높아 뿌리조직 내의 수분퍼텐셜(삼투퍼텐셜)이 낮아지기 때문에 토양으로부터 뿌리로 물이 이동함

③ 염류 농도가 높은 토양의 경우, 식물은 체내의 수분포텐셜을 토양용액의 것보다 낮추기 위해 에너지를 소비하면서 이온 또는 당과 같은 가용성 유기물을 축적하여 삼투퍼텐셜을 낮춤

④ 삼투퍼텐셜과 EC(전기전도도)의 관계

㉠ EC(Electrical Conductivity, dS/m) : 토양용액의 염류농도는 전기전도도에 비례함, 4dS/m 이상이면 염류가 집적된 토양으로 판정함

㉡ $\Psi_0 = EC \times (-0.036\text{MPa})$

(2) 수동적 흡수

① 증산율이 높은 경우의 흡수 기작

㉠ 물의 이동량이 많음

㉡ 뿌리 조직의 용질 농도가 매우 낮기 때문에 삼투현상에 의한 물의 흡수는 일어나지 않음

② 수분퍼텐셜의 차이로 뿌리에서부터 줄기, 그리고 잎까지 물이 연속적으로 이동함(토양 – 식물 – 대기 연속체)

수분퍼텐셜	수분이동방향	
대기의 수분퍼텐셜 : –94.3MPa (온도 20℃, 상대습도 50%)	⬆	⬆
잎에서의 수분퍼텐셜 : –2.0MPa	⬆	⬆
물관에서의 수분퍼텐셜 : –1.2MPa	⬆	⬆
뿌리에서의 수분퍼텐셜 : –1.0MPa	⬆	⬇
토양에서의 수분퍼텐셜	–0.033MPa	–1.5MPa

③ 한쪽 끝이 물에 잠긴 스펀지를 통하여 물이 증발하는 것과 같은 현상

④ 식물이 이용하는 물의 90% 이상이 수동적으로 흡수됨

03 작물의 물 이용효율

(1) 식물이 물을 필요로 하는 시기

① 시들음 현상

㉠ 식물체 내에 물이 부족하다는 직접적인 증거

㉡ 가시적으로 나타났을 때 이미 식물의 생장이 크게 저해된 것임

㉢ 토양의 수분이 충분해도 증발량 많으면 시들음 현상이 나타날 수 있음 → 밤에 증산이 줄어들면 회복됨

② 작물별 물관리가 특히 중요한 시기

㉠ 종자생산작물, 과수, 섬유작물 : 개화기부터 결실기

㉡ 영양생장작물(사탕수수, 알팔파 등 사료작물) : 성장이 가장 빠른 시기

㉢ 과실과 구근수확작물: 과실과 구근이 비대하는 시기

㉣ 분얼하는 작물(보리, 밀 등) : 분얼기와 종자 결실기

(2) 물 이용효율

① 작물의 재배기간 동안 소요되는 물의 양과 작물생산량과의 관계

㉠ 가능한 적은 양의 물로 최대 생산을 지향

㉡ 강수량이 적은 기후지대, 관개농업에서 중요

② 물 이용효율이 낮다는 것은 농업생산비용의 증가로 이어짐

③ 소비용수량

㉠ 증발산으로 손실된 물과 식물체 내 물의 합

㉡ 증발과 증산에 의해 손실되는 물의 양은 식물체 내에 흡수 잔류되는 물의 양보다 훨씬 많음

㉢ 결국 증발산에 의해 손실되는 물은 소비용수량과 거의 같음

(3) 증발산량과 엽면적지수와의 관계

① 잎면적이 클수록 증산량 증가

② 잎면적이 클수록 토양피복이 커지기 때문에 토양표면에서의 증발량 감소

③ 작물은 파종기부터 수확기까지 증산량은 증가하고 증발량은 감소하는 경향을 가짐

④ 잠재증발산(Potential Evapotranspiration)

㉠ 수분함량이 충분한 농경지 토양에서 증발산을 통하여 최대로 일어날 수 있는 물의 손실

㉡ 농경지의 증발산량은 동일한 대기 조건의 물 표면에서 일어나는 증발량보다 작음(완전히 자란 식물로 피복된 농경지의 증발산량은 물 표면에서의 증발량의 0.5~0.9배)

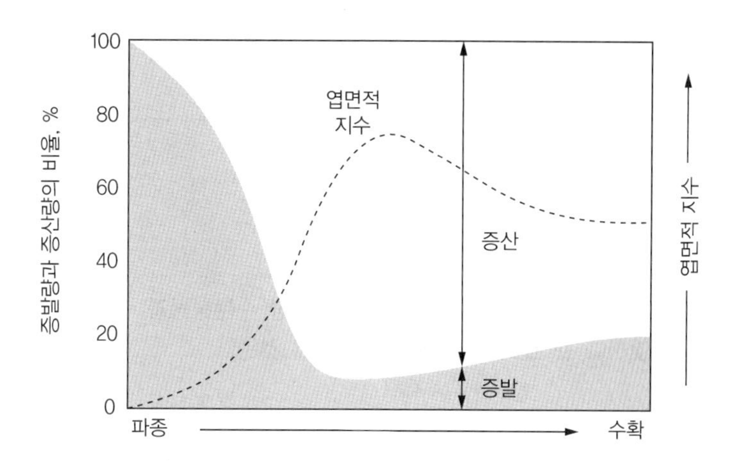

(4) 물 이용효율의 지표

① 증산율(Transpiration Ratio)

㉠ 작물의 고유한 물 이용효율을 측정한 것

㉡ 동일한 기상 및 토양조건에서 작물에 따른 증산율의 차이가 크지 않음

② 소비용수량

㉠ 일정 기간 토양의 수분함량 감소분을 측정하여 계산

㉡ 작물생육기간 전체에 대한 총소비용수량 또는 단위시간당 소비용수량으로 표시

㉢ 계절에 따라 기온과 습도가 변하기 때문에 단위시간당 소비용량도 계절에 따라 달라짐

PART

04 적중예상문제

01

다음 그래프는 시간 변화에 따른 토성별 모세관수분 상승 높이를 측정한 것이다. A, B, C 각각에 해당하는 토성은? 19 국가직 7급 기출

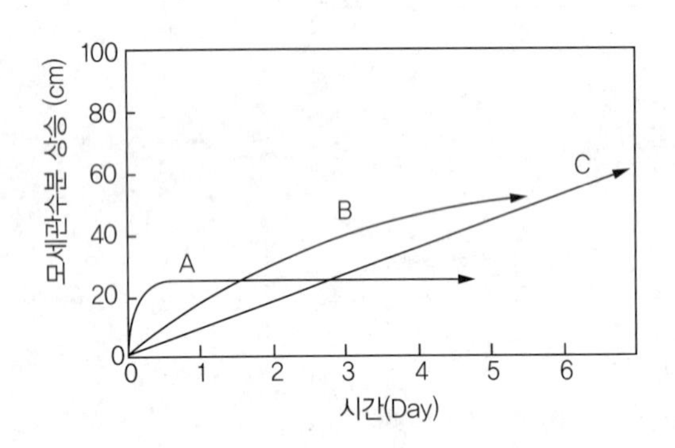

	A	B	C
①	사 토	사양토	식양토
②	식양토	사양토	사 토
③	사양토	식양토	사 토
④	사 토	식양토	사양토

해설 **모세관현상**

- 모세관 표면에 대한 물의 부착력과 물 분자들끼리의 응집력 때문에 모세관을 타고 물이 상승하는 현상
- 토성이 고울수록 미세공극이 발달하게 되므로 물의 모세관 상승 높이가 올라가게 된다.

02

토양 수분함량과 수분퍼텐셜에 대한 설명으로 옳은 것은? 18 국가직 7급 기출

① 수분퍼텐셜이 동일하면, 사질토가 식질토보다 수분함량이 높다.

② 수분함량이 동일하면, 사질토가 식질토보다 수분퍼텐셜이 낮다.

③ 위조점에 해당하는 수분조건에서, 식질토가 사질토보다 수분함량이 높다.

④ 수분함량이 동일한 사질토와 식질토를 접촉시키면, 식질토에서 사질토로 토양수가 이동한다.

해설 수분함량이 동일한 조건에서 점토가 많아질수록 수분퍼텐셜이 낮아진다.

01 ① 02 ③ 정답

03

다음 수분 특성의 토양에서 중력수, 모세관수, 유효수분 함량을 순서대로 바르게 나열한 것은?

17 국가직 7급 기출

수분 특성 인자	용적수분함량(%, V/V)
포화상태	50
포장용수량	40
위조점	10
흡습계수	5

① 5%, 35%, 30%
② 10%, 35%, 30%
③ 5%, 30%, 35%
④ 10%, 30%, 35%

해설
- 중력수 = 포화상태 − 포장용수량
- 모세관수 = 포장용수량 − 흡습계수
- 유효수분 = 포장용수량 − 위조점

04

토양의 수리전도도와 수분이동에 대한 설명으로 옳지 않은 것은?

16 국가직 7급 기출

① 포화 수리전도도는 토양공극 크기에 비례하며, 포화상태에서 수분이동은 중력퍼텐셜과 압력퍼텐셜의 영향을 받는다.
② 수분상태가 포화에서 불포화로 진행됨에 따라 토양 수리전도도는 비선형적으로 감소한다.
③ 매트릭퍼텐셜이 0일 때, 사질토가 식질토보다 수리전도도가 크다.
④ 공극포화도가 감소함에 따라 수분이동에 대한 매트릭퍼텐셜의 영향은 감소하고 압력퍼텐셜의 기여도는 증가한다.

해설 공극포화도가 감소함에 따라 수분이동에 대한 매트릭퍼텐셜의 영향은 증가하고 압력퍼텐셜의 기여도는 감소하다가 사라진다.

05

용적수분함량이 0.25이고 공극률이 0.5인 토양의 건조 전 무게(g)는? (단, 토양시료의 부피와 입자밀도는 각각 1,000cm^{3}와 2.6g/cm^{3}이다)

15 국가직 7급 기출

① 650 ② 1,300
③ 1,550 ④ 2,600

해설 토양시료의 공극률이 0.5이므로 토양 고상의 부피는 1,000 ×0.5 = 500cm^{3}이고 고상의 입자밀도가 2.6g/cm^{3}이므로 두 값을 곱하면 1,300g이 된다. 건조 전 토양 무게에는 수분이 포함되는데, 용적수분함량이 0.25이므로 물의 부피는 1,000 × 0.25 = 250cm^{3}이고 물의 비중이 1이기 때문에 물의 무게는 250g에 해당한다. 따라서 건조 전 토양의 무게는 1,300 + 250 = 1,550g으로 계산된다.

정답 03 ② 04 ④ 05 ③

06

토양 수분퍼텐셜(Water Potential)에 대한 설명으로 옳은 것은? 15 국가직 7급 기출

① 수분퍼텐셜이 같은 경우 물은 토양 수분함량이 높은 곳에서 낮은 곳으로 이동한다.

② 두 지점의 중력퍼텐셜의 차이는 임의로 정한 기준점에 따라 달라진다.

③ 삼투퍼텐셜은 순수한 물을 기준(0)으로 정의하며 이온이나 용질을 포함한 토양용액은 양(+)의 값을 갖는다.

④ 불포화토양 내 수분이동에 따른 토양 수분퍼텐셜은 매트릭퍼텐셜과 중력퍼텐셜로 설명된다.

해설 ① 물의 이동은 수분퍼텐셜의 차이로 일어나기 때문에 수분퍼텐셜이 같으면 수분함량의 차이와 상관없이 물이 이동하지 않는다.
② 각 지점의 중력퍼텐셜은 기준점에 따라 달라지지만, 두 지점의 중력퍼텐셜의 차이는 변하지 않는다.
③ 순수한 물은 삼투퍼텐셜이 0이고, 순수한 물에 이온이나 용질이 들어가면 삼투퍼텐셜이 낮아지므로 토양용액은 항상 음(−)의 값을 갖는다.

07

토양의 점토함량이 증가할수록 포장용수량이 증가하는 이유는? 11 국가직 7급 기출

① 소공극이 많아지고 모세관력이 증가하기 때문

② 소공극이 많아지고 모세관력이 작아지기 때문

③ 대공극이 많아지고 모세관력이 증가하기 때문

④ 대공극이 많아지고 모세관력이 작아지기 때문

해설 소공극을 모세관공극이라고 하고, 대공극을 비모세관공극이라 한다. 한편 점토함량이 많아질수록 포장용수량은 공극의 공간적 한계로 곡선적으로 증가한다는 점에 주의한다.

08

토양수분함량과 수분포텐셜의 설명으로 옳은 것은? 11 국가직 7급 기출

① 불포화토양에서 수분이동은 주로 중력포텐셜 차이에 기인한다.

② 토양 내 총수분포텐셜의 합은 수분함량과 상관없이 항상 0이다.

③ 장력계는 매트릭포텐셜을 측정하고, 중성자법은 토양수분함량을 측정한다.

④ 식토와 사토의 수분포텐셜이 −0.1bar로 동일할 때, 두 토양의 용적수분함량은 같다.

해설 ① 불포화토양에서 수분이동은 주로 매트릭포텐셜 차이에 기인한다.
② 토양 내 총수분포텐셜의 합은 환경에 따라 항상 변한다.
④ 식토와 사토의 수분포텐셜이 −0.1bar로 동일할 때, 식토의 용적수분함량이 사토보다 높다.

06 ④ 07 ① 08 ③ 정답

09

면적 $2,000m^2$, 깊이 10cm, 용적밀도 $1.2g/cm^3$인 밭에서 12톤의 물이 증발되었다. 이 때 감소된 용적수분함량[%]과 중량수분함량[%]은?

11 국가직 7급 기출

	용적수분함량	중량수분함량
①	5	6
②	6	5
③	10	12
④	12	10

해설 ※ 물의 비중은 1, $1g/cm^3 = 1Mg/m^3$, 1Mg = 1,000,000g = 1,000kg = 1ton

- 밭토양의 부피 = 면적 × 깊이 = 2,000 ×0.1 = $200m^3$
- 밭토양의 무게 = 부피 × 용적밀도 = 200 × 1.2 = 240Mg = 240톤
- 증발한 12톤의 물을 용적수분함량으로 나타내면, 12/200 = 0.06 = 6%
- 증발한 12톤의 물을 중량수분함량으로 나타내면, 12/240 = 0.05 = 5%

10

토양수분 함량과 퍼텐셜의 관계에 대한 설명으로 옳지 않은 것은?

12 국가직 7급 기출

① 물은 수분퍼텐셜이 높은 지점에서 낮은 지점으로 이동한다.
② 수분함량이 같을 경우 토성에 따라 매트릭퍼텐셜이 달라진다.
③ 토양수분이 감소할수록 수분퍼텐셜은 증가한다.
④ 토양수분은 염의 농도가 낮은 지점에서 높은 지점으로 이동한다.

해설 토양수분이 감소할수록 수분퍼텐셜도 감소한다.

11

토양에서 수분의 이동 및 수리전도도에 대한 설명으로 옳지 않은 것은?

12 국가직 7급 기출

① 불포화 상태에서 토양수분의 이동은 중력보다 매트릭퍼텐셜 차이에 의해 주로 결정되므로 토양수분이 심토에서 표토로 이동할 수 있다.
② 수분함량이 포화 영역에 가까울 때는 사질양토(Sandy Loam)가 식질양토(Clay Loam)보다 수리전도도가 높지만, 수분함량이 포장용수량보다 낮을 경우에는 정반대의 경향을 보인다.
③ 복수의 토양층으로 이루어진 토양을 통과하여 지하수로 유입되는 수분의 총량은 공극발달이 가장 좋고 수리전도도가 가장 높은 토양층에 의해 결정된다.
④ 토양 입단구조가 잘 발달된 토양은 그렇지 못한 토양에 비해 대공극을 형성하고 높은 수리전도도를 보인다.

해설 복수의 토양층으로 이루어진 토양을 통과하여 지하수로 유입되는 수분의 총량은 공극발달이 가장 좋지 않고 수리전도도가 가장 낮은 토양층에 의해 결정된다.

12

토양수분함량의 측정법으로 부적합한 것은?

13 국가직 7급 기출

① 중성자법(중성자산란법)
② 비중계법
③ TDR법
④ 전기저항법

해설 비중계법은 토성 분석에 사용되는 방법이다.

정답 09 ② 10 ③ 11 ③ 12 ②

13

다음 보기는 토양입자에 보유된 물에서 나타나는 현상이다. 각 설명에 대한 현상을 올바르게 짝지은 것은?

14 서울시 지도사 기출

> ㉠ 물분자들끼리 서로 끌리게 되는 현상
> ㉡ 물분자가 유리나 토양과 같은 다른 물질의 표면에 끌리는 현상
> ㉢ 액체와 기체의 경계면에서 일어나는 현상

	㉠	㉡	㉢
①	응집(Cohesion)	표면장력(Surface Tension)	부착(Adhesion)
②	부착(Adhesion)	표면장력(Surface Tension)	응집(Cohesion)
③	응집(Cohesion)	부착(Adhesion)	표면장력(Surface Tension)
④	부착(Adhesion)	응집(Cohesion)	표면장력(Surface Tension)
⑤	표면장력(Surface Tension)	응집(Cohesion)	부착(Adhesion)

해설 **물의 물리적 특성**
- 응집(Cohesion) : 극성을 가진 물 분자들이 서로 끌려 뭉치는 현상
- 부착(Adhesion) : 물 분자가 다른 물질의 표면에 끌려 붙는 현상
- 표면장력(Surface Tension) : 액체분자끼리의 결합력이 액체분자와 기체분자와의 결합력보다 클 때, 액체와 기체의 경계면에서 일어나는 현상으로 액체의 표면적을 최소화하려는 힘

14

토양수분퍼텐셜에 대한 설명 중 옳지 않은 것은?

14 서울시 지도사 기출

① 토양 내 물의 에너지 준위 차이는 토양과 식물 내부에서 물이 움직이는 방향과 속도를 결정하게 된다.
② 표준상태의 순수한 물과 토양수 사이의 에너지 준위 차이를 토양수분퍼텐셜이라 한다.
③ 중력퍼텐셜은 중력가속도와 기준 표고 위 토양수의 위치와의 곱이다.
④ 용질의 농도가 증가할수록 삼투퍼텐셜은 낮아지게 된다.
⑤ 물을 입자 표면으로 끌어당기는 인력은 매트릭퍼텐셜로서 물로 포화된 영역에서 작용한다.

해설 수분으로 포화된 토양에서 매트릭퍼텐셜은 0이 된다.

13 ③ 14 ⑤ 정답

15

다음 중 토양수분의 모세관현상(Capillarity)에 대한 설명 중 옳지 않은 것은? 14 서울시 지도사 기출

① 모세관의 표면에 대한 물의 부착력과 물분자들 사이의 응집력 때문에 생기는 현상이다.
② 모세관을 따라 물이 상승할 수 있는 높이는 모세관의 반지름과 액체의 밀도에 반비례한다.
③ 모세관의 높이는 흡착각도와 중력가속도에 비례한다.
④ 모세관의 높이는 표면장력에 비례한다.
⑤ 식물의 뿌리에서 흡수된 물이 양분과 함께 식물체 전체에 퍼지는 것도 모세관현상에 의하여 이루어지는 것이다.

해설 **물의 모세관 상승 높이**

$$H = \frac{2T\cos\alpha}{rdg}$$

H : 모세관 높이, T : 표면장력, cos α : 물의 표면과 모세관 벽면과의 흡착각도의 코사인 값, r : 모세관의 반지름, d : 액체의 밀도, g : 중력가속도

- 비례관계 : 표면장력
- 반비례관계 : 흡착각도, 모세관의 반지름, 액체의 밀도, 중력가속도

※ 흡착각도가 0일 때 코사인 값이 1이고, 흡착각도가 커질수록 코사인 값은 작아지기 때문에 흡착각도와 모세관 상승 높이는 반비례한다.

정답 15 ③

MEMO

I wish you the best of luck!

PART 5

토양의 화학적 성질

토양교질물

01 토양무기교질물

(1) 광물 : 일정한 물리성, 화학성, 결정성을 지닌 천연 무기화합물

① **광물의 구성 원소 :** 산소 > 규소 > 알루미늄 > 철 > 칼슘 > 나트륨 > 칼륨 > 마그네슘

② 토양광물의 대부분은 규소와 산소로 구성된 규산염광물

(2) 점토광물 : 지름 2㎛ 이하의 점토 크기의 광물

(3) 1차 광물 : 화학적으로 변화를 받지 않은 광물

① 석영, 장석, 휘석, 운모, 각섬석, 감람석 등

② 주로 모래, 미사의 크기로 존재하고, 일부는 점토 크기로 존재

1차 광물명		화학식
석 영	Quartz	SiO_2
백운모	Muscovite	$KAl_2(AlSi_3O_{10})(OH)_2$
흑운모	Biotite	$K(Mg,Fe)_3(AlSi_3O_{10})(OH)_2$
장석류	Feldspar	
정장석	Orthoclase	$KAlSi_3O_8$
사장석	Microcline	$KAlSi_3O_8$
조장석	Albite	$NaAlSi_3O_8$
각섬석류	Amphiboles	
	Tremolite	$Ca_2Mg_5Si_8O_{22}(OH)_2$
휘석류	Pyroxenes	
	Enstatite	$MgSiO_3$
	Diopside	$CaMg(Si_2O_6)$
	Rhodonite	$MnSiO_3$
감람석	Olivine	$(Mg,Fe)_2SiO_4$

(4) 2차 광물 : 1차 광물이 풍화의 여러 반응을 거쳐 새롭게 재결정화된 광물

① 규산염광물

㉠ Kaolinite, Montmorillonite, Vermiculite, Illite, Chlorite 등

㉡ 한랭 또는 건조지역에서 생성되는 중요한 점토

② 금속 산화물 또는 금속 수산화물

㉠ Gibbsite, Goethite 등

㉡ 고온다습하여 풍화가 심한 곳에서는 철이나 알루미늄 산화물 또는 수산화물이 주된 점토

③ 비결정형 광물

㉠ Allophane, Imogolite 등

㉡ 결정형 광물에 비하여 안정하지 못하여 비교적 쉽게 화학적 풍화됨

④ 황산염 또는 탄산염광물 등

2차 광물명	화학식
규산염점토광물	
Kaolinite	$Si_4Al_4O_{10}(OH)_8$
Montmorillonite	$M_x(Al,Fe^{2+},Mg)_4Si_8O_{20}(OH)_4$
Vermiculite	$(Al, Mg, Fe^{3+})_4(Si, Al)_8O_{20}(OH)_4$
Chlorite	$[MAl(OH)_6](Al, Mg)_4(Si, Al)_8O_{20}(OH, F)_4$
Allophane	$Si_3Al_4O_{12} \cdot nH_2O$
Imogolite	$Si_2Al_4O_{10} \cdot 5H_2O$
Goethite	$FeOOH$
Hematite	$\alpha-Fe_2O_3$
Maghemite	$\gamma-Fe_2O_3$
Ferrihydrite	$Fe_{10}O_{15} \cdot 9H_2O$
Bohemite	$\gamma-AlOOH$
Gibbsite	$Al(OH)_3$
Pyrolusite	$\beta-MnO_2$
Birnessite	$\delta-MnO_2$
Dolomite	$CaMg(CO_3)_2$
Calcite	$CaCO_3$
Gypsum	$CaSO_4 \cdot 2H_2O$

※ M : 층과 층 사이의 공간에 존재하는 금속 양이온

02 점토광물의 기본 구조

(1) 규소사면체

① 1개의 규소 원자를 4개의 산소 원자가 둘러싸 4면체를 이룸

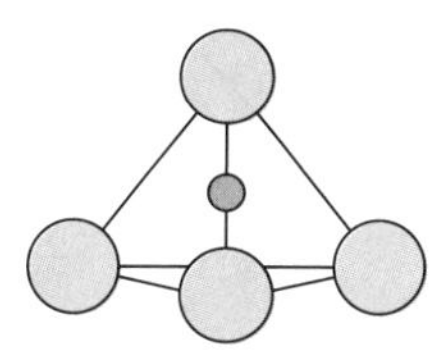

② 단독으로 존재하게 되면 −4의 순 음전하를 띰

③ 규소사면체의 연결 : 음전하를 해소하는 방법

㉠ Fe^{2+}, Mg^{2+} 등의 2가 양이온이 규소사면체를 연결함 – 감람석(Olivine)[(Mg, Fe)SiO_4]

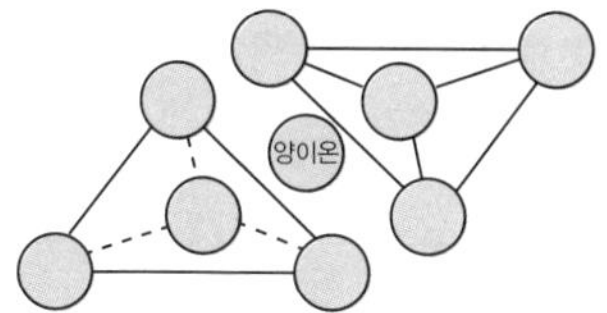

• Fe_2SiO_4에서 Mg_2SiO_4까지 다양한 조성을 가짐
• 가장 풍화되기 쉬움

㉡ 이웃하는 규소사면체들끼리 꼭짓점의 산소를 공유하여 음전하를 줄이고 안정화를 이룸 – 3차원 망상구조인 장석과 석영은 풍화에 대한 저항성이 큼

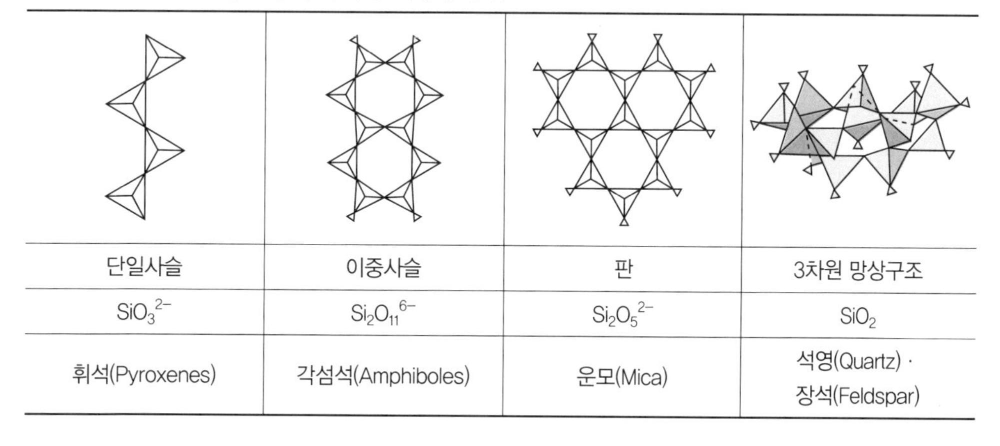

단일사슬	이중사슬	판	3차원 망상구조
SiO_3^{2-}	$Si_2O_{11}^{6-}$	$Si_2O_5^{2-}$	SiO_2
휘석(Pyroxenes)	각섬석(Amphiboles)	운모(Mica)	석영(Quartz) · 장석(Feldspar)

(2) 알루미늄팔면체

① 1개의 알루미늄 원자를 6개의 산소 원자가 둘러싸 8면체를 이룸

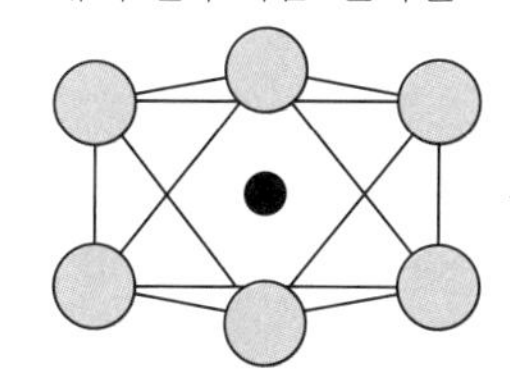

중심원자가 주로 Al^{3+}이지만, Fe^{2+}나 Mg^{2+}가 들어가기도 함

② 음전하를 해소하는 기작

㉠ H^+가 결합하여 OH^-가 되어 음전하를 줄임, 수소가 매우 작기 때문에 구조적 안정성에 변화가 없음

㉡ 모서리를 공유하는 방식으로 2개의 산소를 공유함

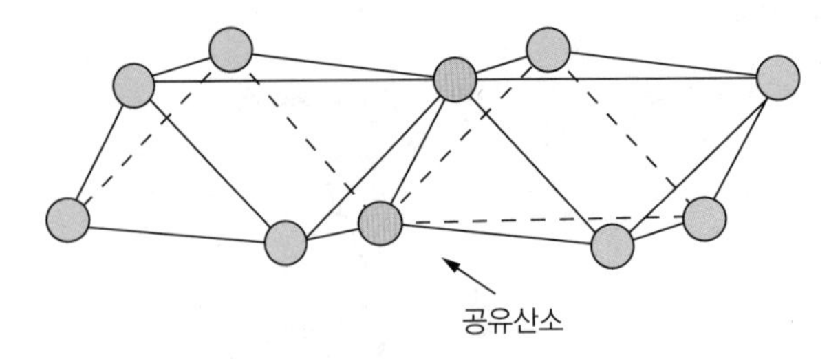

③ 팔면체층 2개가 위아래로 결합하는 방식

㉠ 이팔면체층(Dioctahedral Sheet) : Al^{3+}이 중심 양이온 – Gibbsite

㉡ 삼팔면체층(Trioctahedral Sheet) : Mg^{2+}이 중심 양이온 – Brucite

규소사면체와 알루미늄팔면체층이 1:1로 결합하거나 2:1로 결합하여 규산염 층상 광물이 형성됨

(3) 동형치환

① 사면체와 팔면체의 구조의 변화 없이 원래 양이온 대신 크기가 비슷한 다른 양이온이 치환되어 들어가는 현상

㉠ 규소사면체 : 주로 Si^{4+} 대신 Al^{3+}로 치환

㉡ 알루미늄팔면체 : 주로 Al^{3+} 대신 Mg^{2+}, Fe^{2+}, Fe^{3+}로 치환

② 점토광물의 음전하 생성요인

㉠ 치환과정에서 대부분 원래 양이온보다 양전하가 적은 이온으로 치환되기 때문

㉡ Vermiculite : 규소사면체에서 Si^{4+} 대신 Al^{3+}로 치환되므로 순 음전하를 갖게 됨

㉢ Brucite : Mg^{2+} 대신 Al^{3+}로 치환되면 양전하 증가함

03 규산염 점토광물

(1) 규산염 1차 광물

① 감람석(Olivine)

㉠ 가장 간단한 구조의 규산염광물, 독립된 규소사면체

㉡ Fe_2SiO_4에서 Mg_2SiO_4까지 다양한 Fe/Mg비율을 가짐. 일반식 $(Mg, Fe)SiO_4$

㉢ 화성암의 주요 구성광물로서 결정 내 전기적인 중화가 이루어지지 못하고, 구조가 단순하기 때문에 가장 풍화되기 쉬움

㉣ 미량원소의 공급원

② 휘석(Pyroxene)

㉠ 인접한 규소사면체끼리 꼭짓점 산소를 공유하면서 단일 사슬모양 배열 구조를 가짐

㉡ 구조의 기본단위 : Si_2O_6

㉢ 결정 내 남아있는 음전하는 Ca^{2+}, Mg^{2+}, Fe^{2+} 등과 결합하여 중화되고 단일 사슬들이 평형하게 연결되면서 결정이 커짐

㉣ 단단한 광물이나, 구조가 간단하여 비교적 쉽게 풍화됨

③ 각섬석(Amphibole)

㉠ 규소사면체 단일 사슬 2개가 꼭짓점 산소를 공유하여 연결되면서 이중사슬모양의 배열 구조 형성

㉡ 결정 내 남아있는 음전하는 Ca^{2+}, Mg^{2+}, Fe^{2+} 등과 결합하여 중화되고 이중사슬들이 평형하게 연결되면서 결정이 커짐

㉢ 우리나라 토양에서 흔히 발견되며, 필수 무기영양원소를 많이 함유함

④ 석영(Quartz)

㉠ 구조 내 모든 결합이 Si–O 형태, 화학식 SiO_2

㉡ 규소사면체 구조만으로 전기적으로 중성, 다른 양이온의 결합이 필요 없음

㉢ 전기적으로 안정하고 표면 노출이 적어 풍화가 매우 느림(모래입자의 대부분이 석영임)

⑤ 장석(Feldspar)

㉠ 석영과 같은 3차원 구조이지만 4개 규소사면체마다 1개꼴로 Si^{4+} 대신 Al^{3+}로 치환되어 있음

㉡ 음전하를 중화시키기 위해 K, Na, Ca 등의 양이온을 필요로 함

㉢ 석영에 비해 안정하지 못하고 풍화되기 쉬움

⑥ 운모(Mica)

㉠ 2:1형 층상광물 – 규소사면체 2개와 알루미늄팔면체 1개가 결합한 층상 구조

㉡ 규소사면체층과 알루미늄팔면체층이 꼭짓점의 산소를 공유하면서 연결됨

㉢ 알루미늄팔면체의 공유되지 않는 산소에는 H^+가 결합하여 OH^-로 존재함

㉣ 사면체층에서는 4개의 규소사면체마다 1개꼴로 Si^{4+} 대신 Al^{3+}의 동형치환이 일어나 여분의 음전하가 생김

ⓜ 2개의 2:1층 사이에 K^+가 들어가 음전하가 중화되면서 연결됨 → 점토광물이 판상구조를 갖게 되는 원인

ⓑ K^+의 연결강도가 산소를 공유하는 규소사면체와 알루미늄팔면체의 연결강도보다 약하기 때문에 K^+로 연결된 면이 분리되면서 얇게 쪼개지는 특징이 나타남

ⓢ 백운모와 흑운모 비교

백운모(White Mica, Muscovite)	흑운모(Black Mica, Biotite)
팔면체층의 중심 양이온이 모두 Al^{3+}	• 팔면체층의 중심 양이온이 Fe^{2+} 또는 Mg^{2+} • 철 때문에 검은 색을 띰

참고

운모의 결정구조는 Kaolinite, Montmorillonite, Vermiculite 등의 2차 점토광물을 구성하는 기본단위가 됨

(2) 규산염 2차 광물

① 카올린(Kaolin)

㉠ 규소사면체층과 알루미늄팔면체층의 1:1형 광물

㉡ 1:1층이 포개질 때 규소사면체층의 O와 알루미늄팔면체층의 OH가 수소결합으로 강하게 연결됨

㉢ 강한 결합력으로 비교적 큰 입자로 형성될 수 있으며, 1:1층 사이에 양이온이나 물분자가 끼어들지 못함 → 수분함량에 따라 팽창 또는 수축하지 않는 비팽창형 광물(카올리나이트가 도자기 제조에 사용되는 이유)

㉣ 용액에서 결정화과정을 거쳐 형성되거나, 장석 등의 1차 광물이나 2:1형 점토광물의 변질과정에서 형성됨

ⓜ 고온다습한 열대지방의 심하게 풍화된 토양에서 발견되는 중요한 점토광물

ⓑ 우리나라의 대표적인 점토광물

ⓢ 동형치환이 거의 일어나지 않아 음전하가 적음

ⓞ 1:1층이 강하게 결합되어 있어 층 사이가 노출되지 않아 비표면적도 적음

ⓩ Kaolinite와 Halloysite 등이 있음

Kaolinite	Halloysite
• 1:1층들 사이에 물분자가 없음 • 기저면 간격 : 0.71nm • 판상의 결정 구조	• 1:1층들 사이에 1~2개의 물분자층이 있음 • 기저면 간격 : 1.0nm • 튜브 모양의 결정 구조

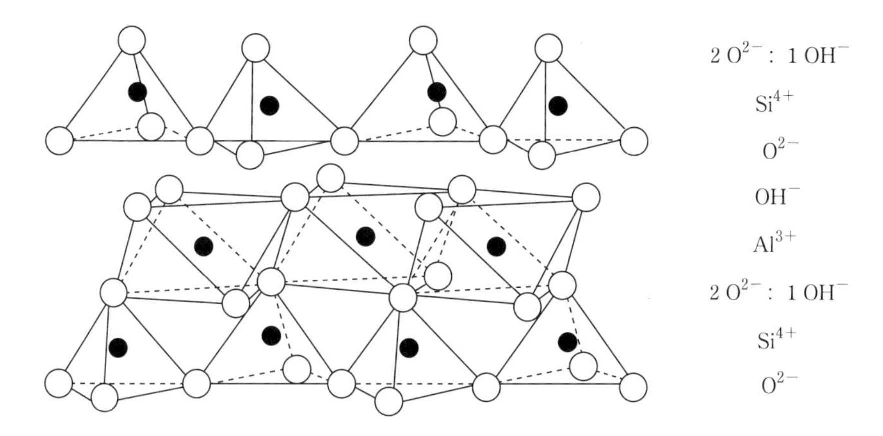

Kaolinite의 구조

② 스멕타이트(Smectite)

㉠ 2개의 규산사면체층 사이에 1개의 알루미늄팔면체층이 결합한 단위구조를 갖는 2:1형 규산염광물

㉡ 동형치환이 흔히 일어남

- 규소사면체층 : Si^{4+} 대신 Al^{3+}
- 알루미늄팔면체층 : Al^{3+} 대신 Fe^{3+}, Fe^{2+}, Mg^{2+}

㉢ Montmorillonite, Nontronite, Saponite, Hectorite, Sauconite 등의 점토광물이 스멕타이트에 속함

Montmorillonite	• 모든 규소사면체의 중심 이온 Si^{4+} • 팔면체의 약 1/8은 Al^{3+} 대신 Mg^{2+}로 치환
Nontronite	팔면체의 Al^{3+}이 전부 Fe^{3+}로 치환
Saponite	팔면체의 Al^{3+}이 Mg^{2+}로 치환
Hectorite	팔면체의 Al^{3+} 일부가 Li^{+}로 치환

㉣ Montmorillonite는 가용성 규소(H_4SiO_4)와 Mg^{2+} 함량이 많은 용액에서 결정화과정을 거쳐 생성 → 가용성 이온의 용탈이 쉽지 않은 강수량이 적은 조건이 필요

㉤ 동형치환으로 발생한 음전하는 결정 표면과 층간 간격에 흡착되는 여러 수화 양이온에 의해 중화됨

㉥ 2:1층간에는 규소사면체층이 마주보게 되어 수소결합을 할 수 없어 음전하를 중화시키기 위해 양이온이 끼어들어 결합력이 약함 → 물분자가 자유롭게 출입할 수 있게 됨

㉦ 토양수분 조건에 따라 팽창과 수축이 심한 팽창형 점토광물

㉧ 2:1층 사이의 팽창으로 표면 노출이 많아 비표면적이 큼 → 이온흡착능이 커짐

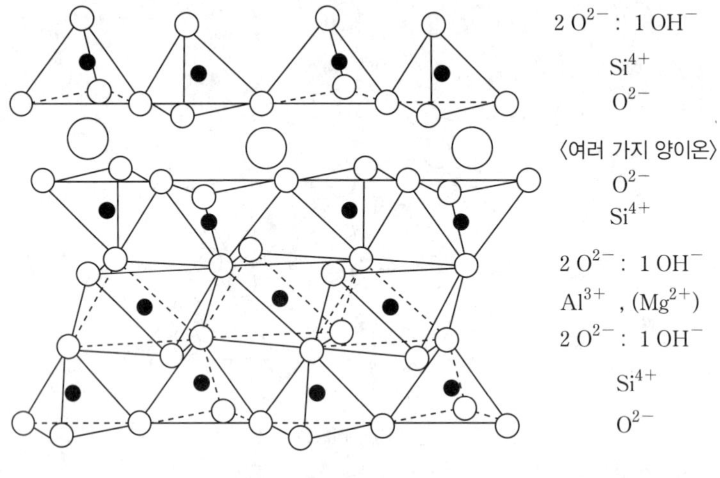

Smectite 구조

③ 버미큘라이트(Vermiculite)

㉠ 운모류 광물의 풍화로 생성된 토양에 많이 존재

㉡ 운모와 비슷한 2:1형 층상구조를 갖는 점토광물(삼팔면체와 이팔면체 2가지 구조)

구 분	운 모	버미큘라이트
2:1층과 2:1층 사이의 이온	K^+	Mg^{2+} 등의 수화된 양이온
층간 결합력의 세기	상대적으로 강함	• 상대적으로 약함 • 층간에 물분자가 흡수되어 팽창형 점토가 됨

㉢ 동형치환이 일어남

• 규소사면체층 : Si^{4+} 대신 Al^{3+}

• 알루미늄팔면체층 : Al^{3+} 대신 Fe^{3+}, Fe^{2+}, Mg^{2+}

PLUS ONE

Vermiculite와 Montmorillonite의 팽창성 비교

Vermiculite의 동형치환은 주로 규소사면체에서 일어나기 때문에 동형치환으로 발생한 음전하를 중화하기 위해 층간에 양이온들이 많아져 층간 결합력이 Montmorillonite보다 강해진다. 이로 인해 Vermiculite의 팽창성은 Montmorillonite의 팽창성보다 작다.

㉣ 운모나 이와 유사한 광물들의 2:1층들 사이의 K^+가 Mg^{2+} 등 다른 수화된 양이온으로 치환되어 생성됨

참고

Kaoilinte와 Montmorillonite는 결정화 과정에서 생성되는 것과 비교됨

④ 일라이트(Illite)

㉠ 2:1형 층상구조를 갖는 점토광물

㉡ 2:1층들 사이에 K^+가 끼어들어 비교적 강하게 결합하고 있어 팽창이 불가능함(운모에 비해서 K^+ 함량이 적어 여분의 음전하는 다른 수화된 양이온에 의해 중화됨)

참고

K 이온이 다른 양이온에 비해 2:1층들 사이 결합을 강하게 하는 이유 : K 이온이 포개지는 위아래 규소사면체층 사이 공간에 잘 들어맞기 때문

㉢ 운모와 스멕타이트의 중간 정도 음전하를 가짐

㉣ 토양 중에 흔히 존재하는 점토광물로서 K^+ 함량이 높은 퇴적물이 저온 변성작용을 받을 때 생성됨

㉤ Vermiculite 또는 Montmorillonite의 2:1층들 사이의 양이온이 K 이온과 치환되면서 열과 압력에 의해 층간 물이 제거되면서 비팽창형의 Illite로 변환

㉥ 일라이트가 가수운모(Hydrous Mica)로도 불리는 이유 : 운모류 광물의 풍화과정에서 생성될 수도 있기 때문

⑤ 클로라이트(Chlorite)

㉠ 대표적인 2:1:1의 혼층형 광물(2개의 사면체와 2개의 팔면체로 구성되기 때문에 2:2형 광물이라고도 함)

㉡ 운모와 유사한 구조를 가지며, K 이온 대신 Brucite($Mg(OH)_2$)라는 양전하를 띠는 팔면체층으로 연결됨

참고

Brucite가 양전하를 띠는 이유 : 중심 이온인 Mg^{2+} 대신 Al^{3+}, Fe^{3+}, Fe^{2+} 등이 치환되면서 양전하가 늘어나기 때문

㉢ Brucite가 위아래의 규소사면체층과 수소결합을 하기 때문에 결합력이 강함 → 비팽창형 광물이 됨

㉣ Brucite에 의해 완전히 중화되지 않은 음전하에 의해 양이온을 흡착할 수 있음

㉤ 퇴적암과 이들 퇴적암을 모재로 한 토양에 많이 존재

㉥ 클로라이트 생성 과정

- 토양용액 중에서 결정화 과정을 통하여 Brucite 팔면체층이 생성된 후 Montmorillonite나 Vermiculite와 같은 팽창형 광물의 2:1층들 사이 공간에 축적되어 생성
- 현무암 중의 철 · 마그네슘광물(Ferromagnesian)이나 흑운모의 변형에 의하여 생성

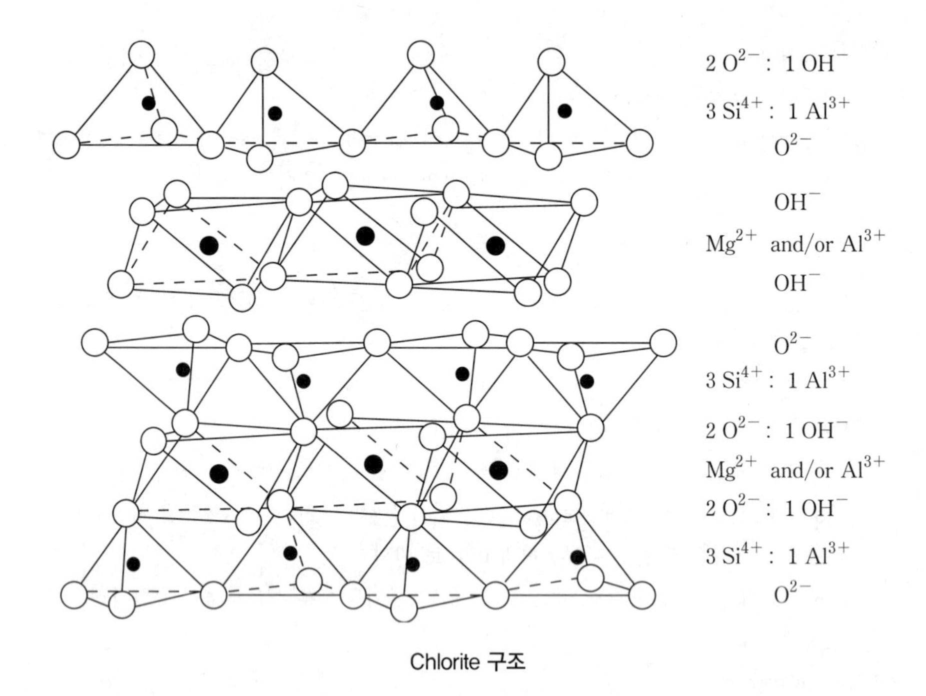

Chlorite 구조

구 분	Kaolin	Smectite	Vermiculite	Illite	Chlorite
Si사면체층과 Al팔면체층의 결합비율과 구조	1:1	2:1	2:1	2:1	2:1:1
	Si 사면체층 Al 팔면체층 Si 사면체층 Al 팔면체층	Tetrahedral Sheet Octahedral Sheet Tetrahedral Sheet Water molecules and cations Tetrahedral Sheet Octahedral Sheet Tetrahedral Sheet 1~2nm	Tetrahedral Sheet Octahedral Sheet Tetrahedral Sheet Water molecules and cations Tetrahedral Sheet Octahedral Sheet Tetrahedral Sheet 1~1.5nm	Tetrahedral Sheet Octahedral Sheet Tetrahedral Sheet K+ Tetrahedral Sheet Octahedral Sheet Tetrahedral Sheet 1.0nm	Tetrahedral Sheet Octahedral Sheet Tetrahedral Sheet Octahedral Sheet Tetrahedral Sheet Octahedral Sheet Tetrahedral Sheet 1.4nm
팽창성	비팽창형	팽창형	팽창형	비팽창형	비팽창형
해당 광물	Kaolinite Halloysite	Montmorillonite, Nontronite, Saponite, Hectorite, Sauconite	Vermiculite	Illite	Chlorite
기저면 간격	0.71nm	0.96~1.8nm	1.0~1.5nm	1.0nm	1.4nm
음전하 $cmol_c/kg$	2~15	80~150	100~200	20~40	10~40
비표면적 m^2/g	7~30	600~800	600~800	–	70~150

주요 특성	• 층과 층 사이가 수소결합으로 강하게 결합 • 도자기 제조 • 우리나라 대표 점토광물	• 2:1층 사이의 결합이 약해 물분자의 출입이 자유로움 • 수분함량에 따라 팽창과 수축이 심함	• 운모류 광물의 풍화로 생성된 토양에 많음 • Montmorillonite에 비해 팽창성 작음	• 2:1층 사이에 K^+이 들어가 강하게 결합 • 층 사이 물분자 출입이 불가	• 대표적인 혼층형 광물 • 2:1층 사이에 이온이 아닌 Brucite 팔면체층이 들어가 강하게 결합

04 기타 점토광물

(1) 금속산화물

① 오랜 기간 심한 풍화작용을 받은 토양(예 Ultisol 또는 Oxisol)에 집적되는 철, 알루미늄, 망간 등의 수산화물 또는 산화물

② 암석의 풍화산물로서 매우 안정한 광물로 결정형과 비결정형으로 구분

㉠ 결정형 : O 또는 OH가 Fe^{3+} 또는 Al^{3+}을 중심 양이온으로 하여 결합된 팔면체 구조, 이웃하는 팔면체들끼리 모서리를 공유하며 층상 배열되며, 각 층들은 수소결합으로 겹쳐짐

㉡ 비결정형 : 비교적 빠른 침전반응으로 생성

③ 규산염 광물과 달리 동형치환이 일어나지 않음 → 영구음전하 없음

④ 결정의 외부 표면에서 일어나는 수소이온의 해리(탈양성자화)와 결합(양성자화)를 통해 전하를 가짐 → pH 의존전하

⑤ **금속산화물이 많은 토양의 특성**

㉠ 철산화물의 영향으로 황색, 갈색 또는 적색을 띰

㉡ 산성토양(산성조건에서 금속산화물은 음전하를 거의 가지지 못함)

㉢ 식물의 영양성분인 Ca, Mg, K 등의 양이온을 보유하는 기능이 없음

⑥ **대표적인 광물** : Gibbsite, Goethite, Hematite 등

구 분	Gibbsite	Goethite	Hematite
화학식	$Al(OH)_3$	FeOOH	$\alpha\text{-}Fe_2O_3$
	알루미늄 수산화물	철 산화물	철 산화물
중심금속	알루미늄	철	철

기본구조	• 알루미늄팔면체의 층상구조 • Al^{3+}가 6개의 OH와 결합 • OH는 이웃하는 Al^{3+}와 공유되어 안정적인 구조를 이룸 • 외부 표면에 공유되지 않은 OH와 H_2O가 드러남	• Fe^{3+}를 중심으로 O^{2-}과 OH^-이 팔면체로 결합 • 꼭짓점과 모서리를 공유하며 형성되는 철팔면체의 이중사슬 구조 • 이중사슬의 일부가 수소결합으로 연결되면서 침모양의 결정 형성	철이 6개의 산소와 결합하여 팔면체를 형성하며, 이들 철팔면체는 모서리와 면을 공유하며 결정 형성
특 징	• 동형치환이 없어 음전하량이 매우 적음 • pH에 따라 순양전하를 가질 수 있음	가장 흔하고 안정한 철 산화물	• Goethite 다음으로 많이 존재하는 철광물 • 토양이 붉은 색을 띠게 함

(2) 비결정형 점토광물

① 결정구조의 발달이 미흡한 규소화합물과 금속의 가수산화물

② 전체적으로는 불규칙하지만, 매우 짧은 범위에서는 일정한 결정구조가 있음(최근 Short-range Order 광물로도 불림)

③ **대표적인 광물** : Immogolite, Allophane 등

구 분	immogolite	allophane
화학식	$Si_2Al_4O_{10} \cdot 5H_2O$	$Si_3Al_4O_{12} \cdot nH_2O$
Al_2O_3/SiO_2	1 (Gibbsite층과 규소사면체층의 1:1 결합)	0.84~2 (알루미늄팔면체층과 규소사면체층의 결합)
구 조	• 지름 2nm 정도의 긴 튜브 모양 (외부 : Gibbsite의 알루미늄팔면체, 내부 : OH이온을 가지는 규소사면체) • 튜브들이 연결되어 묶음으로 나타남 ● : H ● : Si ● : Al ● : O	지름 30~50nm의 구형 입자

특 징	• 비결정형 점토광물 중 결정화 정도가 가장 큼 • 동형치환에 의한 음전하 없음 • pH 의존전하로 다량의 +1가의 양이온 흡착	• 풍화과정 중의 중간산물 • pH 의존 음전하량은 중성 내지 알칼리성 조건에서 150cmol$_c$/kg으로 매우 큼 • 비표면적도 70~300m^2/g으로 큼 • 일반토양에 흔히 존재하는 광물로 제주도 화산회토에 특히 많음 • 양이온 교환능이 큼

참고

Kaolinite와 Immogolite의 비교
- 두 광물 모두 1:1형 광물, 하지만 두 층의 결합이 아래위로 뒤바뀜
- Kaolinite는 Si가 알루미늄팔면체의 O(산소) 하나와 결합하지만, Immogolite는 O(산소) 3개와 결합함

PLUS ONE

제올라이트(Zeolite)
- 규소사면체의 3차원 망상구조로 된 결정형 광물(장석과 같이 규소사면체들이 꼭짓점 산소를 공유함)
- 그리스어원의 '끓는 돌(Zein Lithos)'이라는 뜻 : 가열했을 때 내부에 함유된 물이 증발하기 때문에 붙여진 이름
- 50여 종의 천연 제올라이트가 있음 : 신생대 제3기 지층에서 주로 산출, 저온 · 저압에서 안정한 광물
  - 우리나라에서는 경북 영일과 감포지역에 매장(주로 Clinoptilolite형 Zeolite)
  - 석탄재를 이용해 인공 제올라이트를 합성할 수 있음
- 구조적 특징
  - 고리형태의 단위구조가 연결되어 전체 구조를 형성
  - 많은 미세 공극을 가지고 있음
  - 규소사면체에서 Si 대신 Al의 동형치환으로 매우 큰 양이온교환용량(200~300cmol$_c$/kg)을 가짐
- 제올라이트의 용도
  - 미세 공극의 물리적 흡착력과 큰 양이온교환용량을 활용
  - 토양개량, 수질정화, 오염토양정화, 인공토양, 양액재배용 배지, 유독가스 흡착제, 항균용 필터, 사료첨가제(장내 유독물질 흡착), 흡습제, 기능성 콘크리트첨가제 등

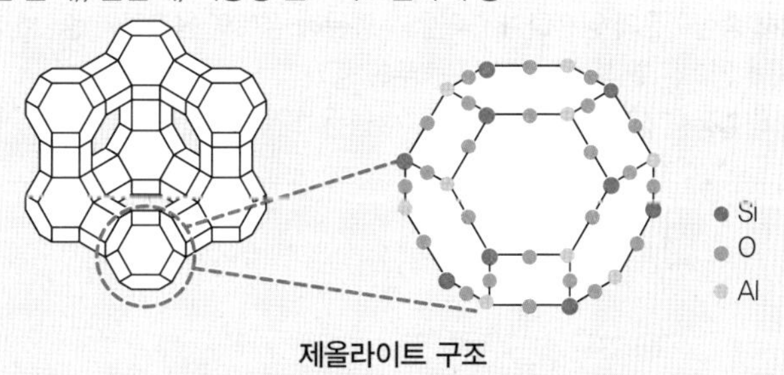

제올라이트 구조

05 점토광물의 특성

(1) 점토광물의 비표면적

① 토양에서 일어나는 대부분의 중요한 반응은 점토광물의 표면에서 일어남

② **비표면적** : 비표면적이 클수록 물리화학적 반응이 활발함

㉠ 일정한 토양 부피 내의 토양 표면적이 클수록 반응이 빨라지고 많아짐

㉡ 단위무게 당 입자의 표면적은 입자의 크기가 작아질수록 크게 증가함

㉢ 점토입자는 매우 작기 때문에 단위무게 당 매우 큰 표면적을 가짐

(2) 점토광물의 표면전하

① 점토광물은 양전하와 음전하를 동시에 가짐

㉠ 일반적으로 순전하량은 음전하 → 보통의 토양은 전기적으로 음전하를 띠게 됨

㉡ 비결정형 광물 또는 심하게 풍화된 금속산화물 비중이 높을 때, 낮은 pH에서 순양전하를 띨 수 있음

② 점토광물의 음전하는 토양의 양이온교환현상과 여러 가지 이온과 화합물의 흡착현상에 영향을 주기 때문에 토양의 화학적 성질에 중요함

③ **점토광물의 표면전하 구분** – pH의 영향을 받는지 여부로 구분

구 분	영구전하	가변전하
구분 기준	pH 변화와 상관없음	pH 의존적임
생성원인	동형치환 : 결정의 격자 내에서 전하의 크기와 상관없이 어떤 이온 대신 크기가 비슷한 다른 이온이 치환되어 들어가는 현상	규산염 층상광물의 양쪽 끝의 절단면과 금속산화물과 수산화물에서 pH에 따른 탈양성자화 또는 양성자화로 생성됨
특 징	동형치환이 많을수록 영구전하량 증가 → 양이온교환용량 증가	• 낮은 pH : 양전하 생성 • 높은 pH : 음전하 생성

참고

• 동형치환 : 보통 규소사면체의 중심이온인 Si^{4+}가 Al^{3+}로 알루미늄팔면체의 중심이온인 Al^{3+}가 Mg^{2+}로 치환됨. 이로 인해 중심이온의 양전하가 줄어들기 때문에 점토의 음전하가 증가하게 됨

• 점토를 분쇄하면 양이온교환용량 증가 → 변두리 증가

• 금속산화물과 비결정형 점토광물은 영구전하가 없는 대신 가변전하를 가짐

④ 주요 점토광물의 비표면적과 양이온교환용량(CEC)

구 분		비표면적(m^2/g)	양이온교환용량($cmol_c/kg$)
Kaolinite	1:1형	7~30	2~15
Montmorillonite	2:1형	600~800	80~150
Dioctahedral Vermiculite	2:1형	50~800	10~150
Trioctahedral Vermiculite	2:1형	600~800	100~200
Chlorite	2:1:1형	70~150	10~40
Allophane	무정형	100~800	100~800

㉠ 점토의 비표면적이 클수록 양이온교환용량이 큼

㉡ 동형치환이 많은 점토일수록 양이온교환용량이 큼

⑤ pH에 따른 전하량 변화

㉠ pH에 따른 토양 순전하량의 변화(pH 증가할수록 양전하량 감소, 음전하량 증가)

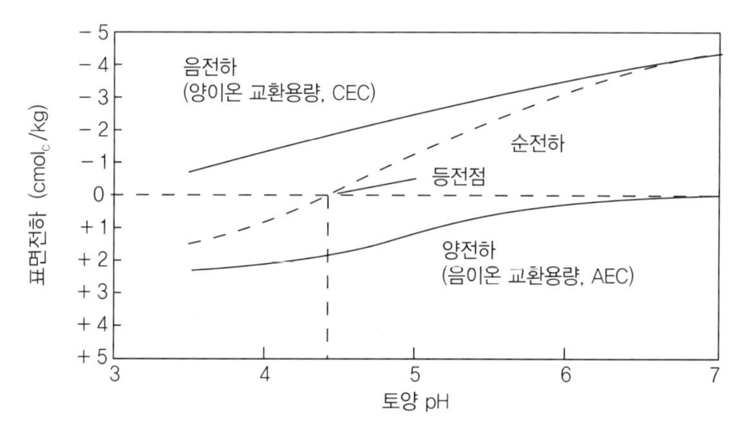

㉡ pH에 따른 영구전하량과 pH 의존전하량 변화

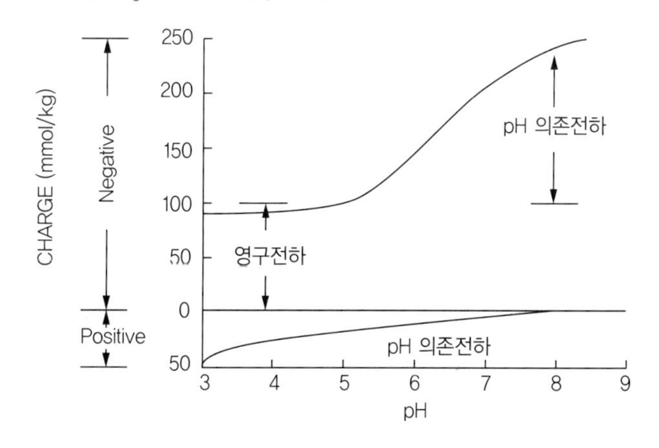

⑥ pH 의존적인 전하의 생성 기작

㉠ 일반적인 점토광물의 결정 절단면에서의 pH 의존전하의 생성

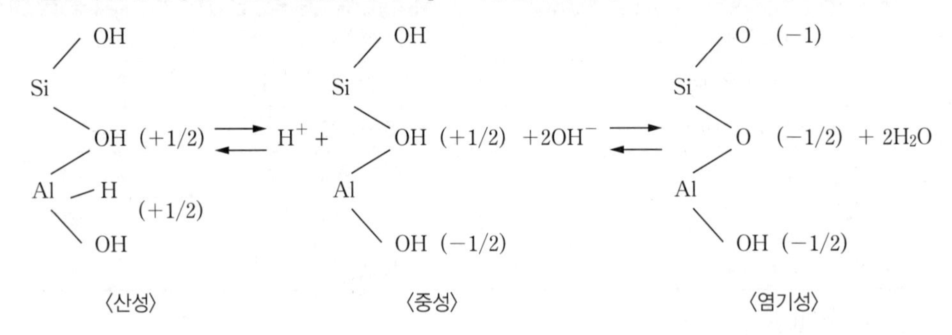

㉡ 철산화물 표면에서의 pH 의존전하의 생성

Fe(OH_2)(OH_2) | +	A^-	$+OH^+$ ⇄ $+H^+$	Fe(OH_2)(OH) | 0	$+OH^-$ ⇄ $+H^+$	Fe(OH)(OH) | −	C^+

06 점토광물의 생성과 변화

(1) 점토광물의 풍화

① 풍화용액의 이온조성의 변화

㉠ Ca, Mg, Na, K 등의 이온 농도의 감소

㉡ 가용성 Si 농도 감소

㉢ 금속산화물 또는 수산화물이 최종적으로 남게 됨

② 규산염광물의 풍화과정

㉠ 매우 긴 순환과정

㉡ 처음에는 2:1형 층상 광물이 주로 생성됨

㉢ Mg이 풍부한 환경에서는 1차 광물의 풍화과정에서 Montmorillonite가 주로 생성

㉣ 운모류 또는 Illite의 층간 K이 제거되면서 Vermiculite 생성

③ 철산화물의 생성

㉠ 초기에 철고토(Ferromagnesian)로부터 직접 생성될 수 있음

㉡ 매우 안정하여 무한히 존재할 수 있음

④ 일반적인 풍화순서

㉠ 2:1형 광물 → 1:1형 광물(Kaolinte) → 금속산화물(Gibbsite와 같은 알루미늄 가수산화물)

㉡ 궁극적으로 남는 것은 Al 또는 Fe의 산화물들

㉢ 점토광물의 풍화 과정

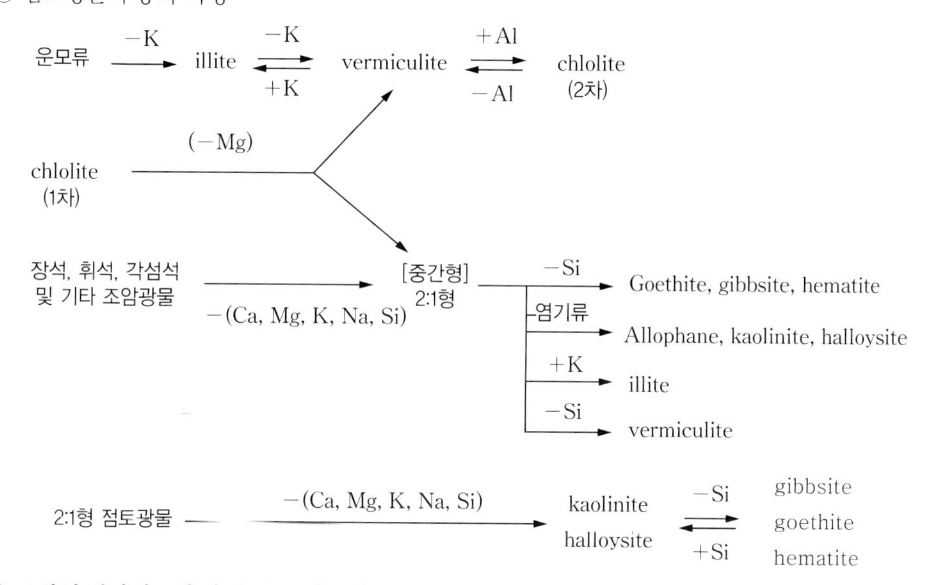

㉣ 토양의 발달정도에 따른 주요 점토광물

토양의 발달정도	주요 점토광물
1	Gypsum(석고), Sulfides(황화물), 가용성 염(Soluble Salts)
2	Calcite, Dolomite, Apatite
3	Olivine, Amphiboles, Pyroxenes
4	Micas, Chlorite
5	Feldspars
6	Quartz
7	Muscvite
8	Vermiculite, Hydrous Mica
9	Montmorillonite
10	Kaolinate, Halloysite
11	Gibbsite, Allophane
12	Goethite, Limonite, Hematite
13	Titanium Oxides

(2) 기후환경과 점토광물의 생성

① 점토광물의 풍화 생성 : 시간과 속도의 함수

㉠ 풍화속도 : 광물의 종류, 입자의 크기, 온도, 강수량에 크게 영향을 받음

㉡ 시간 : 풍화작용을 받은 시간에 비례

② 기후환경과 점토광물

㉠ 고온다습한 열대지역 : 금속산화물 또는 금속수산화물 점토 비중이 높음

㉡ 한랭건조한 지역 : 2:1형의 광물이 많음(모재(예 Shale 퇴적암)에 따라 1:1형이 많을 수 있음)

㉢ 온난다습한 지역 : Kaolinite 또는 금속산화물 점토광물이 많음(우리나라 해당)

07 점토광물의 분석 및 동정

① 분석법 : 현미경 이용법, X선회절분석법, 시차열분석법, 적외선분광법, 화학분석 등

② X선회절분석법 : 층상의 규산염광물 분석에 유용

㉠ 단파장의 X-선을 광물에 조사

㉡ 회절된 X-선과 회절각의 관계를 얻어냄

㉢ Bragg의 법칙을 이용하여 결정 내 회절면 사이의 간격을 계산함

㉣ 점토광물별 간격 값과 비교하여 동정함

PLUS ONE

X-선회절분석법의 원리와 Bragg의 법칙

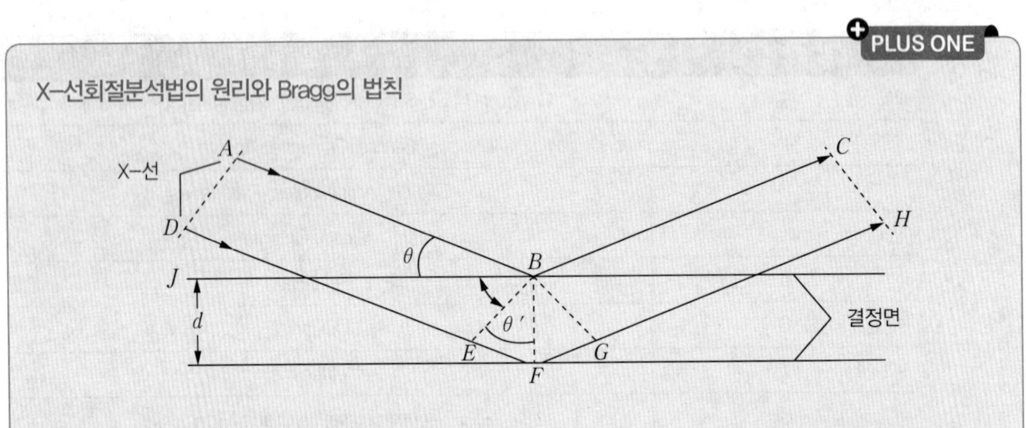

$n\lambda = 2d\sin\theta$

n : 정수, λ : X-선의 파장, d : 결정의 층 또는 원소배열면의 간격, θ : X-선 회절을 일으킬 때 결정의 특정각

식에 의해 d의 최소값은 $\frac{\lambda}{2}$이므로 측정할 수 있는 가장 작은 간격이 $\frac{\lambda}{2}$가 됨

08 토양유기교질물

(1) 부식(Humus)

① 토양유기물 중 교질(Colloid)의 특성을 가진 비결정질의 암갈색 물질
② 보통 점토입자에 결합된 상태로 존재
③ 점토광물보다 비표면적과 흡착능이 큼(비표면적 800~900m^2/g, 음전하 150~300$cmol_c$/kg)
④ pH 의존전하를 가지며, 휴믹산과 풀빅산의 작용이 큼

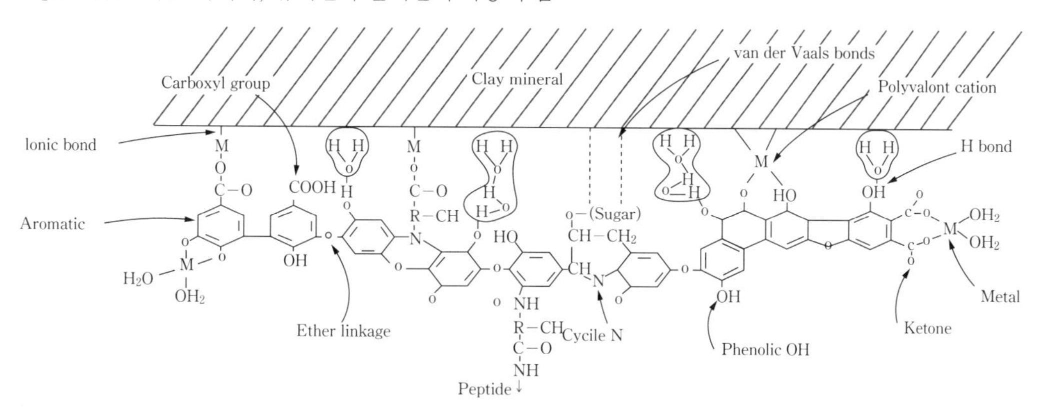

(2) 부식의 전기적 성질

① 부식의 등전점(순전하 = 0일 때의 pH) : pH 3 정도
　㉠ pH 3 이상일 때, 부식은 순 음전하를 가짐
　㉡ pH 3 이하일 때, 부식은 순 양전하를 가짐
② pH가 높을수록 순 음전하가 증가하기 때문에 교질의 양이온교환용량도 증가함
③ 부식이 가지는 음전하의 약 55%는 카르복실(Carboxyl)기의 해리에 의한 것

Carboxyl기의 해리 반응 : R–COOH = R–COO^- + H^+

④ pH가 증가함에 따라 유기물 부분이 가지는 양이온교환용량이 점토에 비해 크게 증가함
⑤ 토양의 pH 완충력을 높임
　㉠ Humic Acid의 약산의 특성으로 넓은 pH 범위에서 매우 큰 완충작용이 일어남
　㉡ 대부분의 Carboxyl기는 pH 6 이하(제 I 영역)에서 해리되며 완충작용을 함
　㉢ pH 6 이상(제 II 영역)에서는 약산성의 Carboxyl기와 다른 약산성의 작용기들이 해리됨
　㉣ pH 8 이상(제 III 영역)에서는 Phenolic OH와 그 밖의 매우 약한 산성기들이 해리됨

09 교질의 전기이중층

(1) 전기이중층

① 전기이중층 : 음전하를 띤 토양교질입자에 양전하를 띤 이온들이 전기적 인력으로 끌리면서 형성된 음전하층과 양전하층의 이중층

② 양이온교환과 교질입자의 응집과 분산에 영향

(2) 이중층모델

구 분	Helmholtz 이중층모델	Gouy–Chapman 확산전기이중층모델	Stern의 전기이중층모델
내 용	건조한 토양에서 음전하의 교질 표면에 흡착된 양이온들 사이에 전기적 평형이 이루어지고 이때 이중층이 형성됨	• 음전하를 띤 교질 표면에 가까울수록 양이온 농도는 늘어나고 음이온 농도는 멀어질수록 증가하는 확산층이 형성됨 • 확산전기이중층 내부의 양이온을 교환성 양이온이라고 함 • 교질의 전하가 영향을 끼치지 못하는 전위값 0을 제타퍼텐셜이라 함	• 전기적 이중층을 특이적 흡착층인 Stern층과 정전기적 이온층인 확산층으로 구분함 • Stern층과 확산층의 경계면 : Outer Helmholtz Plane(OHP) • Stern층의 양이온들이 교질의 표면전하를 정량적으로 감소시키고 나머지 교질전하에 의하여 확산층 형성
	 토양교질	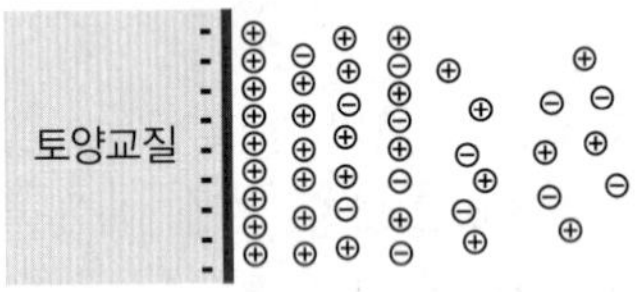 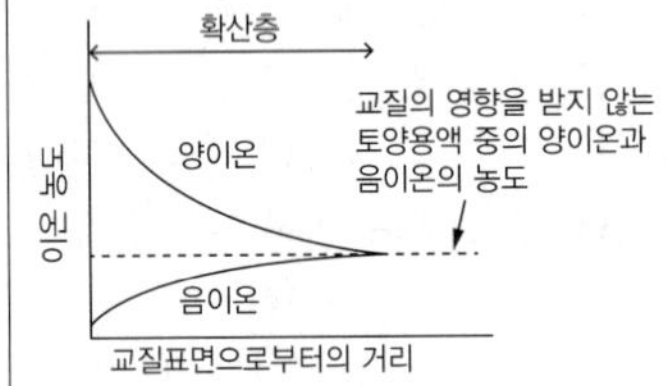 토양교질 확산층 양이온 음이온 이온 농도 교질표면으로부터의 거리 교질의 영향을 받지 않는 토양용액 중의 양이온과 음이온의 농도	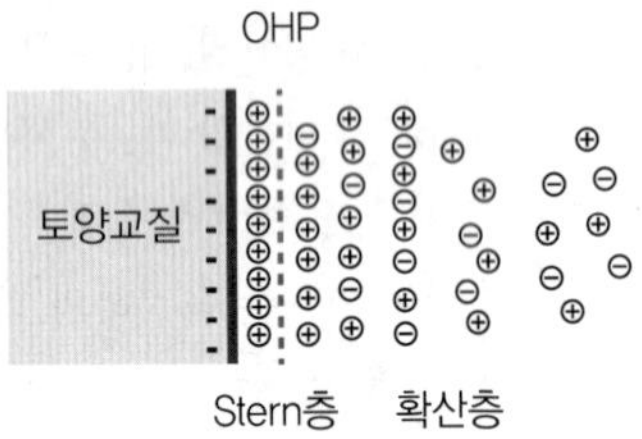 OHP 토양교질 Stern층 확산층
한 계	용액에서의 이온 분포를 나타내지 못함	이온의 수화정도에 따라 달라지는 흡착과 반발 특성을 반영하지 못함	

(3) 확산전기이중층의 두께

① 확산이중층의 두께 증가 조건
  ㉠ 교질 표면의 음전하가 많고 밀도가 클수록
  ㉡ 용액 중의 양이온의 농도가 낮을수록
  ㉢ 이온의 크기와 수화도가 클수록

② 확산이중층의 두께 감소 조건
  ㉠ 교질 표면의 음전하가 적고 밀도가 작을수록
  ㉡ 용액 중의 양이온의 농도가 높을수록
  ㉢ 이온의 크기와 수화도가 작을수록

③ Ca^{2+}, Mg^{2+}, Al^{3+} : 교질에 강하게 흡착되기 때문에 이온농도가 낮아도 확산층이 압착됨

④ Na^{+}, K^{+}, NH_4^{+} : 교질에 약하게 흡착되기 때문에 이온농도가 아주 높아야 압착됨

(4) 교질물의 응집과 분산

① 양이온확산층은 교질입자들 사이의 응집력과 반발력에 직접 관여하여 교질의 응집과 분산현상에 영향을 줌

② 응집 : 토양 입단형성의 기본이 되는 현상
  ㉠ 토양용액 중 총이온농도가 높을 때 잘 일어남
  ㉡ Ca^{2+}, Mg^{2+}, Al^{3+} : 강하게 흡착되기 때문에 확산층이 얇아 응집을 촉진
  ㉢ Na^{+}, K^{+}, NH_4^{+} : 수화가 잘 되는 1가 이온이기 때문에 확산층이 두꺼워 분산이 잘 일어남

CHAPTER 02

토양의 이온교환

01 양이온교환

(1) 기본원리

① 토양교질의 표면전하가 음전하를 띠기 때문에 일어나는 현상

② 화학량론적이며 가역적인 반응

㉠ 화학량론적 : Ca은 2가 양이온이기 때문에 Ca 이온 하나는 1가 양이온인 K 두 개와 교환됨

㉡ 가역적 : 토양교질에 흡착된 양이온은 토양용액 중의 다른 양이온과 자리바꿈을 할 수 있음

③ 토양의 교환성 양이온

㉠ 주요 교환성 양이온 : H^+, Ca^{2+}, Mg^{2+}, K^+, Na^+

㉡ 기타 교환성 양이온 : Al^{3+}, NH_4^+, Fe^{3+}, Mn^{2+}

㉢ 흡착된 양이온의 비율은 비료의 시용, 광물의 용해, 식물의 흡수이용, 토양용액의 양이온 농도 변화 등 환경 변화에 의해 끊임없이 변함

④ 흡착세기 : $Na^+ < K^+ = NH_4^+ < Mg^{2+} = Ca^{2+} < Al(OH)_2^+ < H^+$

㉠ 양이온의 전하가 클수록

㉡ 양이온의 수화반지름이 작을수록

㉢ 교환체의 음전하가 증가할수록 흡착세기가 커짐

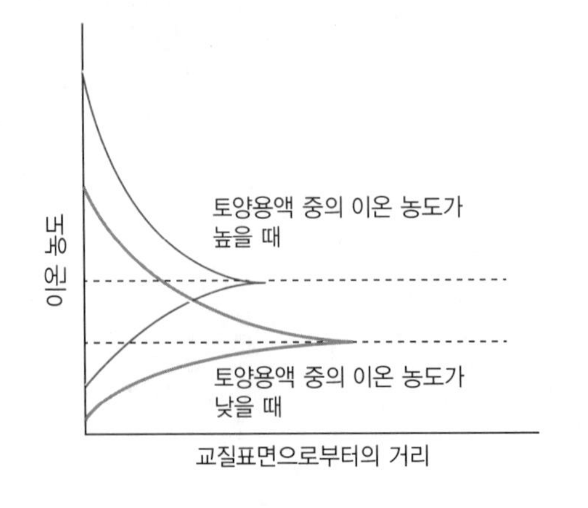

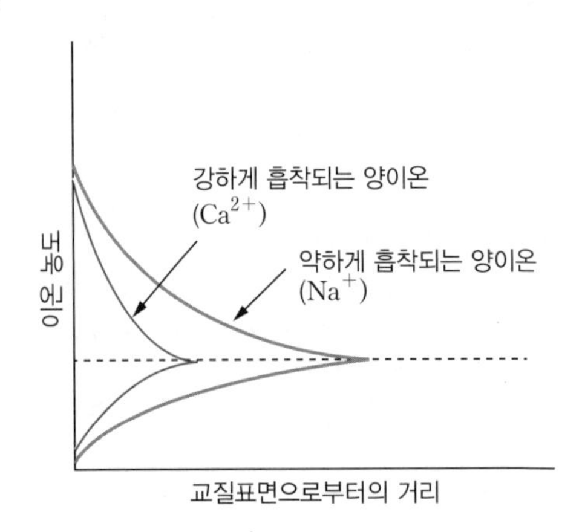

(2) 양이온교환의 중요성

① 식물영양소(Ca^{2+}, Mg^{2+}, K^{+}, NH_4^{+} 등)의 흡착, 저장

② 중금속 오염물질(Cd^{2+}, Zn^{2+}, Pb^{2+}, Ni^{2+} 등)의 확산 방지

③ 산성토양 중화를 위한 석회요구량을 $Al(OH)_2^{+}$와 H^{+}의 양을 통해 계산

> **참고**
>
> 산성토양의 중화 원리 : 교환성 H^{+}와 $Al(OH)_2^{+}$이 Ca^{2+}와 교환되어 pH가 교정됨

④ Na^{+}가 많아 토양입자들이 분산되어 물리성이 좋지 않은 토양은 Ca^{2+}을 시용하여 교정할 수 있음

⑤ 양이온교환반응과 농업생산성과의 관계

㉠ 치환성 K, Ca, Mg 등은 식물영양소의 주요 공급원

㉡ 산성토양의 pH를 높이기 위한 석회요구량은 양이온교환용량이 클수록 많아짐

㉢ 흡착된 양이온들(Ca^{2+}, Mg^{2+}, K^{+}, NH_4^{+} 등)은 쉽게 용탈되지 않음

㉣ 비료로 시용한 양이온(K^{+}, NH_4^{+} 등)의 토양에서의 이동성이 급격하게 감소함

㉤ 중금속(Cd^{2+}, Zn^{2+}, Pb^{2+}, Ni^{2+} 등)을 흡착하여 지하수 및 지표수로의 이동을 억제함 → 오염확산 방지

(3) 양이온교환용량

① 건조한 토양 1kg이 교환할 수 있는 양이온의 총량

㉠ Cation Exchange Capacity, CEC

㉡ (현재단위) $cmol_c/kg$ = (과거단위) meq/100g

> **PLUS ONE**
>
> **양이온교환용량의 단위**
>
> • 교환되는 양이온의 총량은 교질의 음전하에 대응되는 양이온의 양전하량에 따라 달라짐(예를 들어, 10개의 음전하를 대응하기 위해 2가 양이온인 Ca^{2+}는 5개가 필요한 반면, 1가 양이온인 K^{+}는 10개가 필요함)
>
> • 몰(Mole)은 이온이나 분자 등의 개수를 나타내는 것으로 이들의 질량을 나타내는 것이 아님에 유의해야 함
>
> • 몰농도(M)는 용액의 단위부피당 이온이나 분자 등의 몰수를 나타내는 농도임
>
> • 노르말농도(N)는 용액의 단위부피당 이온이 가진 전하량인 당량(eq)을 나타내는 농도임
>
> – 1몰의 Ca^{2+}은 2몰의 양전하량을 갖게 되므로 2당량에 해당함(1M = 2eq/L = 2N)
>
> – 1몰의 K^{+}은 같은 1몰의 양전하량을 갖게 되므로 1당량에 해당함(1M = 1eq/L = 1N)
>
> $1mol_c = 100cmol_c$(아래첨자 c는 전하를 나타냄)

연습문제

토양 10g을 가지고 양이온교환용량 분석실험을 하였다. 토양의 교환성 양이온을 모두 떼어내는데 소요된 암모늄이온(NH_4^+)을 황산으로 적정했으며, 이때 소요된 0.5N H_2SO_4용액은 10ml였다. 이 토양의 CEC는?

풀이 0.5N = 0.5eq/L
CEC = 0.5eq/L ×0.01L(소요된 황산량) / kg ×1kg / 0.01kg(토양시료량) ×100cmol$_c$/eq
= 50cmol$_c$/kg

② 점토함량, 점토광물의 종류, 유기물함량에 따라 달라짐

㉠ 점토함량과 유기물함량이 많을수록 커짐

토 성	CEC
사 토	1~5
미세사양토	5~10
양토 및 미사질 양토	5~15
식양토	15~30
식 토	30 이상

㉡ 부식 > 2:1형(Vermiculite > Smectite > Illite) > 1:1형(Kaolinite) > 금속산화물

토양콜로이드	CEC
부 식	100~300
버미큘라이트	80~150
스멕타이트(몬트몰리오나이트)	60~100
함수 운모(Hydrous Mica)	25~40
카올리나이트	3~15
금속산화물(Sesquioxide)	0~3

③ 우리나라 토양 : 낮은 유기물 함량과 주요 점토는 Kaolinite → 10cmol$_c$/kg 정도로 낮음

④ pH와의 관계 : pH 증가 → pH 의존성 음전하 증가 → CEC 증가

(4) 염기포화도(Base Saturation Percentage, BSP)

① 교환성 양이온의 총량 또는 양이온교환용량에 대한 교환성 염기의 양

㉠ 교환성 염기 : Ca, Mg, K, Na 등의 이온은 토양을 알칼리성으로 만드는 양이온

㉡ 토양을 산성화시키는 양이온 : H와 Al 이온

② **공식** : 염기포화도(%) = 교환성 염기의 총량 / 양이온교환용량 × 100
③ 우리나라 토양은 보통 50% 내외
④ 산성토양에서 낮고, 중성 및 알칼리토양에서 높음 → 토양이 산성화된다는 것은 수소와 알루미늄 이온의 농도가 증가한다는 것을 의미

02 음이온교환

(1) 기본원리

① 양이온교환과 유사하며, 화학양론적임
② **주요 음이온** : SO_4^{2-}, Cl^-, NO_3^-, HPO_4^{2-}, $H_2PO_4^-$
③ 토양은 일반적으로 음전하가 우세하지만, Fe 또는 Al의 산화물 또는 수산화물과 점토광물의 절단면에 양성자와 결합한 양하전 부위가 음이온교환체가 됨
㉠ 낮은 pH에서 음이온 교환기를 갖게 됨
㉡ 유기물도 낮은 pH에서 양성자화되어 양으로 하전됨
④ **흡착순위** : 질산 < 염소 < 황산 < 몰리브덴산 < 규산 < 인산

(2) 음이온교환용량

① 건조한 토양 1kg이 교환할 수 있는 음이온의 총량($cmol_c/kg$)
② Anion Exchange Capacity, AEC
③ 2:1형 광물에서는 무시할 정도로 작음
④ Allophane, Fe 또는 Al산화물이 풍부한 토양에서 커짐
⑤ **pH와의 관계** : pH 감소 → pH 의존성 양전하 증가 → AEC 증가

(3) 음이온의 토양흡착

① **배위자교환(Ligand Exchange)** : $-OH$기와 $-OH_2^+$기가 다른 음이온과 교환되는 것

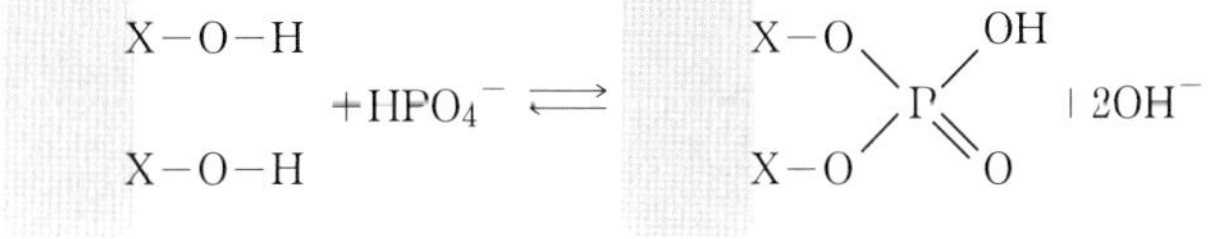

X－O－H
X－O－H + HPO_4^- ⇌ (X－O)(X－O)P(OH)(=O) + $2OH^-$

㉠ 특이적 흡착 : F^-, $H_2PO_4^-$, HPO_4^{2-} 등 반응성이 강한 음이온의 비가역적 배위결합, 다른 음이온과 쉽게 교환되거나 방출되지 않음

㉡ 비특이적 흡착 : Cl^-, NO_3^-, ClO_4^- 등이 정전기적 인력에 의하여 흡착된 것, 다른 음이온과 교환됨

참고

- 음이온특이흡착은 인산 고정 현상을 일으켜 유효인산을 무효화시키기 때문에 토양 및 비료학적 측면에서 가장 중요함
- 인산은 다른 음이온과 달리 양하전 토양은 물론 음하전 토양에서도 강하게 흡착되어 고정되는 성질을 가짐
- 강산성 또는 약산성 토양에서 Fe 또는 Al과 강하게 결합하여 불용화됨

② 표면복합체(Surface Complex) 형성

$$X-O-H + H^+ \rightleftharpoons X-O\begin{matrix} H^+ \\ H \end{matrix} + A^- \rightleftharpoons X-O\begin{matrix} H^+A^- \\ H \end{matrix}$$

㉠ 낮은 pH에서 금속원자와 결합한 OH에 H^+가 붙어 양전하를 띠게 됨

㉡ 정전기적 인력에 의해 음이온 흡착이 일어남

CHAPTER

03 토양의 이온흡착

01 이온흡착

(1) 흡착(Adsorption)

① 흡착 : 이온 등의 용질이 용액으로부터 고형 입자의 표면으로 이동하여 집적되는 현상

㉠ 물리 또는 화학적 결합을 통해 일어남

㉡ 화학적 현상에 의한 흡착을 화학흡착(Chemisorption)이라 함

② 토양의 이온흡착

㉠ 토양 표면의 불균형 또는 잉여의 힘이 토양입자와 접촉하고 있는 기체상이나 토양용액으로부터 다른 종류의 이온들을 토양입자 표면으로 끌어들임

㉡ 토양입자의 표면에 흡착된 물질들의 농도는 토양용액이나 기체상보다 커짐

㉢ 토양입자(고체) : 흡착제(Absorbent), 용질과 기체 : 피흡착제(흡착질, Adsorbate)

③ 이온흡착반응

㉠ 부식의 작용기에서 일어나는 착화합물 형성

㉡ 가변전하를 가지는 광물 표면에서의 내부계면 복합체 형성, 리간드 교환, 공유결합, 수소결합 등

㉢ 이온흡착력은 물리적 흡착에 비해 훨씬 강함

참고

이온흡착은 양이온교환현상과 다름

- 식물 생육에 필요한 미량원소의 토양 중 동태는 이온흡착과 밀접한 관계
- 중금속의 흡착용량은 일반적으로 양이온교환용량에 의존

④ 토양 및 이온의 수화반지름 또는 이온반지름에 의해 이온흡착의 선택성에 차이가 생김

⑤ 흡착제와 비흡착제 사이에 작용하는 힘 : 약한 비극성의 Van Der Waals 힘으로부터 강한 화학적 결합력까지 다르게 작용함

02 등온흡착

(1) 등온흡착(Isothermal Adsorption)

① 흡착제의 무게 당 흡착된 물질의 양에 영향을 주는 요인
  ㉠ 고체의 비표면적
  ㉡ 용액에서 평형상태에 있는 용질의 농도(기체상일 경우 압력)
  ㉢ 온 도
  ㉣ 내포되어 있는 분자들의 성질

② 등온흡착 : 일정한 온도에서 일어나는 흡착

(2) 등온흡착식(Isothermal Adsorption Equation)

① 일정한 온도에서 흡착제 단위질량당 피흡착제의 질량(X)에 대한 용질의 평형농도(C_e)의 관계를 나타낸 식

② Freundlich 등온흡착식
  ㉠ $X = kC_e^{1/n}$(k와 n : 물리적 의미가 없는 경험적 상수, $\log X$와 $\log C_e$의 도표에서 계산)
  ㉡ 흡착질의 농도(압력)가 낮거나 높은 곳에서 잘 맞지 않음
  ㉢ 로그(대수) 변환식

$\log X = \frac{1}{n}\log C_e + \log k$	• k값 : 흡착제가 피흡착제를 흡착할 수 있는 잠재적 에너지 • $1/n$: 기울기, n의 값이 클수록 피흡착제가 흡착제에 잘 흡수

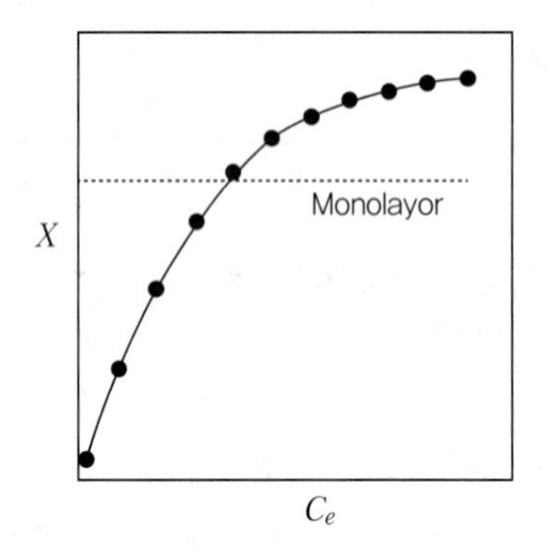

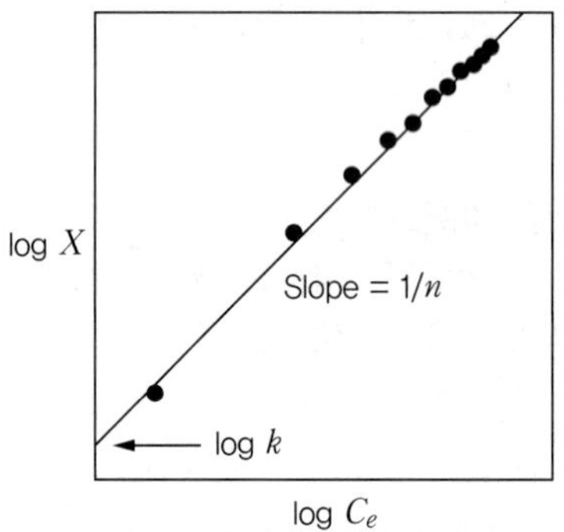

③ Langmuir 등온흡착식
  ㉠ 단일 흡착층에 대한 기체분자의 흡착을 나타내기 위해 1918년 Irving Langmuir에 의해 고안된 식
  ㉡ 1956년 토양에 대한 인산의 흡착을 묘사하는데 적용된 이후 많은 분야에 적용되고 있음
  ㉢ 낮은 흡착농도에 적합

㉣ Langmuir 등온흡착식의 네 가지 가정

가정1	흡착은 흡착지점이 고정된 단일 흡착층에서 일어나고, 흡착지점은 모두 동일한 성질을 가지고 있으며, 하나의 분자만 흡착할 수 있음
가정2	흡착은 가역적임
가정3	표면에 흡착된 분자는 옆으로 이동하지 않음
가정4	흡착에너지는 모든 지점에서 동일하고, 표면이 균일하며, 흡착된 물질 간의 상호작용이 없음

㉤ 계산식

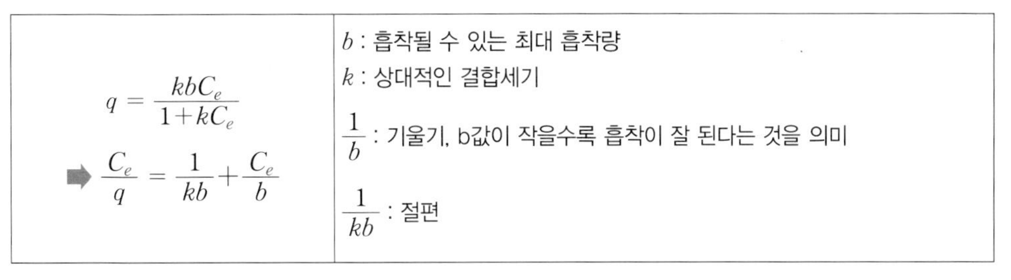

㉥ 최대흡착량(Xmax)은 토양입자의 흡착지점을 의미 → 토양 중 이온의 흡착특성을 파악하는데 매우 중요한 변수

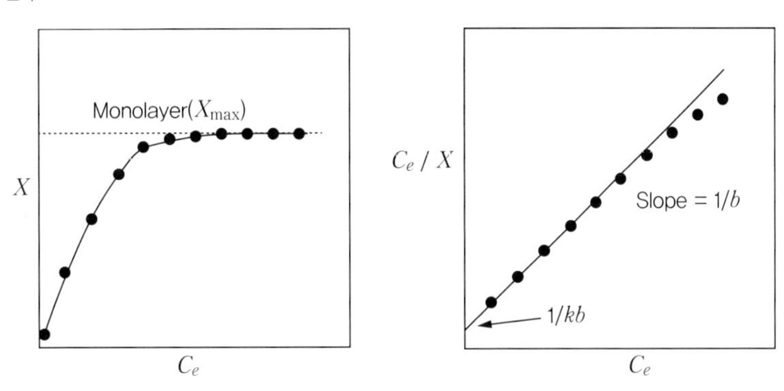

CHAPTER 04

토양반응

01 토양반응의 정의 및 중요성

(1) 토양반응의 정의

① 토양의 산성 또는 알칼리성의 정도

② pH로 나타냄, pH = $-\log[H^+]$

㉠ 수소이온 농도가 높아지면 pH 감소, 낮아지면 증가

㉡ pH 7이 중성, 7보다 작아질수록 산성이, 커지면 알칼리성이 강해짐

(2) 토양반응의 중요성

① 토양의 중요한 화학적 성질

② 토양 무기성분의 용해도에 영향(pH의 변화에 따라 무기성분의 용해도 변화)

㉠ pH 4~5 강산성 토양 : Al, Mn 용해도 증가로 식물에 독성 야기

㉡ 산성토양에서 콩과식물 공생균인 뿌리혹박테리아 활성 저하

㉢ 질산화세균 활성 저하(산림토양에서 무기태 질소 중 NH_4^+ 비중이 높은 이유)

③ pH 6 이하가 되면 대부분의 식물영양소의 유효도 감소

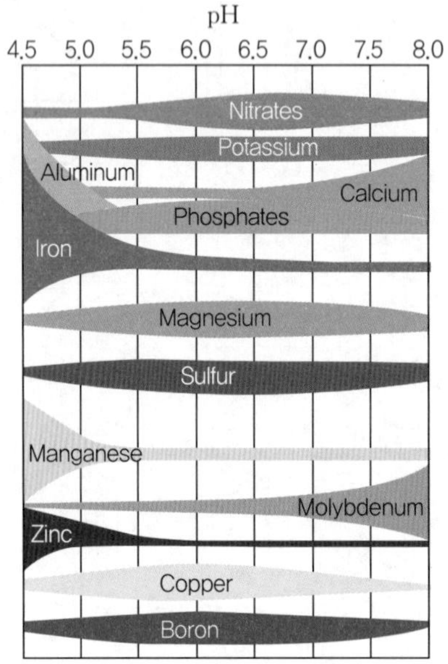

02 토양반응의 요소와 완충능력

(1) 수소이온의 생성

① 토양산성에 가장 큰 영향을 끼치는 양이온 : 토양에 흡착되어 있는 H와 Al

② 토양산성의 원인

㉠ H^+ 농도의 증가

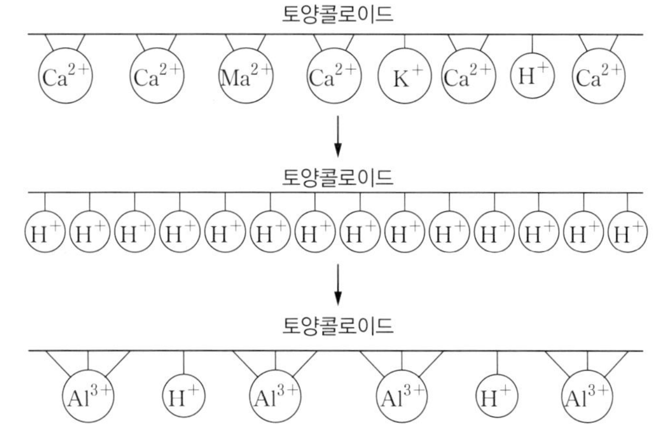

산성토양의 본체

㉡ Al복합체의 형성

$Al^{3+} + H_2O \rightarrow Al(OH)^{2+} + H^+$

$Al(OH)^{2+} + H_2O \rightarrow Al(OH)_2^{\ +} + H^+$

$Al(OH)_2^{\ +} + H_2O \rightarrow Al(OH)_3^{\ 0} + H^+$

$Al(OH)_3^{\ 0} + H_2O \rightarrow Al(OH)_4^{\ -} + H^+$

※ 교환성 Al 이온은 pH 5에서부터 토양용액에 방출됨

(2) 토양의 완충능력

① 완충용량(Buffer Capacity) : 외부로부터 어떤 물질이 토양에 가해졌을 때 그 영향을 최소화할 수 있는 능력

② 토양이 pH에 대한 완충능력을 가질 수 있는 이유

㉠ 탄산염, 중탄산염 및 인산염과 같은 약산계 보유

㉡ 섬토와 교질복합체에 산성기를 보유

㉢ 토양교질물은 해리된 H^+과 평형을 이루고 있음

③ 토양의 pH 완충 기작

㉠ H^+이 제거될 때, 제거된 만큼 교질물로부터 보충됨

㉡ H^+이 첨가되면, 교질물의 염기가 H^+과 치환되어 H-교질이 됨

→ 결국 토양용액의 pH는 거의 변하지 않음

④ 양이온교환용량이 클수록 완충용량이 커짐
　㉠ 점토나 부식물이 많아 양이온교환용량이 큰 토양일수록 pH를 개량하려면 많은 개량제(예 석회)가 필요함
　㉡ 토양의 완충능력이 작아 pH가 크게 변동한다면 양분의 유효도가 크게 변화하게 되는 등 식물과 미생물의 생육에 지장을 주게 됨

03 토양의 산도와 산성화 과정

(1) 토양의 산도

① 활산도(Active Acidity) : 토양용액에 해리되어 있는 H와 Al이온에 의한 산도
　㉠ 토양 전체 산도로 보면 매우 적은 양임 – 전체 산도의 1/1,000~1/100,000
　㉡ 식물의 뿌리나 미생물 활동의 중요한 토양용액 환경을 반영하기 때문에 중요함

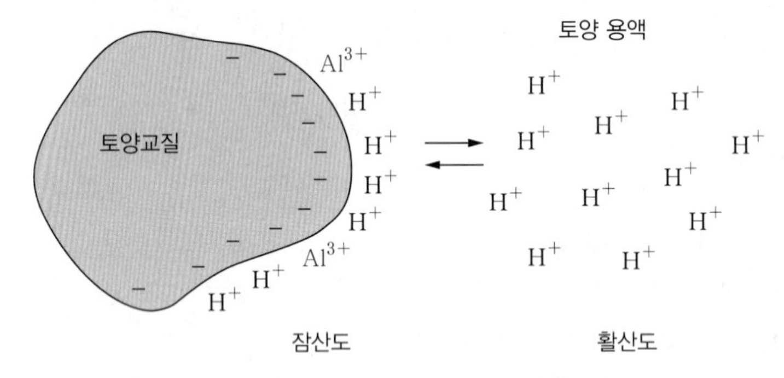

② 잠산도(Potential Acidity) : 토양입자에 흡착되어 있는 교환성 수소와 알루미늄에 의한 산도
　㉠ 교환성 산도(Exchangeable Acidity) : 완충성이 없는 염용액(KCl, NaCl)에 의하여 용출되는 산도

$$[\text{토양교질}]\begin{matrix}Al^{3+}\\H^+\end{matrix} + 4KCl\ (\text{토양용액}) \rightleftarrows [\text{토양교질}]\begin{matrix}K^+\\K^+\end{matrix} + AlCl_3 + HCl\ (\text{토양용액})$$

　㉡ 잔류산도(Residual Acidity) : 비완충성 염용액으로 침출되지 않지만, 석회물질 또는 특정 pH(일반적으로 7.0 또는 8.0)의 완충용액으로 중화되는 산도

$$[\text{토양교질}]\begin{matrix}Al^{3+}\\H^+\end{matrix} + 2Ca(OH)_2 \rightleftarrows [\text{토양교질}]\begin{matrix}Ca^{2+}\\Ca^{2+}\end{matrix} + Al(OH)_3 + H_2O$$

Bound H, Al (비교환성)　　　　교환성 Ca^{2+}

(2) 토양산성화 과정 = H^+ 이온의 생성과정

산성화(H^+이온 생성) 과정	알칼리화(H^+이온 소비) 과정
• 이산화탄소로부터 탄산 형성 • 산의 해리 • $RCOOH \rightarrow RCOO^- + H^+$ • N, S와 Fe 화합물의 산화 • 대기 중의 H_2SO_4와 HNO_3의 침적 • 식물의 양이온 흡수 • 유기산의 집적(예 풀브산) • 양이온의 침전 • $Al^{3+} + 3H_2O \rightarrow 3H^+ + Al(OH)_3^0$ • $SiO_2 + 2Al(OH)_3 + Ca^{2+} \rightarrow CaAl_2SiO_6 + 2H_2O + 2H^+$ • pH 의존 전하의 탈양성자화	• 탄산염과 중산탄염의 유입 • 음이온의 양성자화 • $RCOO^- + H^+ \rightarrow RCOOH$ • N, S와 Fe 화합물의 환원 • 대기 중 Ca, Mg의 침적 • 식물에 의한 음이온 흡수 • 음이온의 특이적 흡착(특히 SO_4^{2-}) • 광물로부터 양이온의 풍화 • $3H^+ + Al(OH)_3^0 \rightarrow Al^{3+} + 3H_2O$ • $CaAl_2SiO_6 + 2H_2O + 2H^+ \rightarrow SiO_2 + 2Al(OH)_3 + Ca^{2+}$ • pH 의존 전하의 양성자화

(3) 농경지 토양의 산성화에 의한 피해

① 직접적인 피해
- ㉠ 뿌리의 단백질 응고
- ㉡ 세포막의 투과성 저하
- ㉢ 효소활성 저해
- ㉣ 양분흡수 저해

② 간접적인 피해
- ㉠ 독성화합물의 용해도 증가
- ㉡ 인산 고정
- ㉢ 영양소 불균형

③ 토양미생물 활성 저하 및 토양의 물리화학성 특성 변화에 따른 피해

04 산성토양의 중화

(1) 석회요구량(Lime Requirement)

① 정의 : 토양의 pH를 일정 수준으로 올리는데 필요한 석회물질의 양을 $CaCO_3$로 환산하여 나타낸 값

② 석회물질

㉠ 종 류

산화물 형태		수산화물 형태		탄산염 형태	
CaO	생석회	$Ca(OH)_2$	소석회	$CaCO_3$	탄산석회
MgO	고 토	$Mg(OH)_2$	수산화고토	$MgCO_3$	탄산고토
				$CaMg(CO_3)_2$	석회고토

㉡ 석회물질이 이산화탄소와 물과 반응 → 중탄산염[$Ca(HCO_3)_2$, $Mg(HCO_3)_2$] 형성 → OH^- 방출

㉢ 석회물질이 토양교질에 결합되어 있는 H 또는 Al과 직접 반응 → $Al(OH)_3$는 난용성 물질로 침전되고, CO_2는 기체로 대기 중으로 방출 → 반응이 오른쪽으로 진행 → 염기포화도 상승으로 토양 pH 상승

$$\boxed{}\begin{matrix}H^+\\Al^{3+}\end{matrix} + 2Ca(OH)_2 \rightarrow \boxed{}\begin{matrix}Ca^{2+}\\Ca^{2+}\end{matrix} + Al(OH)_3\downarrow + H_2O$$

$$\boxed{}\begin{matrix}H^+\\Al^{3+}\end{matrix} + 2Ca(HCO_3)_2 \rightarrow \boxed{}\begin{matrix}Ca^{2+}\\Ca^{2+}\end{matrix} + Al(OH)_3\downarrow + H_2O + 4CO_2\uparrow$$

$$\boxed{}\begin{matrix}H^+\\Al^{3+}\end{matrix} + 2CaCO_3 + H_2O \rightarrow \boxed{}\begin{matrix}Ca^{2+}\\Ca^{2+}\end{matrix} + Al(OH)_3\downarrow + 2CO_2\uparrow$$

③ 석회요구량은 토양의 산도, 완충용량, 시용하는 석회의 종류와 분말도 등에 따라 달라짐

㉠ 토성이 고울수록, CEC가 높을수록, 유기물 함량이 많을수록 석회요구량이 증가함

㉡ 석회의 분말도 고울수록 빨리 반응하지만 지효시간이 짧고, 거칠수록 늦게 반응하지만 오래 지속됨

(2) 계산방법

① 교환산도에 의한 방법

㉠ 토양 일정량(100g)의 교환산도를 측정하여 전산도를 알아내고, 중화에 필요한 석회물질의 당량을 구한 후 실제 토양에 투입할 양을 계산함

㉡ 계산식

$$\frac{\text{전체 토양량}}{\text{토양 시료량}} \times \text{전산도(meq)} \times 50(\text{mg/meq}) = CaCO_3 \text{ 요구량}(CaCO_3,\ 1\text{meq} = 50\text{mg})$$

㉢ 실제 석회물질의 석회함량, 입도 및 토양과의 혼합상태를 고려하여 계산값에 1.3~1.5의 포장계수를 곱하여 보정함

연습문제

토양의 전산도가 2meq인 토양을 중화시키기 위해 소요되는 석회물질($CaCO_3$, CaO, $Ca(OH)_2$)의 양을 구하시오. 단, 토양의 면적은 1ha이고 깊이는 20cm이고 용적밀도는 1.25Mg/m^3로 한다.

풀이 원자량 : Ca = 40, C = 12, O = 16, H = 1

분자량 : $CaCO_3$ = 100, CaO = 56, $Ca(OH)_2$ = 74

1당량(eq)에 해당하는 석회물질 : $CaCO_3$ = 50g, CaO = 28g, $Ca(OH)_2$ = 37g(Ca은 2가 양이온)

2밀리당량(meq)에 해당하는 석회물질 : $CaCO_3$ = 100mg, CaO = 56mg, $Ca(OH)_2$ = 74mg

토양의 무게 : 면적 × 깊이 × 용적밀도

= 10,000m^2 ×0.2m ×1.25Mg/m^3 = 2,500Mg = 2,500,000,000g

토양 100g당 2meq이므로 전체 토양에 대해서는 50,000,000meq에 해당

따라서 석회물질의 소요량을 계산하면

$CaCO_3$ = 50mg/meq × 50,000,000meq = 2,500,000,000mg = 2,500kg

CaO = 28mg/meq × 50,000,000meq = 1,400,000,000mg = 1,400kg

$Ca(OH)_2$ = 37mg/meq × 50,000,000meq = 1,850,000,000mg = 1,850kg

포장계수에 따라 실제 소요량이 달라짐

② 완충곡선에 의한 방법

㉠ 토양 시료에 직접 석회물질을 첨가하면서 pH 변화를 기록한 완충곡선으로부터 소요되는 석회의 양을 구함

㉡ 여러 수준의 석회를 처리하여 얻은 곡선을 이용하기 때문에 가장 정확한 방법임

㉢ 계산식

$$\frac{\text{전체 토양량}}{\text{토양 시료량}} \times \text{곡선에서 얻은 석회의 요구량} = CaCO_3 \text{ 요구량}$$

연습문제

옆의 그림과 같은 완충곡선을 나타내는 토양을 pH 6.5로 교정하기 위해 필요한 $CaCO_3$의 양은?

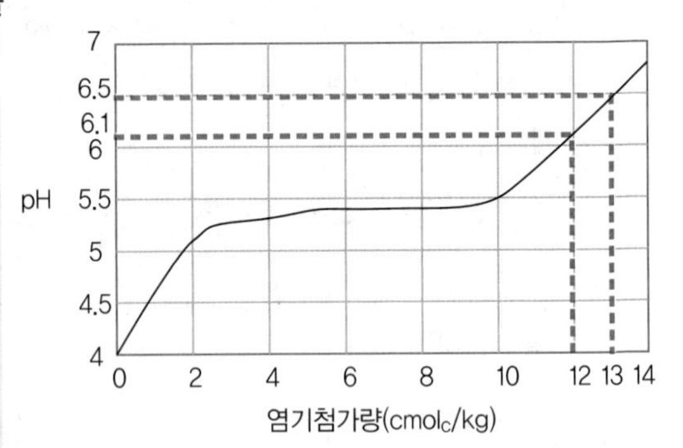

풀이 토양의 원래 pH는 4.0이고 pH 6.5까지 올리는데 13의 염기가 첨가되었음
$1cmol_c/kg = 0.01eq/kg$
$CaCO_3$의 1eq = 50g이므로 $0.5g/cmol_c$에 해당 전체 1ha의 토양 무게가 250만kg이라고 하면
$0.5g/cmol_c \times 13cmol_c/kg \times 2{,}500{,}000kg/ha$
$= 16{,}250{,}000g/ha = 16{,}250kg/ha$

Tip 2년 후 토양의 pH가 6.1로 내려가서 이를 다시 pH 6.5로 올려주기 위해서는 $(13 - 12 = 1)cmol_c/kg$이 소요됨
위의 문제는 $13cmol_c/kg$에 해당하는 $CaCO_3$의 양이기 때문에 $1cmol_c/kg$에 해당하는 $CaCO_3$의 양은 16,250kg/ha/13 따라서 1,250kg/ha가 필요함

(3) 산성토양 개량 방법

① 직접적인 방법 : 석회 시용

② 간접적인 방법

㉠ 유기물 공급으로 완충능력 증대

㉡ 미량요소 공급

㉢ 인산 고정 예방

③ 석회물질 중화력 비교

㉠ 순수한 100g의 $CaCO_3$와 비교하여 다른 석회물질 100g이 어느 정도 효과적인가 비교하는 것

㉡ 계산식

$$\%CaCO_3 = \frac{\text{석회 100g에 해당하는 순수한 } CaCO_3\text{의 g}}{\text{순수한 } CaCO_3 \text{ 100g}} \times 100$$

㉢ 석회물질 중화력

석회 물질		사용 빈도	중화력
CaO	생석회		179%
$Ca(OH)_2$	소석회	농용석회로 주로 사용	135%
$CaCO_3$	탄산석회	농용석회로 주로 사용	100%
MgO	고 토	최근에 많이 사용	
$CaMg(CO_3)_2$	석회고토 백운석(Dolomite)	중화 대상 토양에 Mg이 부족할 때 사용	

(4) 특이산성토양(Acidic Sulfate Soil)

① 특이산성토양

㉠ 강의 하구나 해안지대의 배수가 불량한 곳에서 늪지 퇴적물을 모재로 발달한 토양

㉡ 황철석(Pyrite, FeS_2) 등 황화물(Sulfide) 다량 함유

㉢ 인위적인 배수로 통기성이 좋아지면 황철석이 산화되어 pH 4.0 이하의 강산성을 띰

㉣ 배수가 되기 전에는 환원상태이며 pH는 중성

㉤ 전 세계적으로 바닷물이 침투하는 해안을 따라 주로 발달 – 베트남, 태국, 인도네시아, 브라질, 말레이시아, 중국, 그리고 우리나라의 김해평야와 평택평야 등지에 분포

② 특이산성토양의 생성

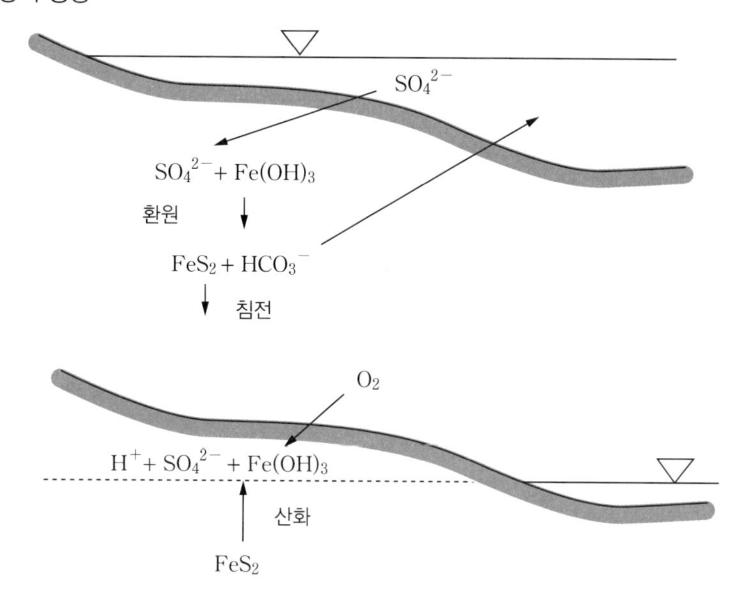

㉠ 황산기가 많은 해수의 유입으로 황화합물 축적 → 통기성이 불량한 조건에서 미생물에 의하여 황화물로 환원

㉡ 지하수위 하락이나 인위적인 배수로 통기성이 좋아지면 산화반응이 촉진되어 황산 생성

㉢ 황산 생성 반응

> • 황철석의 산화로 황산이 생성되면서 pH 4 정도로 산성화
> $2FeS_2 + 2H_2O + 7O_2 \rightarrow 2FeSO_4 + 2H_2SO_4$
> • 토양 pH 4.0 이하가 되면 Thiobacillus ferrooxidans 등의 세균에 의해 황산 생성
> $4FeSO_4 + O_2 + 2H_2SO_4 \rightarrow 2Fe_2(SO_4)_3 + 2H_2O$
> $FeS_2 + 7Fe_2(SO_4)_3 + 8H_2O \rightarrow 15FeSO_4 + 8H_2SO_4$

③ 특이산성토양의 특성

㉠ pH 3.5 이하인 특이산성토층(Sulfuric Horizon)을 가짐

㉡ 강산성이기 때문에 철, 알루미늄, 망간의 용해도가 높음

㉢ 황화수소(H_2S)의 발생으로 작물 피해

㉣ 추락(Akiochi, Autumn Decline)현상 : 벼 재배 시 황화수소에 의한 피해현상, 벼의 생장이 영양생장기에 양호하다가 생식생장기에 Ca, Mg, K 등의 흡수가 크게 저해되어 가을 수확량이 크게 감소하는 현상 → 황화수소에 의해 벼의 뿌리 활성이 크게 저해되기 때문

④ 특이산성토양의 관리

㉠ 산성의 발달정도, 황화물 축적 두께, 용탈 가능성, 토지 이용가치에 따라 관리방법 결정

㉡ 토양을 계속 담수시켜 황화물의 산화를 억제하여 산성 발달을 제어할 수 있음 – 논으로 이용할 때 가능한 관리방법

㉢ 특이산성토층 위에 작물을 재배할 만큼의 비산성화층이 있다면 특이산성토층이 담수상태로 유지되는 정도까지 배수하고 작물을 재배함

㉣ 석회를 시용하여 중화시키는 것은 경제성이 낮음 → 일반적인 산성 토양에 비해 20배 이상 석회가 소요되기 때문

㉤ 용탈을 통해 황함량을 낮추는 방법이 있으나, 특이산성토양이 발달한 지역이 지하수위가 높고 배수가 불량하기 때문에 적용하기 어려움

05 알칼리토양과 염류토양

(1) 기본 특성

① 염류의 집적

㉠ 해안지대와 건조 및 반건조지대에서 토양에 염류가 집적됨

㉡ 토양의 염기포화도와 토양용액의 염기 농도가 높아짐

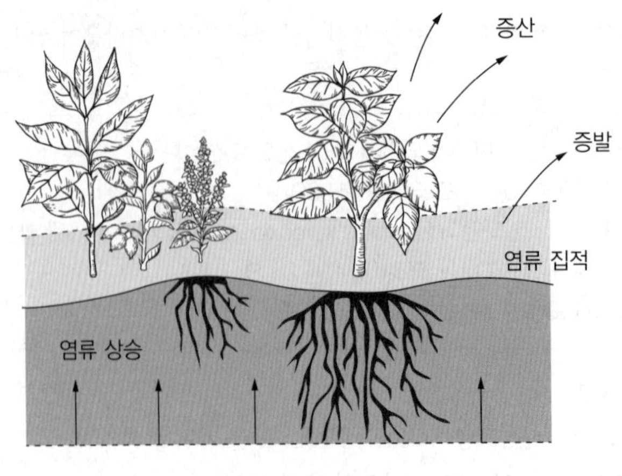

② 염류와 토양반응

㉠ 알칼리 및 알칼리토금속이온은 토양용액의 OH^- 이온농도를 높이고 이로 인해 H^+ 이온농도가 감소되기 때문에 pH 7.0 이상의 알칼리성을 나타냄

㉡ 가용성 염류(NaCl, $CaCl_2$, $MgCl_2$, KCl)의 용탈이 쉽지 않은 환경에서 알칼리성의 염류 토양(Saline Soil)이 발달함

㉢ pH와 Na과 같은 염류 농도가 높아 식물 생장에 피해를 줌

(2) 알칼리토양과 염류토양의 종류

① 나트륨성 토양(Sodic Soil)

㉠ 알칼리토양을 다른 염류토양과 구별하기 위한 이름

㉡ pH 8.5 이상의 강알칼리성으로 식물 생육이 저해됨

㉢ 포화침출액의 전기전도도는 4dS/m 이하이며, 염류토양에 비해 가용성 염류의 농도는 높지 않지만, 교환성 나트륨의 비율이 15% 이상, 나트륨 흡착비 13% 이상

㉣ 교질물로부터 해리된 Na이 Na_2CO_3를 형성하고 분산된 유기물이 토양 표면에 분포되어 어두운 색을 띰 → 흑색 알칼리토양(Black Alkali Soil)

참고

Ca, Mg 탄산염 또는 중탄산염과 달리 Na, K의 탄산염 또는 중탄산염은 물에 대한 용해도가 높아 pH가 8.5~10에 달함

㉤ 교질의 분산으로 경운이 어렵고, 투수성이 나쁨

㉥ 분산된 점토의 하방 이동으로 경반층(Hard Pan)이 형성되어 수분 이동과 뿌리의 신장이 차단됨

㉦ 농경지로서 매우 불량한 토양으로 석고($CaSO_4$)를 처리해 개량함 → 석고의 Ca이 Na을 밀어냄

② 염류토양(Saline Soil)

㉠ 염화물, 황산염, 질산염 등의 가용성 염류가 많고 가용성 탄산염은 거의 없음

㉡ 용해도가 낮은 $CaSO_4$, $CaCO_3$, $MgCO_3$ 등을 포함하기도 함

㉢ Ca, Mg의 황산염 또는 염화물이 축적되어 염류층이 형성되기도 함 → 건조기에 백색을 띠기 때문에 백색 알칼리토양(White Alkali Soil)으로 불림

㉣ pH 8.5 이하, 포화침출액의 전기전도도 4 dS/m 이상, 교환성 나트륨비는 15% 이하, 나트륨 흡착비 13 이하

㉤ 높은 염류농도로 대부분의 식물 생육에 부적합

㉥ 교질물이 고도로 응집되어 토양구조는 양호함

③ 염류나트륨성 토양(Saline-sodic Soil)

㉠ 염류토양과 나트륨성 토양의 중간적 성질

㉡ pH 8.5 이하, 포화침출액의 전기전도도 4dS/m 이상, 교환성 나트륨비 15% 이상, 나트륨 흡착비 13 이상

㉢ 가용성 염류가 용탈로 하방 이동하면 pH 8.5 이상이 되고 나트륨이 교질을 분산시켜 토양구조를 불량하게 함

㉣ 가용성 염류가 표면으로 이동해 집적하면 pH가 내려가고 토양구조가 좋아짐

④ 석회질토양(Calcareous Soil)

㉠ 탄산칼슘($CaCO_3$)의 함유량이 많아 묽은 염산을 가하면 거품반응이 일어나는 토양

㉡ 반건조지역에 흔함

㉢ pH 7.0~8.3으로 비교적 높음

㉣ 토양구조와 비옥도가 양호하기 때문에 관개농업에 적합한 토양

(3) 알칼리토양과 염류토양 개량

① 염류집적으로 만들어진 토양이기 때문에 배수 상태와 관개수질의 관리가 중요

㉠ 과잉의 Na와 가용성 염류들을 효과적으로 용탈시킬 수 있도록 배수체계 확립

㉡ 염류의 농도가 낮은 양질의 관개수 이용

② 염류나트륨성 토양은 Ca염을 첨가하고 충분히 배수 용탈시켜 개량

㉠ Ca염(석고, 석회석 등의 분말)을 첨가하여 교환성 Na을 침출시켜 황산염이나 탄산염으로 전환

㉡ 황 분말은 토양에서 느리게 산화되어 황산이 생성됨 → 토양용액의 Na과 결합하거나 $CaCO_3$을 용해시켜 가용성 Ca이 교환성 Na과 치환되게 하여 pH를 낮추고 토양 물리성 개량

PLUS ONE

염류집적토양의 분류 기준

구 분	EC_e(dS/m)[1]	ESP[2]	SAR[3]	pH[4]
정상 토양	< 4.0	< 15	< 13	< 8.5
염류토양	> 4.0	< 15	< 13	< 8.5
나트륨성 토양	< 4.0	> 15	> 13	> 8.5
염류나트륨성 토양	> 4.0	> 15	> 13	< 8.5

- EC_e : 포화침출액(토양 공극이 포화될 정도의 물을 가하여 반죽한 후 뽑아낸 토양용액)의 전기전도도, 단위는 dS/m → 용액의 이온농도가 클수록 큰 값을 나타냄
- ESP : 교환성 나트륨퍼센트(Exchangeable Sodium Percentage), 토양에 흡착된 양이온 중 Na^+가 차지하는 비율(Exchangeable Sodium Ratio, ESR)을 %로 나타낸 것

$$ESP = ESR \times 100 = \frac{Na^+}{CEC} \times 100$$

- SAR : 나트륨흡착비(Sodium Adsorption Ratio), 토양용액 중의 Ca^{2+}, Mg^{2+}에 대한 Na^+의 농도비, 관개용수의 나트륨 장해를 평가하는 지표로도 사용됨

  이온농도가 mmol/L 일 때, $SAR = \dfrac{Na^+}{\sqrt{Ca^{2+} + Mg^{2+}}}$

  이온농도가 meq/L 일 때, $SAR = \dfrac{Na^+}{\sqrt{\dfrac{Ca^{2+} + Mg^{2+}}{2}}}$

- pH : 수소이온 농도의 (−)대수값

참고

ppm농도(= mg/L)를 몰농도(M, mole/L)로 변환하는 방법

$$\text{몰농도(mole/L)} = \text{ppm농도} \times \frac{1\text{mole}}{\text{원자량(또는 분자량, 화학식량)g}} \times \frac{1\text{g}}{1000\text{mg}}$$

PLUS ONE

용탈요구량(Leaching Requirement, LR)

$$LR = \frac{EC_{iw}}{EC_{dw}}$$

EC_{iw} : 관개수의 전기전도도, EC_{dw} : 배출수의 전기전도도

염류가 집적된 토양의 토양수를 관개수의 전기전도도값으로 유지하기 위하여 필요한 관개수량을 계산할 때 활용

예 토양배출수의 전기전도도가 5dS/m이고, 관개수의 전기전도도가 1dS/m일 때, 토양 10cm 깊이까지의 토양수를 관개수의 전기전도도값으로 유지하기 위한 관개용수량은?

$$LR = \frac{EC_{iw}}{EC_{dw}} = \frac{1}{5} = 0.2$$

관개용수량 = 10cm + 10cm × 0.2(용탈요구량) = 12cm

CHAPTER 05

토양의 산화환원반응

01 산화환원반응

(1) 전자의 이동을 수반하며 동시에 일어남

① 산화(Oxidation)반응 : 전자를 잃어 산화수가 증가하는 반응(산소 결합, 수소 해리)

② 환원(Reduction)반응 : 전자를 얻어 산화수가 감소하는 반응(산소 해리, 수소 결합)

물질 + 산소 ⇄(산화/환원) 물질 산소

물질 수소 ⇄(산화/환원) 물질 + 수소

물질(전자 e⁻ e⁻) ⇄(산화/환원) 물질 + e⁻ e⁻

(2) 산화환원전위(Redox Potential, Eh)

① 백금전극과 용액 사이에 전자가 이동하려는 경향 때문에 전위차 발생

㉠ 산화 : 용액 → 전극으로 전자 이동

㉡ 환원 : 전극 → 용액으로 전자 이동

② 표준산화환원전위

㉠ 산화환원전위 : 전극 표면과 용액 사이에 생기는 전위차, 산화환원경향의 강도를 나타냄

㉡ 표준산화환원전위 : 표준수소전극의 전위차(Eh = 0volt)를 기준으로 한 상대적 전위차

$2H^+ + 2e^- \rightleftarrows H_2(g)$, $E^0 = 0$ volt

③ 산화환원과 물질농도와의 관계

㉠ 일반식(Nernst 공식)

$$Eh = E^0 + \frac{RT}{nF} \text{ in } \frac{[Ox]}{[Red]}$$

E^0 : 표준산화환원전위, R : 기체상수, T : 절대온도, n : 반응전자의 수, F : Faraday 상수, $[Ox]$: 산화상태 물질의 농도, $[Red]$: 환원상태 물질의 농도

ⓛ 변환식 : 온도 25℃, 자연로그에서 상용로그로 전환, 상수 대입

$$Eh = E^0 + \frac{0.0592}{n}\log\frac{[Ox]}{[Red]}$$

ⓒ 산화환원전위는 그 계의 '표준전위'와 '산화형과 환원형 물질의 농도비'로 결정됨

ⓡ 단위는 volt(V) 또는 milli volt(mV)

④ Eh값을 통해 토양 중의 산화형과 환원형 물질의 상대적인 양을 알 수 있음

(3) pE

① 산화환원전위를 표기하는 지표

ⓖ 산화환원반응의 평형상수식

$$\left(\text{반응식 : } Ox + ne- \rightleftarrows Red,\ \text{평형상수식 } K = \frac{[Red]}{[Ox][e^-]^n}\right)$$

ⓛ 변환식 : 평형상수식에 로그를 취해 변환

$$-\log[e^-] = \frac{1}{n}\log K + \frac{1}{n}\log\frac{[Ox]}{[Red]}$$

$pE = -\log[e^-]$, $pE^0 = \frac{1}{n}\log K$ 이라 하면,

$$pE = pE^0 + \frac{1}{n}\log\frac{[Ox]}{[Red]}$$

② Eh값과 pE값의 관계식

$Eh(\text{volt}) = 0.0592 \times pE$

02 토양의 산화환원전위

(1) 토양 산화환원전위의 중요성

① 식물 양분의 산화환원상태 결정 → 유효도 변화

② 토양용액 내 이온의 화학적 형태, 용해도, 이동성, 독성 등 결정

③ 토양의 통기성, 무기이온, 유기물, 배수성, 온도, 식물의 종류 등의 영향을 받음

㉠ 산화상태 : 산소가 충분한 상태, 호기적 조건(예 밭토양)

㉡ 환원상태 : 산소가 부족한 상태, 혐기적 조건(예 논토양)

(2) 논토양에서의 산화환원

① 산화층

㉠ 담수상태인 논의 표층 토양에는 산소 공급이 원활함

㉡ 토양 중의 철은 산화상태인 Fe^{3+}로 산화물 형태로 침전됨

㉢ 토양색은 황적색을 띰

② 환원층

㉠ 표토층 아래 산소가 쉽게 고갈되는 토양층

㉡ 전자수용체로 NO_3, Fe, Mn 등이 이용되어 환원됨

㉢ 토양색이 청회색을 띰

㉣ 환원상태가 더욱 진행되면 황화수소가 발생함

참고

유기물 분해과정에서 산소는 호기성 미생물에 의해 전자수용체로서 소비됨. 산소가 부족하면 혐기성 미생물이 NO_3, Fe, Mn 등을 전자수용체로 이용하게 됨. NO_3가 가장 먼저 이용되는 전자수용체이며, 이러한 환원반응을 탈질작용이라 함

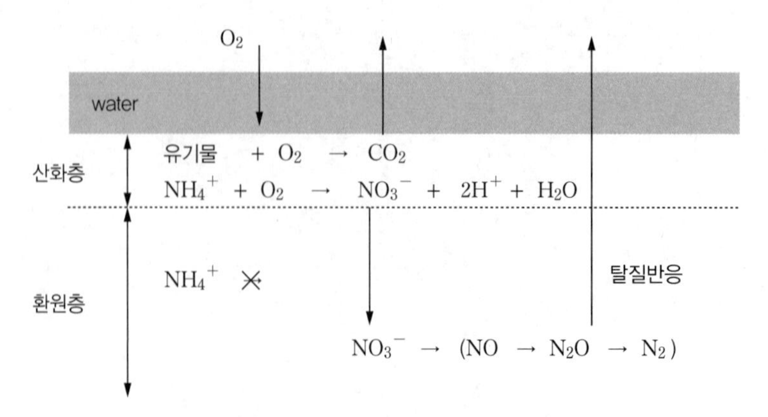

논토양에서의 무기질소의 산화와 환원

(3) 산화환원전위와 pH와의 관계

① 환원상태 토양에서의 주요 화학반응식

㉠ H^+이온 소모반응

$2NO_3^- + 12H^+ + 10e^- \rightleftarrows N_2$

$MnO_2 + 4H^+ + 2e^- \rightleftarrows Mn^{2+} + 2H_2O$

㉡ OH^-이온 생성반응

$Fe(OH)_3 + e^- \rightleftarrows Fe(OH)_2 + OH^-$

$SO_4^{2-} + H_2O + 2e^- \rightleftarrows SO_3^{2-} + 2OH^-$

$SO_3^{2-} + 3H_2O + 6e^- \rightleftarrows S^{2-} + 6OH^-$

② 환원상태가 발달한 논토양은 중성의 pH 유지(건조상태에서 측정된 pH와 상관 없음)

③ pE–pH 관계

㉠ 토양에서 가장 환원된 조건 : $H^+ + e^- \rightleftarrows \frac{1}{2}H_2(g)$, pE + pH = 0

㉡ 토양에서 가장 산화된 조건 : $H^+ + e^- + \frac{1}{2}O_2(g) \rightleftarrows \frac{1}{2}H_2O(g)$, pE + pH = 20.78

㉢ 토양이 가지는 일반적인 산화환원전위값 : 800 ~ −400mV

㉣ 전위값이 +이고 값이 클수록 상대적으로 산화상태의 정도가 높음

PART 05

적중예상문제

01

담수된 논토양의 환원층에서 일어나는 반응이 아닌 것은?

19 국가직 7급 기출

① $2NO_3^- + 12H^+ + 10e^- \rightarrow N_2 + 6H_2O$

② $Fe(OH)_3 + e^- \rightarrow Fe(OH)_2 + OH^-$

③ $NH_4^+ + 2O_2 \rightarrow NO_3^- + 2H^+ + H_2O$

④ $MnO_2 + 4H^+ + 2e^- \rightarrow Mn^{2+} + 2H_2O$

해설 환원층에서는 환원반응이 일어난다.
- 산화(Oxidation)반응 : 전자를 잃어 산화수가 증가하는 반응(산소 결합, 수소 해리)
- 환원(Reduction)반응 : 전자를 얻어 산화수가 감소하는 반응(산소 해리, 수소 결합)

02

다음 특성을 갖는 규산염 점토광물은?

19 국가직 7급 기출

- 구조가 운모와 유사하나 2:1층 사이의 공간에 K^+ 대신 Brucite가 존재
- 비팽창형 광물
- 기저면의 간격은 약 1.4nm

① Kaolinite

② Montmorillonite

③ Vermiculite

④ Chlorite

해설 Brucite($Mg(OH)_2$)는 중심 이온인 Mg^{2+}가 Al^{3+}, Fe^{3+}, Fe^{2+} 등으로 치환되면서 양전하를 띠게 된다.

03

토양 1kg에 970mg의 $H_2PO_4^-$가 흡착되어 있다면, $H_2PO_4^-$의 흡착량은 토양의 단위 kg당 몇 $cmol_c$인가? (단, $H_2PO_4^-$ 1mol의 질량은 97g이다)

19 국가직 7급 기출

① 1

② 10

③ 100

④ 1,000

해설 ※ 1mol = 100cmol
- 토양 1kg 중 $H_2PO_4^-$의 몰수
  = $H_2PO_4^-$의 질량/$H_2PO_4^-$의 분자량
  = 970mg/97g = 0.97g/97g
  = 0.01mol = 1cmol
- $H_2PO_4^-$은 전하량이 −1이므로 몰수와 당량은 같다.

따라서 1cmol/kg = 1$cmol_c$/kg

01 ③ 02 ④ 03 ① 정답

04

토양의 산성화에 대한 설명으로 옳지 않은 것은?

19 국가직 7급 기출

① 무비재배 농경지에서 농작물의 수확은 토양 산성화를 증대시킨다.
② 미량원소를 시비하면 토양이 산성화된다.
③ 밭토양 내 Pyrite 함유 퇴적물이 혼입되면 토양이 산성화된다.
④ 토양 내 이산화탄소의 증가는 토양 산성화를 증대시킨다.

해설 미량원소 시비는 토양의 양이온 농도를 올려주기 때문에 토양을 산성화시킨다고 볼 수 없다.

05

어떤 토양의 양이온교환용량(CEC)이 50$cmol_c$/kg이고, 그중 Al 이온이 3$cmol_c$/kg, H 이온이 7$cmol_c$/kg 존재한다. 이때 토양의 염기포화도(%)는?

19 국가직 7급 기출

① 20
② 40
③ 60
④ 80

해설
- 교환성 염기 : Ca, Mg, K, Na 등의 이온은 토양을 알칼리성으로 만드는 양이온
- 토양을 산성화시키는 양이온 : H와 Al 이온
- 교환성 염기의 총량
  = 양이온교환용량 − Al − H
  = 50 − 3 − 7 = 40
- 염기포화도(%)
  = 교환성 염기의 총량/양이온교환용량 × 100
  = 40/50 × 100 = 80%

06

토양의 이온교환에 대한 설명으로 옳지 않은 것은?

19 국가직 7급 기출

① 양이온의 흡착세기는 이온의 수화반지름이 작을수록 증가한다.
② Cl^-, NO_3^-, ClO_4^-은 비가역적 배위자교환(Ligand Exchange)을 통해 흡착된다.
③ 음이온이 배위자교환(Ligand Exchange)으로 흡착될 때 pH는 증가한다.
④ 양성자화된 작용기에 흡착되어 표면복합체(Surface Complex)를 형성하는 음이온 흡착기작은 낮은 pH에서 일어난다.

해설 Cl^-, NO_3^-, ClO_4^- 등은 정전기적 인력에 의해 비특이적으로 흡착하기 때문에 다른 음이온과 가역적으로 교환된다.

07

토양 양이온교환용량의 크기에 대한 설명으로 옳지 않은 것은?

18 국가직 7급 기출

① 토양용액의 이온농도에 비례한다.
② 토양 pH가 상승함에 따라 커진다.
③ 토양 무기입자의 크기와 반비례한다.
④ 토양 내 부식함량이 증가하면 커진다.

해설 토양용액의 pH 변화에 따른 가변전하량의 증감으로 양이온교환용량이 변한다.

정답 04 ② 05 ④ 06 ② 07 ①

08

토양의 산도에 대한 설명으로 옳은 것만을 모두 고르면? 18 국가직 7급 기출

> ㄱ. 활산도는 토양용액 내 수소이온의 활동도에 의해 나타난다.
> ㄴ. 교환성 산도는 완충력이 강한 염기성염을 가하여 측정한다.
> ㄷ. 잔류산도는 유기물과 점토의 비교환성 자리에 결합된 수소와 알루미늄에 의해 나타난다.
> ㄹ. 전산도에서 활산도가 차지하는 비율이 가장 크다.

① ㄱ, ㄴ　② ㄱ, ㄷ
③ ㄴ, ㄹ　④ ㄷ, ㄹ

해설 **토양의 산도**

- 활산도(Active Acidity) : 토양용액에 해리되어 있는 H와 Al이온에 의한 산도이며, 토양 전체 산도로 보면 매우 적은 양임
- 교환성 산도(Exchangeable Acidity) : 완충성이 없는 염용액(KCl, NaCl)에 의하여 용출되는 산도
- 잔류산도(Residual Acidity) : 비완충성 염용액으로 침출되지 않지만, 석회물질 또는 특정 pH(일반적으로 7.0 또는 8.0)의 완충용액으로 중화되는 산도

09

염류토양(Saline Soil)의 특성에 대한 설명으로 옳은 것만을 모두 고르면? 18 국가직 7급 기출

> ㄱ. 포화추출액의 전기전도도 4 > dS/m, pH < 8.5
> ㄴ. 교환성나트륨 비율 <15%
> ㄷ. 알칼리 가수분해에 의해 탄산염과 중탄산염을 다량 함유
> ㄹ. 토양교질물이 분산되어 투수성 저하

① ㄱ, ㄴ　② ㄱ, ㄷ
③ ㄴ, ㄹ　④ ㄷ, ㄹ

해설 **염류토양(Saline Soil)**

- pH 8.5 이하, 포화침출액의 전기전도도 4dS/m 이상, 교환성 나트륨비는 15% 이하, 나트륨 흡착비 13 이하
- 염화물, 황산염, 질산염 등의 가용성 염류가 많고 가용성 탄산염은 거의 없다.
- 교질물이 고도로 응집되어 토양구조는 양호하다.
- 건조기에 백색을 띠기 때문에 백색 알칼리토양(White Alkali Soil)으로 불린다.

08 ② 09 ① 정답

10

pH 4.5인 토양을 pH 6.5로 교정하기 위하여 완충곡선법으로 실험한 결과, 토양 1kg당 12cmol의 H^+가 중화되었다. 이 토양 10Mg을 $CaCO_3$로 교정할 때 필요한 $CaCO_3$의 양은? (단, $CaCO_3$의 분자량은 100g/mol이다) 18 국가직 7급 기출

① 30kg ② 60kg
③ 120kg ④ 180kg

해설 Ca^{2+}은 2가 양이온이기 때문에 $CaCO_3$ 1mol은 2mol의 H^+을 중화한다. 토양 1kg당 12cmol의 H^+가 중화되었기 때문에 $CaCO_3$은 6cmol이 소요된다. $CaCO_3$ 6cmol은 6g이므로 토양 1kg을 중화하는데 6g의 $CaCO_3$가 필요하다. 개량해야 할 토양이 10Mg(10,000kg)이므로 $CaCO_3$의 총소요량은 60,000g 즉 60kg이 된다.

11

다음의 토양 중에서 pH를 4.5에서 6.5로 교정할 때, 석회시용이 가장 많이 필요한 토양은? 17 국가직 7급 기출

① 유기물의 함량이 2%이고, 점토의 함량이 30%인 Kaolinite 토양
② 유기물의 함량이 3%이고, 점토의 함량이 25%인 Kaolinite 토양
③ 유기물의 함량이 5%이고, 점토의 함량이 20%인 Vermiculite 토양
④ 유기물의 함량이 5%이고, 점토의 함량이 20%인 Chlorite 토양

해설
- 양이온교환용량이 클수록 석회시용량이 증가한다. 양이온교환용량에 영향을 미치는 것은 점토함량, 점토광물의 종류, 유기물함량이다.
- 점토함량과 유기물함량이 많을수록 커진다.
- 부식 > 2:1형(Vermiculite > Smectite > Illite) > 1:1형(Kaolinite) > 금속산화물

12

pH 5.0 이하에서 토양교질입자 표면에 가장 많이 흡착하는 양이온은? 17 국가직 7급 기출

① K^+ ② Na^+
③ Ca^{2+} ④ Al^{3+}

해설 교환성 Al이온은 pH 5에서부터 토양용액에 방출되어 Al복합체를 형성하여 토양을 더욱 산성화시킨다.

13

다음은 pH 변화에 따른 토양교질의 표면전하 특성을 나타낸 것이다. ㉠~㉢에 해당하는 토양교질을 순서대로 바르게 나열한 것은? 17 국가직 7급 기출

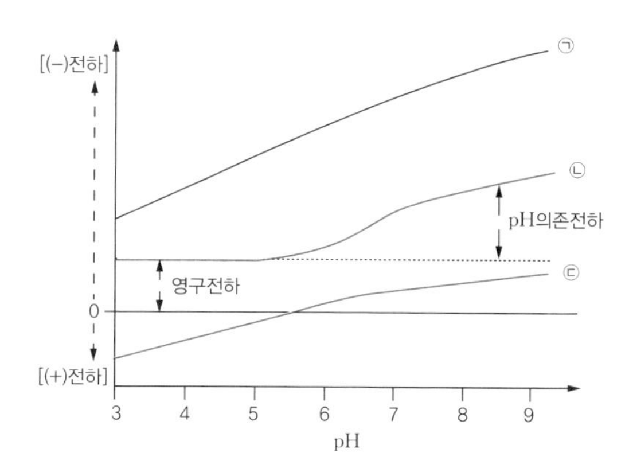

	㉠	㉡	㉢
①	Humus	Kaolinite	Gibbsite
②	Vermiculite	Chlorite	Goethite
③	Montmoril-lonite	Vermiculite	Allophane
④	Humus	Montmoril-lonite	Kaolinite

해설 표면의 전하량은 영구전하량과 pH 의존적인 가변전하량의 합으로 나타난다. 영구전하량은 규산염점토광물의 동형치환과 그 정도에 의해 크기가 달라지고, 2:1형 광물이 1:1형보다 크며, 2:1형 광물 중에서 팽창성이 비팽창성보다 크다. 유기물(부식)과 금속산화물은 동형치환이 없기 때문에 가변전하량으로만 전하량이 결정되며, 유기물(부식)의 음전하량은 점토광물에 비해 매우 크다. 따라서 ㉠은 영구전하가 없고 (−)전하량이 매우 높은 것으로 보아 유기물(부식)(보기의 Humus)로 볼 수 있다. ㉡은 낮은 pH에서도 순음전하를 띠고 있는 것으로 보아 영구전하량이 큰 광물(보기의 Montmorillonite)로 볼 수 있다. ㉢은 ㉡보다 적은 전하량과 낮은 pH에서 순음전하를 띠고 있는 것으로 보아 영구전하량이 작은 광물(보기의 Kaolinite)로 볼 수 있다.

14

양이온치환용량이 10cmol$_c$/kg인 토양에서 Mg^{2+}의 포화도는 20%이다. 이 토양 2kg이 지니고 있는 치환성 Mg^{2+}의 양은 몇 mg인가? (단, Mg 원자량은 24이다)

17 국가직 7급 기출

① 240mg
② 480mg
③ 960mg
④ 1,920mg

해설 양이온치환용량 10cmol$_c$/kg의 20%인 2cmol$_c$/kg를 Mg^{2+}가 차지하고 있다. Mg^{2+}은 2가 양이온이므로 Mg^{2+} 이온의 양은 1cmol/kg에 해당한다. Mg은 원자량이 24(g/mol)이므로 1cmol/kg은 0.24g/kg이 된다. 문제에서 2kg 토양을 기준으로 한다고 했으니, 0.48g = 480mg이 된다.

15

Langmuir 등온흡착식의 가정 중 옳지 않은 것은?

09 국가직 7급 기출

① 흡착지점은 하나의 분자만 흡착할 수 있다.
② 흡착은 가역적이다.
③ 표면에 흡착된 분자는 옆으로 이동할 수 있다.
④ 흡착에너지는 모든 지점에서 동일하다.

해설 Langmuir 등온흡착식의 네 가지 가정

가정1	흡착은 흡착지점이 고정된 단일 흡착층에서 일어나며, 흡착지점은 모두 동일한 성질을 가지고 있고, 하나의 분자만 흡착할 수 있음
가정2	흡착은 가역적임
가정3	표면에 흡착된 분자는 옆으로 이동하지 않음
가정4	흡착에너지는 모든 지점에서 동일하고, 표면이 균일하며, 흡착된 물질 간의 상호작용이 없음

16

토양의 양이온 교환작용에서 흡착세기에 대한 설명으로 옳지 않은 것은?

16 국가직 7급 기출

① 흡착세기는 양이온의 전하가 증가할수록 증가한다.
② 흡착세기는 양이온의 수화반지름이 클수록 증가한다.
③ 흡착세기는 토양의 음전하가 증가할수록 증가한다.
④ 흡착세기는 Na < K < Ca < Al 순으로 증가한다.

해설 교환성 양이온의 흡착세기 : $Na^+ < K^+ = NH_4^+ < Mg^{2+} = Ca^{2+} < Al(OH)_2^+ < H^+$
양이온의 전하가 클수록, 양이온의 수화반지름이 작을수록, 교환체의 음전하가 증가할수록 흡착세기가 커진다.

14 ② 15 ③ 16 ② 정답

17

서산 간척지와 같이 해수의 영향을 받은 토양의 특징으로 옳지 않은 것은? 09 국가직 7급 기출

① 토양 산도는 대부분 pH 7.0 이상으로 높다.
② Na 함량이 높아 뿌리의 수분흡수가 저해된다.
③ 석회가 함유된 비료를 사용하면 염농도가 높아지고 Na가 축적된다.
④ 토양에 Na가 많아 토양의 분산이 쉽게 일어나며 배수가 불량해진다.

해설 석회비료를 사용하면 칼슘 성분이 Na를 떼어내어 제염효과를 볼 수 있다.

18

다음과 같은 특성을 갖는 점토광물은? 16 국가직 7급 기출

- 주로 운모류 광물의 풍화로 생성됨
- 2:1형 층상구조를 가짐
- 2:1층들 사이 공간에 Mg^{2+} 등의 수화된 양이온을 함유함
- 중간 정도의 팽창성을 가짐
- 기저면 간격이 1.0~1.5nm임

① 버미큘라이트
② 스멕타이트
③ 일라이트
④ 녹니석

해설 **버미큘라이트(Vermiculite)**
운모류 광물의 풍화로 생성된 토양에 많고, 스멕타이트계 광물(예 Montmorillonite)에 비해 팽창성이 작다.

19

토양산성화의 원인으로 옳지 않은 것은? 16 국가직 7급 기출

① 정장석의 가수분해
② 암모늄태 질소의 질산화
③ 식물에 의한 양이온 흡수
④ 식물의 뿌리나 미생물의 호흡

해설 장석류는 풍화되면서 염기성 양이온을 내 놓기 때문에 토양의 pH를 올려준다.

20

다음과 같은 특성이 있는 토양은? 15 국가직 7급 기출

pH (1:5, H_2O)	ECe (dS/m)	Exchangeable Sodium Percentage	Sodium Adsorption Ratio
8.0	5.4	16.5	15.3

① 정상토양(Normal Soil)
② 염류토양(Saline Soil)
③ 나트륨성 토양(Sodic Soil)
④ 염류나트륨성 토양(Saline Sodic Soil)

해설 pH 8.5 이하, ECe 4.0 이상, 교환성나트륨퍼센트(ESP) 15 이상, 나트륨흡착비(SAR) 13 이상

구분	EC_e (dS/m)	ESP	SAR	pH
정상 토양	< 4.0	< 15	< 13	< 8.5
염류토양	> 4.0	< 15	< 13	< 8.5
나트륨성 토양	< 4.0	> 15	> 13	> 8.5
염류나트륨성 토양	> 4.0	> 15	> 13	< 8.5

정답 17 ③ 18 ① 19 ① 20 ④

21

어떤 토양이 Al^{3+} 0.5$cmol_c$/kg, Ca^{2+} 8.0$cmol_c$/kg, Mg^{2+} 2.0$cmol_c$/kg, H^+ 7.5$cmol_c$/kg, K^+ 1.0$cmol_c$/kg, Na^+ 1.0$cmol_c$/kg의 교환성 양이온을 함유하고 있을 때, 이 토양의 염기포화도(%)는?

15 국가직 7급 기출

① 40　　② 50
③ 55　　④ 60

해설 염기포화도(%) = 교환성양이온 / 양이온교환용량 ×100
- 양이온교환용량 = 문제에 제시된 양이온함량의 합 = 양이온교환용량 = 20$cmol_c$/kg
- 수소와 알루미늄을 제외한 교환성 양이온(Ca^{2+}, Mg^{2+}, K^+, Na^+)함량의 합 = 12

22

토양 2g을 1N-ammonium acetate 용액 50ml로 교환성 양이온을 추출하였다. 추출 용액 중 Ca 농도가 400mg/L일 때, 토양 중 Ca 농도($cmol_c$/kg)는? (단, Ca 원자량은 40이다)

15 국가직 7급 기출

① 25　　② 50
③ 250　　④ 500

해설
- 50ml 용액으로 추출하였을 때 Ca 농도가 400mg/L이므로 추출액 속의 Ca 양은 20mg이다.
- 토양 2g에서 추출한 것이므로 토양 1g 당 10mg의 Ca이 있다고 볼 수 있다.
- 10mg/g = 10,000mg/kg
- Ca의 원자량은 40이므로 Ca 1mol의 질량은 40g이다. Ca 10,000mg은 0.25mol(=10/40)이 되므로 10,000mg/kg = 0.25mol/kg = 25cmol/kg이 된다.
- Ca은 2가 양이온이기 때문에 몰농도에 2를 곱하면 50$cmol_c$/kg이 된다.

23

토양교질입자의 확산이중층에 대한 설명으로 옳지 않은 것은?

14 국가직 7급 기출

① 입자표면에서 멀어질수록 음이온과 양이온의 농도가 감소한다.
② 확산이중층 내에서는 양이온이 음이온보다 많이 존재한다.
③ 용액 중의 이온농도가 높아지면 교환성 양이온층은 압착된다.
④ 확산이중층 내의 이온들은 층 밖의 이온들과 교환될 수 있다.

해설 **확산전기이중층**
- 음전하를 띤 교질 표면에 가까울수록 양이온 농도는 늘어나고, 음이온 농도는 멀어질수록 증가하는 확산층이 형성된다.
- 확산전기이중층 내부의 양이온을 교환성 양이온이라고 한다.
- 교질의 전하가 영향을 끼치지 못 하는 전위값 0을 제타퍼텐셜이라 한다.

21 ④ 22 ② 23 ① 정답

24

토양 pH 변화에 따른 토양의 양전하(+)와 음전하(-) 변화곡선에 대한 설명으로 옳지 않은 것은?

14 국가직 7급 기출

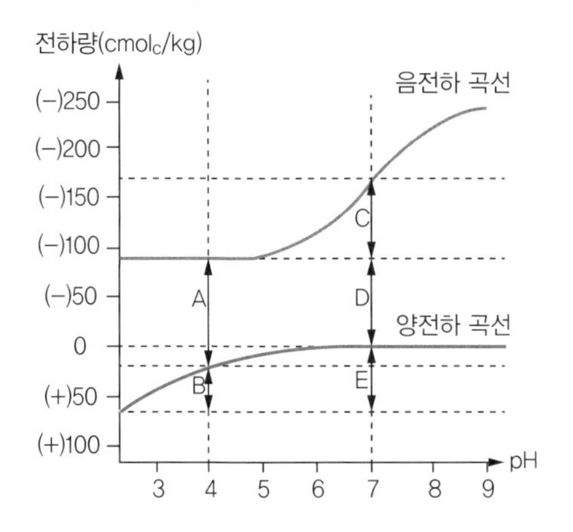

① pH 4에서 영구전하량은 D이다.
② pH 4에서 가변전하량은 A-D이다.
③ pH 7에서 가변전하량은 C이다.
④ pH 7에서 순전하량은 C+D+E이다.

해설 pH가 증가하면서 가변전하 중 음전하는 증가하고, 양전하는 감소하여 0이 된다. pH 7에서 순전하량은 C+D이다. E는 pH 변화와 함께 변화된 양전하량의 변화폭을 나타낸다.

25

담수 상태 논에서 일어나는 산화환원반응에 대한 설명으로 옳은 것은?

14 국가직 7급 기출

① 토양 산화환원 전위가 증가하면 질소, 망간, 철 화합물은 환원된다.
② 표층에서 철은 Fe^{2+}로 환원되어 침전된다.
③ 심층에서 NO_3^-가 전자수용체로 이용되어 탈질작용이 일어난다.
④ 유기물이 쉽게 분해되면 토양이 산화 상태로 변한다.

해설 ① 토양의 산화환원전위가 증가하면 질소, 망간, 철 화합물은 산화된다.
② 표층에서 철은 Fe^{3+}로 산화되어 침전된다.
④ 유기물이 쉽게 분해되면 산소가 부족해져 토양이 환원상태로 변한다.

26

토양 내에서 발생하는 탈질작용에 대한 설명으로 옳지 않은 것은?

14 국가직 7급 기출

① 배수가 불량한 토양이나 산소가 부족한 토양 조건에서 일어난다.
② 10℃ 이하에서 탈질작용의 속도가 매우 느리다.
③ 중성의 pH보다 pH 5 이하에서 탈질 속도가 빠르다.
④ 토양이 불포화수분상태일 때에도 일어날 수 있다.

해설 탈질작용의 속도는 pH 5 이하의 낮은 pH와 10℃ 이하의 낮은 온도에서 매우 느리다.

정답 24 ④ 25 ③ 26 ③

27

점토광물 단위 구조에서 알루미늄 팔면체에 대한 규소 사면체의 비율이 가장 낮은 것은?

14 국가직 7급 기출

① Gibbsite
② Smectite
③ Kaolinite
④ Vermiculite

해설 깁사이트는 알루미늄수산화물이다. 화학식 $Al(OH)_3$

28

토양표면전하와 이온교환반응에 대한 설명으로 옳은 것은?

11 국가직 7급 기출

① 동형치환에 의해 생성된 전하는 가변전하로서 양이온교환반응을 증가시킨다.
② 토양 내 유기물함량이 증가할수록 영구전하도 증가하여 음이온교환반응이 커진다.
③ 수소이온(H^+)으로 포화된 토양에 $CaCl_2$보다 $CaCO_3$를 사용할 경우, H^+ 치환에 더 유리하다.
④ 1mol의 칼슘이온을 교환하기 위해서는 1mol의 칼륨이온이 필요하다.

해설 ① 동형치환에 의해 생성된 전하는 영구전하로서 양이온교환반응을 증가시킨다.
② 토양 내 유기물함량이 증가할수록 가변전하도 증가하여 음이온교환반응이 커진다.
④ 1mol의 칼슘이온(2가 양이온)을 교환하기 위해서는 2mol의 칼륨이온(1가 양이온)이 필요하다.

29

석회물질을 이용해서 pH 3인 산성토양을 중화시킬 때, 석회물질이 가장 많이 소요되는 토양은?

11 국가직 7급 기출

① 토양표면에 알루미늄 흡착량이 적은 토양
② 염기포화도(Base Saturation Percentage) 가 높은 토양
③ 활산도(Active Acidity) 비율이 높은 토양
④ 잠산도(Potential Acidity) 비율이 높은 토양

해설 교환해야 할 수소이온과 알루미늄 흡착량이 적은 토양일수록 중화하는데 석회물질이 적게 소요된다. 염기포화도가 높다는 것은 수소이온의 상대적으로 적다는 의미이고, 활산도는 전체산도에 비해 매우 적은 부분을 차지하기 때문에 잠산도의 영향이 훨씬 크다.

30

토양산성화 요인으로 적합하지 않은 것은?

11 국가직 7급 기출

① 수용성 알루미늄 이온의 가수분해
② 질소산화(질산화 과정)
③ 식물체 뿌리에 의한 양이온 흡수
④ CO_3^{2-} 또는 HCO_3^-의 생성

해설 CO_3^{2-} 또는 HCO_3^-는 중탄산염을 형성하여 OH^-를 방출하기 때문에 토양의 pH를 상승시킨다.

27 ① 28 ③ 29 ④ 30 ④ 정답

31

산성토양 1kg을 중화하는데 1M $CaCO_3$가 50ml 소요되었다. 이 토양 10a를 깊이 20cm까지 중화시키는데 소요되는 $CaCO_3$의 총량[kg]은? (단, $CaCO_3$의 몰질량은 100g/mol, 토양깊이 20cm까지의 평균 용적밀도는 $1.2g/cm^3$이다) 11 국가직 7급 기출

① 100 ② 120
③ 1,000 ④ 1,200

해설
- 토양의 무게 = 토양의 부피 × 용적밀도
  = $1,000m^2$ × 0.2m × $1.2Mg/m^3$ = 240Mg
  = 240,000kg
- $CaCO_3$의 몰질량은 100g/mol이므로 1M $CaCO_3$ 용액 50ml에 녹아있는 $CaCO_3$는 5g이 됨(몰농도는 1리터를 기준으로 함)
- 토양 1kg을 중화하는데 5g이 사용된 셈이므로 $CaCO_3$의 총량[kg]은 0.005kg ×240,000 = 1,200kg

32

어느 토양의 양이온교환용량(CEC)이 pH 5.0에서 $8cmol_c/kg$이고, pH 8.2에서 $14cmol_c/kg$이다. pH가 높아짐에 따라 토양의 CEC가 증가되는 이유는? 12 국가직 7급 기출

① 점토광물에 존재하는 Al 이온이 K 이온을 동형치환하기 때문이다.
② 유기교질물질의 작용기에서 H 이온이 방출되어 음전하가 증가되기 때문이다.
③ 2:1형 점토광물의 표면에서 pH 의존적 전하가 증가되기 때문이다.
④ 1:1형 점토광물 사면체 층에서 Al 이온이 Si 이온을 동형치환하기 때문이다.

해설
- 양이온교환용량과 pH와의 관계 : pH 증가 → pH 의존성 음전하 증가 → CEC 증가
- 유기교질물질의 표면전하는 모두 가변전하이기 때문에 pH 변화에 따라 크게 변동하게 된다.

33

나트륨성 토양(Sodic Soil)에 대한 설명으로 옳지 않은 것은? 12 국가직 7급 기출

① 교환성 나트륨 퍼센트가 15% 이상이고, pH가 8.5 이상이다.
② pH가 높은 이유는 Na 탄산염이 Ca 탄산염보다 용해도가 높기 때문이다.
③ 건조기에 염들이 백색으로 석출되므로 백색 알칼리토양이다.
④ pH가 높아지는 이유는 CO_3^{2-}가 가수분해되면 OH^-가 생성되기 때문이다.

해설 나트륨성 토양은 교질물로부터 해리된 Na가 Na_2CO_3를 형성하고 분산된 유기물이 토양 표면에 분포되어 어두운 색을 띠기 때문에 흑색 알칼리토양(Black Alkali Soil)이라 불린다.

34

토양을 구성하는 입자들의 표면전하량에 대한 설명으로 옳지 않은 것은? 12 국가직 7급 기출

① 화산재에서 유래된 Alophane 점토광물은 영구전하를 가지지 못하는 대신 pH 의존적 전하를 가진다.
② Vermiculite는 표면전하량이 매우 많고 이들 전하의 대부분은 pH에 의존하지 않는다.
③ 토양 유기물은 토양 광물들에 비해 전하량이 월등히 많고 이들 전하의 대부분은 pH에 의존하지 않는다.
④ Kaolinite는 표면전하량은 적으나 분쇄하면 절단면에서 pH 의존적 전하가 생성된다.

해설 토양 유기물은 토양 광물들에 비해 전하량이 월등히 많고 이들 전하의 대부분은 pH의존적인 가변전하이다.

정답 31 ④ 32 ② 33 ③ 34 ③

35

토양의 CEC가 다음 표의 구성성분에 의하여 결정될 경우, CEC가 가장 낮을 것으로 예상되는 토양은?

13 국가직 7급 기출

토 양	Allophane (g/kg)	Vermiculite (g/kg)	Gibbsite (g/kg)	Humus (g/kg)
A	400	0	100	30
B	100	100	0	30
C	0	200	200	20
D	50	50	50	20

① A
② B
③ C
④ D

해설 **토양교질물의 양이온교환용량(CEC)**

토양교질물	CEC($cmol_c$/kg)
부식(Humus)	100~300
버미큘라이트	80~150
스멕타이트 (몬트몰리오나이트)	60~100
함수 운모(Hydrous Mica)	25~40
클로라이트	10~40
카올리나이트	3~15
금속산화물(Sesquioxide)	0~3
알로페인	100~800

토 양	Allophane (%)	Vermiculite (%)	Gibbsite (%)	Humus (%)	CEC($cmol_c$/kg)	
					최솟값	최댓값
A	40	0	10	3	43	329
B	10	10	0	3	21	104
C	0	20	20	2	18	36.6
D	5	5	5	2	11	56.65

36

토양반응은 식물 생육에 있어 매우 중요한 역할을 한다. 다음 중 토양반응에 대한 설명으로 잘못된 것을 고르시오.

14 서울시 지도사 기출

① 작물의 생육에 적절한 토양의 pH는 무기질 토양에서 6.5 정도로 알려져 있다.
② 토양 pH가 6 이하로 되면 미량원소인 B, Zn, Fe, Cu 등의 유효도가 낮아져서 식물에 결핍이 되기 쉽다.
③ 토양이 나타내는 산성 또는 알칼리성의 정도를 토양반응이라고 하며, 보통 pH로 나타낸다.
④ 강우량이 많은 기후조건에서는 Mg^{2+}, Ca^{2+}, K^+와 같은 염기가 빗물에 의하여 용탈되므로 토양이 산성화 된다.
⑤ 토양 pH가 5 이하의 강산성이 되면 Al의 해작용으로 식물의 생장이 방해된다.

해설 토양 pH가 6 이하로 되면 미량원소인 B, Zn, Fe, Cu 등의 유효도가 높아진다.

35 ④ 36 ② 정답

37

광물의 동형치환에 대한 설명 중 옳지 않은 것은?

14 서울시 지도사 기출

① 동형치환이 일어난 후에는 광물의 구조가 변하게 된다.
② 광물 생성 단계에서 사면체와 팔면체의 정상적인 중심 양이온 대신 다른 양이온이 치환되는 현상이다.
③ 동형치환은 원래 양이온 대신 크기가 비슷한 다른 양이온이 치환되어 들어간다.
④ 규소사면체에서 Si^{4+} 대신 Al^{3+}의 치환이 일어날 수 있다.
⑤ 원래 양이온보다 양전하가 많은 이온이 치환되게 되면 순 양전하를 갖게 된다.

해설 원래 양이온 대신 크기가 비슷한 다른 양이온이 치환되어 들어가기 때문에 광물구조에는 변화가 없어서 동형치환이라 한다.

38

염해 토양 중 중성의 가용성 염의 EC가 4dS/m보다 높고, 또한 ESP가 15보다 높은 토양을 무엇이라 하는가?

14 서울시 지도사 기출

① 염류토양
② 산성토양
③ 염류–나트륨성 토양
④ 알칼리토양
⑤ 나트륨성 토양

해설 **염류집적토양의 분류 기준**

구 분	EC_e (dS/m)[1]	ESP[2]	SAR[3]	pH[4]
정상 토양	< 4.0	< 15	< 13	< 8.5
염류 토양	> 4.0	< 15	< 13	< 8.5
나트륨성 토양	< 4.0	> 15	> 13	> 8.5
염류나트륨성 토양	> 4.0	> 15	> 13	< 8.5

1) EC_e : 포화침출액(토양 공극이 포화될 정도의 물을 가하여 반죽한 후 뽑아낸 토양용액)의 전기전도도, 단위는 dS/m → 용액의 이온 농도가 클수록 큰 값을 나타냄
2) ESP : 교환성 나트륨퍼센트(Exchangeable Sodium Percentage), 토양에 흡착된 양이온 중 Na^+가 차지하는 비율(Exchangeable Sodium Ratio, ESR)을 %로 나타낸 것
3) SAR : 나트륨흡착비(Sodium Adsorption Ratio), 토양용액 중의 Ca^{2+}, Mg^{2+}에 대한 Na^+의 농도비, 관개용수의 나트륨 장해를 평가하는 지표로도 사용됨
4) pH : 수소이온 농도의 (–)대수값

정답 37 ① 38 ③

39

토양과 토양용액의 반응에서 양이온은 콜로이드입자에 흡착하게 된다. 다음 보기의 빈칸 ㉠, ㉡, ㉢에 알맞은 단어순서와 각 양이온들의 흡착 세기 순위를 알맞게 짝지은 것은? 14 서울시 지도사 기출

> 양이온의 흡착 세기는
> - 양이온의 전하가 (㉠)할수록 증가한다.
> - 양이온의 수화반지름이 (㉡)수록 증가한다.
> - 교환체의 음전하가 (㉢)할수록 증가한다.

① 증가 – 클 – 증가 / Mg < K < Na < H
② 증가 – 작을 – 감소 / Na < K < Ca < H
③ 증가 – 작을 – 증가 / Na < K < Mg < H
④ 감소 – 클 – 증가 / H < Mg < K < Na
⑤ 감소 – 클 – 감소 / H < Ca < Na < K

해설 흡착세기 : $Na^+ < K^+ = NH^{4+} < Mg^{2+} = Ca^{2+} < Al(OH)_2^+ < H^+$

40

다음 중 Kaolinite에 대한 설명으로 옳은 것은? 14 서울시 지도사 기출

① 2개의 규소사면체층 사이에 1개의 알루미늄팔면체층이 결합하는 단위구조로 되어 있다.
② 고온건조한 지방에서 심하게 풍화된 토양에서 발견되는 중요한 점토광물이다.
③ 다른 층상의 규산염광물들에 비하여 상당히 큰 $600\sim800cmol_c/kg$의 음전하를 가진다.
④ 양이온이나 물분자가 단위구조층 사이에 끼어들어 가는 것이 불가능하므로 비팽창형 광물이다.
⑤ 단위구조체의 중심이온인 Al^{3+} 대신 Mg^{2+}로 동형치환이 주로 이루어진다.

해설 ①·②·③·⑤는 2:1형 규산염점토광물에 대한 설명이다.

39 ③ 40 ④ 정답

PART 6

토양생물과 유기물

CHAPTER 01

토양생물

01 토양생물의 분류

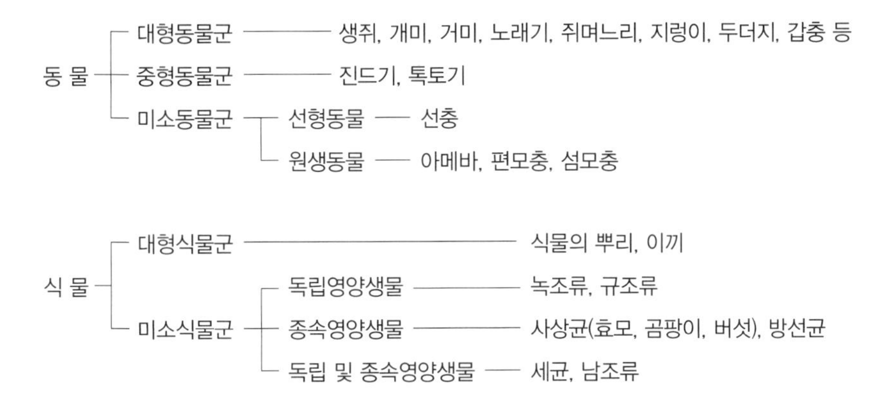

02 토양생물의 활성 측정

(1) 토양미생물의 수

① 하나의 독립된 미생물이 하나의 집락을 형성한다는 가정하에 집락형성수(Colony Forming Unit, CFU)를 세서 나타냄

② 실험법 : 희석평판법(단위 : cfu/g 또는 cfu/ml)

③ 인공배지로 배양할 수 있는 미생물이 제한적임

④ 최근 유전공학기법을 이용해 보완하고 있음

(2) 토양미생물체량(Microbial Biomass)

① 토양 중 미생물 바이오매스의 양을 측정하는 방법

② 인공배지에서 검출할 수 없는 미생물의 양도 포함되어 측정됨

(3) 토양미생물 활성

① 미생물의 호흡작용 및 효소 활성을 측정함

② 미생물 활성이 클수록 이산화탄소 발생량 증가

③ 주요 효소

㉠ 탈수소효소(Dehydrogenase) : 유기물의 분해와 관련

㉡ 인산가수분해효소(Phosphatase) : 유기태 인산을 유효화시킴

㉢ 단백질가수분해효소(Protease) : 단백질을 아미노산으로 분해함

참고

토양의 생물학적 기능에 기여하는 비율

미생물 80%, 대형동물(지렁이) 14%, 중형 및 미소동물군 2%, 기타 4%

CHAPTER

02 토양생물 종류

01 동 물

(1) 지렁이 – 대형동물

① 약 3,000여종, 종류에 따라 토양 깊은 곳까지 이동

㉠ *Lumbricus terrestris* : 붉은 색을 띠며 토양 깊은 곳까지 이동

㉡ *Allolobophora caliginosa* : 핑크색을 띠며 토양 표면 부근에 서식

② 토양 속에 수많은 통로(생물공극)를 만들어 토양의 배수성과 통기성을 증가시킴

③ 지렁이의 점액물질은 토양구조 개선과 미생물의 활성에 유익

④ 분변토

㉠ 지렁이의 내장기관을 통과하여 나온 배설물, 안정된 입단 형성

㉡ 지렁이 소화기관에서 1차 분해되었기 때문에 일반 유기물에 비해 무기화작용이 쉬움

⑤ 지렁이 체내에 축적된 질소, 인, 황 때문에 지렁이 사체는 쉽게 분해되어 식물의 양분으로 재이용됨

⑥ 지렁이 서식상과 토양환경요인

㉠ 공기가 잘 통하는 습한 지역에서 서식밀도 높음

㉡ 유기물 시용은 지렁이 개체수를 증가시킴

㉢ 적정 토양반응 : 약산성(pH 5.5)~약알칼리성(pH 8.5)

㉣ 칼슘이 많은 토양 선호 : Spodosol보다 Mollisol에 지렁이 개체수가 많음

㉤ 생육적정 토양온도 : 10℃ 부근, 봄이나 가을에 왕성하게 활동

㉥ 포식자(두더지, 생쥐, 일부 진드기, 노린재 등)와 과다한 암모니아태 질소(NH_4^+–N), 농약(특히 카바메이트계 살충제)는 지렁이 개체수를 감소시킴

㉦ 잦은 경운(특히 트랙터에 의한 경운)도 지렁이 개체수를 감소시킴

연습문제

지렁이가 연간 1ha당 400Mg(ton)의 토양을 먹고 배출한다고 할 때, 면적 1ha, 깊이 10cm의 토양(용적밀도 = 1.25Mg/m³)을 모두 먹고 배출하려면 몇 개월이 걸리는지 계산하시오.

풀이 토양무게 = 토양부피 × 용적밀도 = ($10{,}000m^2$ × 0.1m) × (1.25Mg/m^3) = 1,250Mg

1,250Mg/400Mg = 2.5년

(2) 진드기 – 중형동물군

① 식물의 잔사를 조각내어 분해를 촉진시킴
② 직접적인 유기물 분해 작용은 미비
  ㉠ 사상균의 포자 운반
  ㉡ 유기물과 토양 혼합
  ㉢ 분비물이 미생물의 서식지로 기능

(3) 선충 – 미소동물

① 미소동물군에 속하며 토양 $1m^2$에 일반적으로 백만 마리 이상 존재
② 토양선충의 90%가 토양 깊이 15cm 내에 서식
③ pH가 중성이며 유기물이 풍부한 환경, 특히 식물의 뿌리 근처에서 밀도가 높음
④ 먹이원에 따라 식균성, 초식성, 포식성, 잡식성으로 분류
  ㉠ *Meloidogyne*속 : 식물 기생성 선충, 토마토와 담배 등의 뿌리에 혹을 만들어 피해를 줌
  ㉡ *Aphelenchus avenae* : 식균성 선충, 병원성 사상균인 *Rhizoctonia Solani*를 먹이로 함
⑤ 작물재배에서 많은 피해 유발

참고

*Arthrobotrys oligospora*와 같은 사상균은 선충을 포식함 → 생물학적 방제에 이용

(4) 원생동물 – 미소동물

① 단일세포동물로서 세균과 조류의 중요한 포식자
  ㉠ 크기 10~100㎛, 30,000종 이상
  ㉡ 유기물이 풍부하고 통기성이 좋으며, pH 6~8에서 잘 자람
② 분류(움직이는 방법) : 편모상 원생동물(가장 많음, 하나 이상의 편모를 가짐), 섬모상 원생동물(섬모를 가짐), 아메바상 원생동물(위족을 가짐)
③ 미생물의 군락에 영향을 주며 유기물 분해를 촉진함

02 미생물

(1) 조류(Algae)

① 광합성을 하고 산소를 방출하는 생물로 지질시대 지구화학적 변화에 중요한 역할
 ㉠ 탄산칼슘 또는 이산화탄소를 이용하여 유기물을 생성함
 ㉡ 사막에서 탄소화합물을 생성하여 토양형성에 기여함
 ㉢ 스스로 탄수화물을 합성하므로 질소, 인 및 칼리와 같은 영양원이 갑자기 많아지면(부영양화, Eutrophication) 생육이 급증(Algal Bloom)하여 녹조나 적조현상을 일으킴
② 종류 : 녹조류(Green Algae), 규조류(Diatoms), 황녹조류(Yellow Green Algae) 등

참고

Chlamydomonas
토양입단을 형성하는 탄수화물을 분비함, 사질 또는 점질토양의 침식방지를 위해 이용됨

(2) 사상균(효모, 곰팡이, 버섯)

① 곰팡이(사상균은 일반적으로 곰팡이를 지칭)
 ㉠ 종속영양생물 : 유기물이 풍부한 곳에서 활성이 높음
 ㉡ 호기성 생물이지만 이산화탄소의 농도가 높은 환경에서도 잘 적응
 ㉢ 사상균의 수는 세균보다는 적지만, 강한 대사활성으로 강력한 분해자 역할을 함
 ㉣ 일반적인 종 : *Penicillium, Mucor, Fusarium, Aspergillus*

참고

- *Aspergillus oryzae* : 콩간장과 같은 식품의 발효균, 많은 식물병 유발
- *Phytophthora* : 역병균 유발

② 효 모
 ㉠ 주로 혐기성인 담수토양에 서식
 ㉡ 술과 빵의 조제에 이용
 ㉢ *Saccharomyces cerevisiae, S. carlsbergensis* 등
③ 버 섯
 ㉠ 수분과 유기물의 잔사가 풍부한 산림이나 초지에 주로 서식
 ㉡ 지상부인 자실체가 있으며, 균사는 토양이나 유기물의 잔사에 널리 뻗어 있음
 ㉢ 목질조직의 분해와 식물의 뿌리와의 공생적 관계에서 중요한 역할

(3) 균근균(Mycorrhizal Fungi)

① 균근(Mycorrhizae) : '사상균 뿌리'라는 뜻, 사상균과 식물 뿌리와의 공생관계 의미

② 식물은 5~10%의 광합성 산물을 균근균에 제공하고 균근균으로부터 여러 가지 이득을 취함

㉠ 식물 뿌리의 연장(감염 뿌리로부터 5~15cm까지 균사 생장) - 수분과 양분 흡수 촉진

㉡ 양분의 유효도 증가 - 인산의 흡수 촉진

㉢ 독성 인자의 흡수 억제 - 과도한 염류와 중금속 이온의 흡수 억제

㉣ 항생물질의 생성 및 뿌리 표피 변환 - 병원균과 선충으로부터 식물 보호

㉤ 토양의 통기성과 투수성 증가 - 토양 입단화 촉진

㉥ 균사의 연결을 통해 식물 사이 양분 전달(근류균과 균근균이 균사를 통해 질소와 인산을 전달함)

③ 균근균의 종류

구 분	외생균근(Ectomycorrhizae)	내생균근(Endomycorrhizae)	내외생균근
형태적 특징	• 표피세포 사이의 공간에 침입 • Hartig 망 형성 • 피층 둘레에 균투 형성	• 세포의 내부조직까지 침투 • 균투를 형성하지 않음 • 근권과 뿌리표면, 세근의 피질조직에 포자 형성 • Vesicles(낭상체) 형성 • Arbuscules(수지상체) 형성	어린 묘목에서만 나타남
해부학적 구조	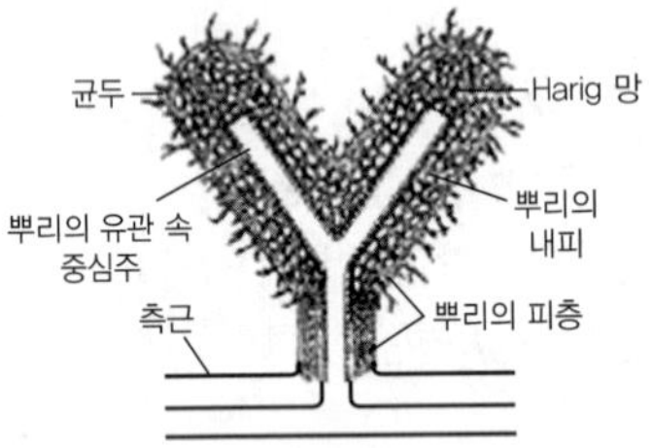	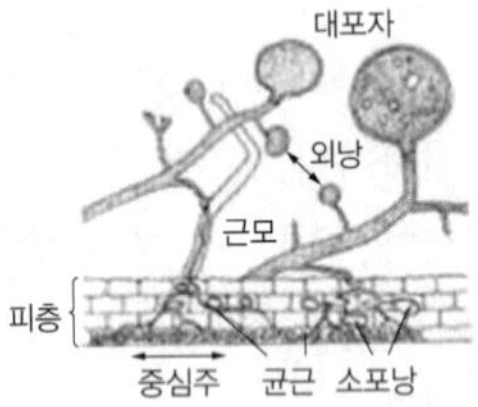	
배양 특성	실험실에서 단독배양 가능	살아있는 식물의 뿌리를 통해서만 배양 가능	
기주 특성	• 거의 수목에만 한정됨 • 나무, 참나무, 너도밤나무, 자작나무, 피나무 등	초본류, 작물, 과수, 대부분의 산림수목	소나무류의 묘목
관련 종	자낭균, 담자균	접합자균	외생균근

㉠ *Pisolithus tinctorius* : 외생균근균, 나무의 유묘에 널리 사용, 척박한 토양에 접종하면 나무의 생장이 촉진됨

㉡ Arbuscular mycorrhiza(AM) : 대표적인 내생균근, *Glomus, Gigaspora, Acaulospora, Sclerocystis, Scutellospora* 등이 속함

참고

균근을 형성하지 않는 작물 : 배추, 겨자, 카놀라, 브로콜리, 사탕무, 근대, 시금치 등

④ 균근균의 이용
  ㉠ 광합성 환경은 좋으나 토양비옥도가 낮을 때 균근이 발달함
  ㉡ 접종 방법 : 자생지 토양이나 유기물, 균근 접종된 유묘, 균근균 순수배양액
  ㉢ AM균근균은 증식시키기 위해 기주식물이 필요함

(4) 방선균(Actinomycetes)

① 형태적으로 사상균과 비슷하지만, 세균과 같은 원핵생물이며 그람 양성균
② 실모양의 균사상태로 자라면서 포자(Spore) 형성
  ㉠ 사상균 균사폭 : 3~8㎛
  ㉡ 방선균 균사폭 : 0.5~1.0㎛
③ 토양미생물의 10~50%를 구성, 대부분이 유기물을 분해하고 생육하는 부생성 생물
④ Geosmins : 흙에서 나는 냄새 물질로 방선균(*Actinomyces oderifer*)이 분비
⑤ 생육환경
  ㉠ 대부분 호기성 균으로서 과습한 곳에서는 잘 자라지 않음
  ㉡ 건조한 환경에서는 포자 상태로 잠복한 후 발아됨
  ㉢ 산성에 약하고 알칼리성에 내성이 있음
  ㉣ pH 5 이하에서 전체 미생물의 1% 이하로 줄어듦
⑥ 주요 방선균 : *Micromonospora, Nocardia, Streptomyces, Streptosporangium, Thermoactino-myces* 등
  ㉠ 병원성 방선균 : *Mycobacterium tuberculosis* – 결핵병, *Streptomyces scabie* – 감자 더뎅이병
  ㉡ 질소고정 : *Frankia* 속 방선균은 관목류와 공생하여 질소 고정
  ㉢ 항생물질 생성 : *Streptomyces* 속 방선균
  ㉣ 대부분의 방선균은 무해

(5) 세균(Bacteria)

① 원핵생물로 가장 원시적인 형태의 생명체
② 거의 모든 지역에 분포, 물질순환작용에서 핵심 역할, 매우 다양한 대사작용에 관여
③ 기본 형태 : 구형(Cocci), 막대형(Bacilli), 나선형(Spirilla)

④ 세균의 분류

㉠ 탄소원과 에너지원에 따른 분류

구 분	탄소원 (생체물질구성)	에너지원 (대사에너지)	대표적 미생물군
화학종속영양생물	유기물 분해	유기물 분해	부생성 세균, 대부분의 공생 세균
광합성자급영양생물	CO_2	빛	Green Bacteria, Cyanobacteria, Purple Bacteria
화학자급영양생물	CO_2	무기물 산화 (철, 황, 암모늄 등)	질화세균, 황산화세균, 수소산화세균

㉡ 생육적온에 따른 분류

고온성균(Thermophile)	중온성균(Mesophile)	저온성균(Psychrophile)
40~50℃	15~35℃	15℃ 이하

참고

Thermus aquaticus : 온천에서 발견되는 세균으로 100℃ 부근에서도 생육

㉢ 산소 요구성에 따른 분류

편성호기성균(Obligate aerobe)	산소를 절대적으로 요구하는 세균
편성혐기성균(Obligate anaerobe)	산소에 의하여 치명적인 저해를 받는 세균
미호기성균(Microaerophille)	산소를 요구하나 일정 농도가 되면 독성이 됨
통성혐기성균(Facultative Anaerobes)	산소를 이용하다가 부족해지면 SO_4^{2-}, CO_3^{2-}, NO_3^-를 이용하는 세균

㉣ 기타 : 호산성균(Acidophile), 호알칼리성균(Alkalophile), 호염성균(Halophile), 호한발성균(Xerophile), 가뭄저항성균(Xerophile)

⑤ 질소순환에 관여하는 균

㉠ 암모니아생성균 : 유기물로부터 암모니아를 생성하는 미생물(세균, 방선균, 사상균), 단백질분해효소(Proteinase, Protease, Peptidase 등)를 분비함

단백질 → 아미노산 → 암모니아 → 암모늄

㉡ 질산화균(Nitrifying Bacteria) : 자급영양세균, 암모니아를 산화하여 에너지를 얻음

구 분	세균명	반응식
암모니아산화균	*Nitrosomonas, Nitrosococcus, Nitrosospira*	$NH_3 + \frac{3}{2}O_2 \rightarrow NO_2^- + H^+ + H_2O$
아질산산화균	*Nitrobacter, Nitrocystis*	$NO_2^- + \frac{1}{2}O_2 \rightarrow NO_3^-$

㉢ 탈질균 : NO_3^-를 기체 질소로 환원(탈질작용)시키는 균 – Pseudomonas, Bacillus, Micrococcus, Achromobacter

$$2NO_3^- \xrightarrow{-2[O]} 2NO_2^- \xrightarrow{-2[O]} 2NO \xrightarrow{-[O]} N_2O\uparrow \xrightarrow{-2[O]} N_2\uparrow$$

PLUS ONE

탈질작용의 조건과 제어

- 조건 : 유기물과 질산 풍부, 온도 25~35℃, pH 중성, 산소부족(10% 미만)
- 제 어
  - 농경지 토양에서 탈질현상에 의한 질소의 손실을 막기 위해 질산화작용 저해제(Nitrification Inhibitor) 사용 : Dwell, N–Serve, Nirapyrin, ATC 등의 제품이 있음
  - 폐수, 하수, 하천에서 질소를 제거하기 위해 탈질작용을 이용함

㉣ 질소고정균

단생질소고정균(Free–living Nitrogen Fixing Bacteria)	
Azotobacter	타급영양, 호기성세균, 중성 또는 알칼리성 토양에 분포
Beijerinckia, Derxia	광범위한 pH 조건에서 생장, 특히 열대 산성토양에 많음
Klebsiella, Azospirillum, Bacillus	미호기성 질소고정세균
Clostridium, Desulfovibrio, Desulfomaculum	편성혐기성 질소고정세균
Cyanobacteria (Blue–green algea)	광합성세균, 논토양에서 질소를 고정하는 수생생물

공생질소고정균(Symbiotic Nitrogen Fixing Bacteria)	
근류균	공생 콩과식물
Rhizobium leguminosarum *Rhizobium loti* *Rhizobium phaseoli* *Rhizobium trifolii* *Rhizobium lupini*	클로버, 완두, 콩, 렌즈콩 트레포일 콩, 땅콩, 아까시나무 클로버 루피너스
Sinnorhizobium meliloti *Sinnorhizobium fredii*	스위트클로버, 알팔파, 콩, 트리고넬라
Bradyrhizobium japonicum	콩

참고

미생물에 의한 질소고정량은 연간 약 2억 톤, 농업용 질소 사용량의 65% 해당, 광합성 다음으로 중요한 생물학적 작용

PLUS ONE

근류의 형성

1) 근류 : 콩과식물과 공생하는 질소고정균이 형성하는 뿌리혹(Root Nodule)
2) 근류균을 뿌리혹박테리아라 함
3) 근류 형성과정
   ① 콩과식물 뿌리와 세균과의 신호 교환
      ㉠ 콩과식물 뿌리 : 플라보노이드(Flavonoid) 또는 루테올린(Luteolin) 분비
      ㉡ 세균 : 리포폴리사카라이드(Lipopolysaccharide) 분비
   ② 접촉 → 뿌리털이 심하게 구부러짐 → 감염사(Infection Thread) 형성 → 세균이 뿌리 세포에 침투 → 대량 증식 → 근류 형성
   ③ 세균이 원래 막대모양에서 곤봉모양으로 변환(박테로이드로 변환, 공중 질소 고정할 수 있는 형태)
4) 질소고정반응식
   ① 질소고정효소(Nitrogenase) : Ferrodoxin 또는 Flavodoxin이 Mg과 ATP와 함께 활성화시킴
   ② $N_2 + 8e^- + 16ATP + 10H^+ \rightarrow 2NH_4^+ + 16ADP + 16P_i$

⑥ 인산가용화균

㉠ 유기산(착화합물로서 Al^{3+}, Fe^{3+}, Ca^{2+}와 강하게 결합)을 분비하여 불용화된 인산을 용해하여 가용화하는 세균

㉡ *Pseudomonas, Mycobacter, Bacillus, Enterobacter, Acromobacter, Flavobacterium, Erwinia, Rahnella*

㉢ Al^{3+}의 독성을 줄여줌

⑦ 금속 산화환원균

㉠ 금속의 산화 : 산화 에너지로 ATP 합성(Thiobacillus ferroxidans의 철 산화반응)

$12FeSO_4 + 3O_2 + 6H_2O \rightarrow 4Fe_2(SO_4)_3 + 4Fe(OH)_3$

㉡ 금속의 환원 : 산소 결핍 환경에서 최종 전자수용체로 사용(*Geobacter metallireducens*의 철 환원반응)

$CH_3COO^- + 8Fe^{3+} + 4H_2O \rightarrow 2HCO_3^- + 8Fe^{2+} + 9H^+$

㉢ 수은이온의 무독화 : 황환원균이 자신을 보호하기 위해 수은 이온을 무독화시킴

Hg^{2+}(수은이온) + $B_{12} - CH_3$(메틸코발라민) → CH_3Hg^+(메틸수은) + B_{12}(환원된 코발라민)

- 메틸수은과 디메틸수은 : 친유성이기 때문에 새와 물고기의 지방에 축적됨
- 수은중독에 의한 미나마타병 발생

연습문제

미생물 개체수 구하는 공식
$\log N_t = \log N_0 + (t/t_d) \times \log 2$
N_t : 일정 시간이 지난 후의 미생물수, N_0 : 초기 미생물수, t : 미생물이 자란 시간,
t_d : 미생물수가 배로 되는 데 걸리는 시간 = 세대기간, n : 세대수

문제 1 **세대기간이 1시간인 세균 10,000개체가 24시간 자라면 몇 개체가 되겠는가? 단, log2 = 0.3으로 계산한다.**

풀이 $\log N_t = \log 10{,}000 + (24/1) \times \log 2 = 4 + 24 \times 0.3 = 11.2$
$N_t = 10^{11.2} = 10^{0.2} \times 10^{11} = 1.6 \times 10^{11}$ (개체)

문제 2 **처음 미생물 개체수가 10^6이었고, 24시간 배양 후 10^8이 되었다. 이 미생물의 세대기간은 몇 시간인가? 단, log2 = 0.3으로 계산한다.**

풀이 $\log 10^8 = \log 10^6 + (24/t_d) \times \log 2$
$8 = 6 + (24/t_d) \times 0.3$
t_d = 3.6시간(= 3시간 36분)

03 미생물과 식물

(1) 고등식물의 뿌리

① 뿌리의 부피는 토양부피의 약 1%를 차지하나 뿌리호흡량은 전체 토양호흡량의 25~30% 차지
 ㉠ 산소를 놓고 미생물과 경합
 ㉡ 미생물에게 탄소와 에너지원 공급
 ㉢ 토양의 물리화학성에 중요한 영향을 끼침
② 식물뿌리의 크기
 ㉠ 크기에 따라 중형 또는 미소 생물로 간주
 ㉡ 미세한 뿌리의 지름 : 100~400㎛
 ㉢ 뿌리털의 지름 : 10~50㎛, 사상균의 균사와 유사한 크기
③ 작물 수확 후 남는 뿌리의 양은 지상부의 15~40%

(2) 근권(Rhizosphere)

① 근권 : 살아있는 뿌리의 영향을 받는 주변 토양(뿌리로부터 2mm 범위)
 ㉠ 뿌리 삼출물, 점액성의 유기화합물, 뿌리세포 분해산물, 이탈된 세포와 조직으로 비옥
 ㉡ Mucigel : 뿌리의 점액에 미생물과 점토가 섞여 있는 것
② R/S율(Root/Soil Ratio)
 ㉠ 단위토양 중 뿌리의 양
 ㉡ 근권 토양과 비근권 토양에 존재하는 미생물의 밀도비율과 밀접한 관련
 ㉢ 근권 토양의 R/S율은 10~50, 근권 토양에 미생물이 10~50배 많다는 것을 의미

(3) 식물생장촉진 근권미생물(PGPR) : 근권에 서식하는 세균

① PGPR = Plant Growth Promoting Rhizobacteria
② 종자의 발아 또는 식물의 성장 촉진
 ㉠ *Rhizobium, Azotobacter, Azospirillium* - 질소고정력 증가
 ㉡ *Bacillus* - Gibberellic Acid, Indolacetic Acid 등의 식물생장촉진호르몬 생성
 ㉢ *Pseudomonas* : 종자나 뿌리에 군락형성능력과 철을 결합시키는 시데로포아(Siderophore) 생성
  → 철분을 결핍시켜 병원성 미생물의 세포생장이나 발육을 억제함

(4) 유전자조작미생물

① 유전자조작미생물(Genetically Engineered Microorganisms, GEM)
 ㉠ BT GEM : 살충제용 생물농약, Bacillus thuringiensis(BT)에서 분리한 유전자를 *Pseudomonas fluorescens*균에 넣어 형질전환시킨 것, 근권에 서식하는 해충 구제에 사용
 ㉡ 기타 GEM : 질소고정능, 균근 활성 증가, 식물 병원균에 대한 길항능력 증진에 이용

② 생태계 안전성에 대한 위험 내포

㉠ 새로운 유전자가 토착 미생물에 전이될 위험성

㉡ 항생제 내성 유전자가 병원균에 전이되어 병원균의 항생제 내성을 증가시키는 부작용

㉢ 인체로의 전이 위험성

③ 토양미생물의 분자유전적 분석

㉠ 배지배양이 안 되는 미생물을 동정할 수 있음

㉡ 핵산 분석을 통해 종의 계통발생학적 분류 가능

㉢ 극미량의 핵산으로 가능

참고

PCR(Polymerization Chain Reaction, 중합효소연쇄반응) 분석

미생물에 고유하게 보존된 부분의 primer를 증폭시켜 유전자 염기서열을 밝히는 기술

CHAPTER

03 토양유기물

01 탄소순환

(1) 이산화탄소의 고정

① 광합성에 의한 고정

② 바다와 호소에 용해

③ 토양유기물로 저장

④ 화석연료로 저장

⑤ 암석에 저장

(2) 이산화탄소의 방출

① 호 흡

② 바이오매스의 분해

③ 바다와 호소로부터 방출

④ 화석연료의 연소

(3) 온실효과

① 온실기체(Greenhouse Gas)

CO_2, CH_4, O_3, N_2O, CFC(Chlorofluoro-carbons, 염화불화탄소)

② 온실기체는 지구에서 방출되는 복사에너지를 흡수하여 다시 대기권 안으로 되돌리기 때문에 지구의 기온이 상승하게 됨

02 식물체의 구성성분

(1) 식물체의 주요 구성물질과 원소

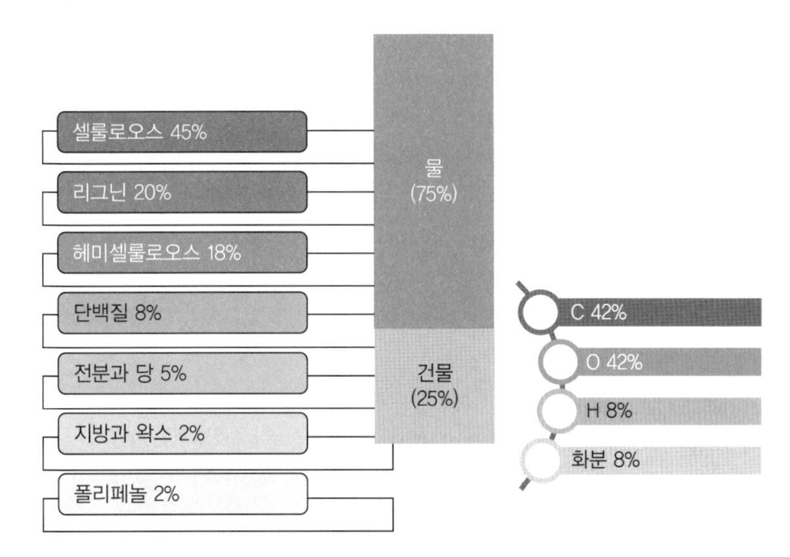

(2) 가용성 유기물(Water Soluble Organic Compounds)

① 물에 녹는 유기화합물 : 유리 아미노산, 유기산, 단당류 등

② 토양미생물에 의해 직접 흡수되어 이용됨

(3) 단백질(Protein)

① 펩타이드 결합으로 연결된 아미노산 중합체(Polymer)

② 미생물에 의해 아미노산으로 분해되어 식물체와 미생물의 영양물질로 이용됨

③ 아미노산이 더 분해되면 질소와 황이 생성되며 식물체와 미생물의 영양물질로 이용됨

(4) 셀룰로오스(Cellulose)

① 세포벽을 구성하는 구조다당류 중의 하나, 식물체에서 가장 풍부한 탄소화합물

② 포도당(Glucose)이 β-1,4 결합으로 연결된 중합체

③ 식물체가 성장함에 따라 증가(어린 식물 약 15%, 성장한 식물 약 50%)

④ 셀룰로오스 분해효소 : Cellulase

⑤ 분해미생물

(사상균 - Trichoderma, Aspergillus, Penicillium, Fusarium) (세균 - Pseudomonas, Bacillus)

(5) 헤미셀룰로오스(Hemicellulose)

① 식물체에서 두 번째로 풍부한 탄소화합물(식물체 건물 중의 7~30%)
② 식물의 세포벽에 많음
③ 셀룰로오스에 비해 분해되기 쉬운 구조를 가짐

(6) 펙틴(Pectin)

① 식물체 세포벽의 구성성분
② Galacturonic Acid 중합체이며, 일부가 메틸화된 Galacturonic Acid로 존재
③ 중간 라멜라(Middle Lamella)층에서 세포벽과 세포벽을 결합시킴
④ 셀룰로오스 분해미생물에 의해 분해되며, 분해속도는 헤미셀룰로오스와 비슷

(7) 리그닌(Lignin)

① 식물체에서 세 번째로 풍부한 탄소화합물
② Phenylpropene이 불규칙하게 축합된 화합물 → 분해에 대한 저항성이 매우 큼
③ 토양 속 리그닌은 분해되지 않고 미생물이 생성하는 다른 물질과 결합하여 부식을 형성함 → 분해에 대한 저항성이 큰 토양유기물 구성

(8) 전분(Starch)

① 식물의 알곡, 줄기, 뿌리 및 괴경에서 발견되는 저장탄수화물
② 아밀로오스(Amylose) : 포도당(Glucose)이 α-1,4 결합으로 연결된 중합체, 선형
③ 아밀로펙틴(Amylopectin) : 선형의 아밀로오스에 α-1,6 결합의 가지를 가진 중합체

(9) 질소성분(Nitrogenous Components)

① 아미노산, 단백질, 아미노당, 비타민, DNA, RNA 형태로 존재
② 쉽게 분해되어 미생물의 양분이 됨
③ 미생물이 사멸했을 때 쉽게 분해되어 나오기 때문에 식물체나 미생물이 쉽게 이용함

참고

식물체 구성물질의 분해도
당류 · 전분 > 단백질 > 헤미셀룰로오스 > 셀룰로오스 > 리그닌 > 지질 · 왁스 · 탄닌 등

03 유기물의 분해

(1) 토양에 가해진 유기물의 변환

① 신선한 유기물이 지속적으로 공급되지 않으면 토양의 유기물함량은 감소되며 잔존 유기물의 분해저항성은 증가함

② 고유미생물과 발효형 미생물

㉠ 고유미생물

- 안정화된 환경에서 분해 저항성이 큰 유기물을 이용하여 살기 때문에 서식 밀도가 낮음
- 새로운 유기물이 들어올 때 발효형 미생물에 의해 일정기간 압도되지만 분해 저항성이 큰 유기물이 증가하면서 다시 우점하게 됨

㉡ 발효형 미생물

- 새로운 유기물이 가해지면 개체수가 급증하여 고유미생물을 압도함
- 개체수가 정점에 달할 때 호흡으로 발생하는 CO_2 발생량도 최고점에 달하게 됨
- 분해저항성이 큰 유기물이 증가하면서 개체수가 줄어들다 초기 상태로 돌아감

③ 기폭효과(Priming Effect) : 발효형 미생물이 분해 저항성이 큰 부식이나 리그닌의 분해를 촉진시키는 효과

④ 토양유기물의 변환

(2) 유기물 분해 요인

① 환경요인

㉠ pH : 대부분의 미생물이 중성상태에서 활성이 높음

㉡ 산소 : 혐기조건보다 호기조건에서 유기물 분해가 빠름

㉢ 수분 : 토양 공극이 약 60% 물로 채워져 있을 때 유기물 분해가 빠름

㉣ 온도 : 미생물 분해활동 적정온도는 25~35℃

참고

중온성 균

- 토양에서 활성이 강한 미생물, 10^7~10^{10} CFU/g(토양) 정도 존재
- 한대지방 침엽수림지대의 낙엽은 낮은 온도로 분해되지 않기 때문에 쌓이게 됨

② 유기물의 구성요소

㉠ 리그닌 함량 : 나무가 성숙할수록 증가하며, 분해되는데 더 많은 시간이 걸림

㉡ 페놀 함량 : 건물 무게의 3~4%가 되면 분해속도가 크게 느려짐

③ **탄질률** : 유기물을 구성하는 탄소와 질소의 비율, C/N Ratio

㉠ 탄질률에 따른 유기물 분해 특성

탄질률	20 이하	20~30	30 이상
주요 작용	• 무기화작용 우세 • 토양에 무기태 질소 증가	양방향 균형	• 고정화작용 우세 • 미생물에 의해 질소가 고정되면서 토양의 무기태 질소 감소 또는 고갈 → 질소 기아현상
분해속도	빠 름	중 간	느 림
예 시	가축분뇨, 알팔파	호밀껍질	나무톱밥, 밀짚, 옥수수대

㉡ 식물체 및 미생물의 탄질률

구 분	%C	%N	C/N
가문비나무 톱밥	50	0.05	600
활엽수 톱밥	46	0.1	400
밀 짚	38	0.5	80
제지공장의 슬러지	54	0.9	61
옥수수찌꺼기	40	0.7	57
사탕수수찌꺼기	40	0.7	50
잔디(블루그래스)	37	1.2	31
앨펄퍼(알팔파)	40	3.0	13
가축분뇨	41	2.1	20
박테리아	50	12.5	4
방사상균	50	8.5	6
곰팡이	50	5.0	10
부식산	58	1.0	58

④ 질소인자(Nitrogen Factor)

㉠ 유기물의 분해에 있어 부족한 질소량의 정도를 나타내기 위한 용어

㉡ 토양에서 질소가 미생물체로 고정되는 것을 막기 위하여 유기물질 100단위에 대해 공급해야 하는 무기질소의 단위수

아래 특성의 낙엽 8,000kg을 토양에 투입했을 때
- 탄소함량 : 42%(3,369kg)
- 질소함량 : 0.65%(52kg)
- C/N율 : 42/0.65 = 65

토양 중에 무기질소가 없는 경우 | **토양 중에 무기질소가 충분한 경우**

가정1. 토양미생물의 C/N율 : 8
가정2. 토양미생물의 탄소동화율 : 0.3333

토양 중에 무기질소가 없는 경우

- 낙엽에 함유되어 있는 52kg의 질소를 이용해 416kg의 탄소가 미생물에 동화됨
- 832kg의 탄소는 미생물 호흡으로 이산화탄소로 대기에 방출됨
- 낙엽 중 1,248kg의 탄소가 이용됨

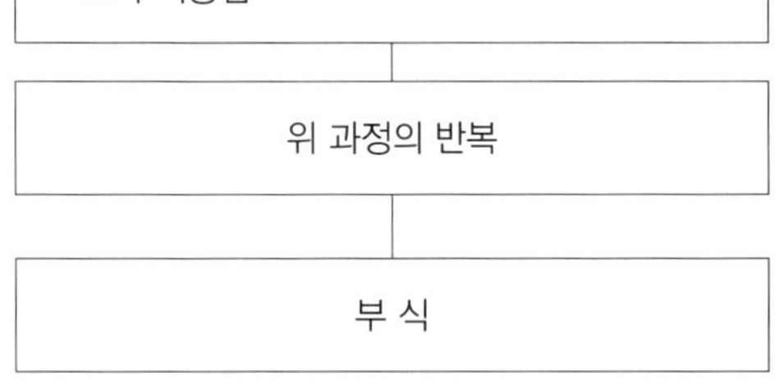

- 미생물이 사멸하고 52kg의 질소가 토양으로 방출
- 방출된 질소를 이용해 낙엽 중 1,248kg의 탄소가 이용됨

위 과정의 반복

부 식

토양 중에 무기질소가 충분한 경우

- 낙엽 중 탄소의 1/3인 1,120kg이 미생물에 의해 동화되는데, 이때 질소 140kg이 소요됨
- 낙엽에서 52kg
- 토양에서 88kg

부 식

연습문제

탄소함량 42%, 질소함량 0.6%인 볏짚 100g이 사상균에 의해 분해될 때 식물의 질소기아 없이 분해되려면 몇 g의 질소가 필요한가? 이때 사상균의 탄소동화율은 0.40이며 탄질률은 10으로 한다.

풀이 볏짚 100g 중 탄소는 42g, 질소는 0.6g, 따라서 C/N = 7.0
사상균이 동화시킨 탄소량은 42 × 0.40 = 16.8g이다. 사상균의 탄질률이 10이기 때문에 동화된 탄소량의 1/10에 해당하는 1.68g의 질소가 필요하다. 볏짚에는 0.6g의 질소가 있기 때문에 1.08g의 질소를 추가로 공급해줘야 한다.

연습문제

탄소함량 40%, 질소함량 2%인 유기물 250g이 토양미생물인 세균과 사상균에 의해 분해될 때 질소의 무기화와 고정화 중 어느 것이 일어나겠는가? 단, 토양미생물 중 1/3은 세균(탄소동화율 0.32, 탄질률 4)이고 2/3은 사상균(탄소동화율 0.44, 탄질률 10)이다.

풀이
- 유기물 250g 중 탄소는 100g, 질소는 5g, 따라서 C/N = 20
- 평균탄소동화율 계산 : 각각의 토양미생물이 차지하는 비율과 탄소동화율을 곱해서 나온 값의 합
  $1/3 \times 0.32 + 2/3 \times 0.44 = 0.4$
- 평균탄질률 계산 : 각각의 토양미생물이 차지하는 비율과 탄질률을 곱해서 나온 값의 합
  $1/3 \times 4 + 2/3 \times 10 = 8$
- 유기물 중 탄소 40g(100g ×0.4)이 동화되고, 5g(40/8)의 질소가 소요됨
- 유기물분해에 필요한 질소가 5g이고, 유기물로부터 공급되는 질소가 5g으로 같기 때문에 무기화와 고정화 모두 일어나지 않음

04 유기물 분해속도

(1) 화학평형반응

① 열역학(Thermodynamics)

㉠ 화학평형에 도달한 상태 설명

㉡ 평형상수(K)의 크기에 따라 열역학변수를 사용하여 설명

㉢ 열역학변수 : Gibbs 자유에너지, 엔탈피, 엔트로피

참고

반응이 잘 일어남 : K값이 클수록, Gibbs 자유에너지가 −일수록, 엔탈피가 −일수록, 엔트로피가 +일수록

② 동역학(Kinetics)

㉠ 평형반응이 얼마나 빠르게 일어나는지 반응시간을 설명

㉡ 반응온도의 영향을 크게 받음

㉢ 반응생성물의 농도를 구하기 어렵기 때문에 반응비 법칙(Rate Law)을 이용해 계산

$$\frac{d[A]}{dt} = -k[A]^n$$

$[A]$: 반응물 A의 몰농도, $d[A]$: 반응물 A의 몰농도 변화, k : 반응비상수, n : 반응차수

㉣ 반응비상수 : 유기물의 분해속도, 잔류농약의 반감기 결정에 중요한 상수

(2) 반응식의 적용

① 0차 반응(Zero-order Reaction) : $n=0$

㉠ 기질의 변화가 촉매(효소)에 의해서만 영향을 받는 조건에 적용 – 효소가 부족할 경우, 유기물의 분해는 효소의 양에 의존함

$$\frac{d[A]}{dt}=-k[A]^0$$

$$\int_0^t d[A]=-k\int_0^t dt$$

$$[A]_t=[A]_0-kt$$

㉡ 1차 직선식이므로 기울기를 통해 k를 구할 수 있음

㉢ 반감기($t_{1/2}$) 계산 : 최초 유기물의 농도가 50% 줄어드는데$\left([A]_t=\frac{1}{2}[A]_0\right)$ 걸리는 시간

$$t_{1/2}=\frac{[A]_0}{2k}$$

㉣ 평균잔류시간(Mean Residence Time, t_{mrt}) = 총전환시간(Turnover Time) : 최초 유기물의 농도에 해당하는 기질의 양($[A]_t=[A]_0$)을 분해하는데 소요되는 시간

$$t_{mrt}=\frac{[A]_0}{k}$$

연습문제

포도당을 2% 함유한 유기물을 토양에 섞어 비커에 넣고, 시간을 두고 포도당 함량을 측정하였다. 2시간 후에 측정한 포도당 함량은 1.6%였고, 4시간 후에는 1.2%였다. 반응속도상수, 6시간 후 남아 있는 포도당의 양, 반감기, 평균잔류시간을 계산하시오.

풀이 포도당 함량이 0.4%씩 일정하게 줄어드는 선형의 특성을 보이기 때문에 0차 반응식을 적용함

- 반응속도상수(k)
  $[A]_t=[A]_0-kt$에 대입하면, $1.6=2.0-2k$가 되므로, $k=0.2$가 되며, 단위를 붙이면 $k=0.2\text{hour}^{-1}$
- 6시간 후 남아있는 포도당의 양
  $[A]_t=[A]_0-kt$에 대입하면, $[A]_6=2.0-0.2\times6=0.8$이 되므로 0.8%
- 반감기($t_{1/2}$) : $t_{1/2}=\frac{[A]_0}{2k}$에 대입하면, $t_{1/2}=\frac{2.0}{2\times0.2}=5(\text{hours})$
- 평균잔류시간(t_{mrt}) : $t_{mrt}=\frac{[A]_0}{k}$에 대입하면, $t_{mrt}=\frac{2.0}{0.2}=10(\text{hours})$

② 1차 반응(First-order Reaction) : $n=1$

㉠ 기질의 변화가 기질농도의 1차에 비례할 때 적용 – 효소가 충분할 경우 유기물의 분해는 유기물의 농도에 비례함, 일반적으로 토양에서 일어나는 많은 반응은 1차 반응을 따름

$$\frac{d[A]}{dt}=-k[A]^1$$

$$\int_0^t \frac{1}{[A]}d[A]=-k\int_0^t dt$$

$$\ln[A]_t=\ln[A]_0-kt$$

$$[A]_t=[A]_0\times e^{-kt}$$

㉡ 로그로 변환한 1차 직선식의 기울기를 통해 k를 구할 수 있음

㉢ 반감기($t_{1/2}$) 계산 : $t_{1/2}=\frac{0.693}{k}$

㉣ 평균잔류시간(Mean Residence Time, tmrt) : $t_{mrt}=-\frac{1}{k}$

연습문제

토양 중의 유기물이 60mmol이었는데, 미생물 활성에 의하여 12시간 후에 40mmol, 42시간 후에 26.7mmol이 되었다. 반응속도상수, 반감기, 30시간 후 남아있는 유기물의 양을 계산하시오.

풀이 유기물량의 감소가 일정하게 줄어드는 선형의 특성을 보이지 않기 때문에 1차 반응식을 적용함

- 반응속도상수(k) : $\ln[A]_t=\ln[A]_0-kt$에 대입하면, $\ln40=\ln60-12k$가 되므로, $k=0.033$이 되며, 단위를 붙이면 $k=0.033\text{hour}^{-1}$
- 반감기($t_{1/2}$) : $t_{1/2}=\frac{0.693}{k}$에 대입하면, $t_{1/2}=\frac{0.693}{0.033}=21(\text{hours})$
- 30시간 후 남아있는 유기물의 양 : $[A]_t=[A]_0\times e^{-kt}$에 대입하면, $[A]_{30}=60\times e^{0-(0.033\times30)}=22.9(\text{mmol})$

③ 2차 반응(Second-order Reaction) : $n=2$

㉠ $\frac{d[A]}{dt}=-k[A]^2$

$$\int_0^t \frac{1}{[A]^2}\text{d[A]}=-k\int_0^t dt$$

$$\frac{1}{[A]_t}=\frac{1}{[A]_0}+kt$$

㉡ 반감기($t_{1/2}$) 계산 : $t_{1/2}=\frac{1}{k[A]_0}$

05 토양유기물의 특성

(1) 토양유기물의 분획

① 부 식

㉠ 대략적인 탄소/질소/인산/황의 비율 = 100/10/1/1

㉡ 탄질률 약 10 (탄소 약 58%, 질소 약 5.8%)

② 비부식성 물질

㉠ 다당류, 단백질, 지방 등이 미생물에 의하여 약간 변형된 물질

㉡ 토양유기물의 12~24%

㉢ 부식물질에 비하여 분해가 쉬움

③ 부식성 물질

㉠ 리그닌과 단백질의 중합 및 축합반응 등으로 생성

㉡ 무정형, 다양한 분자량, 갈색에서 검은색, 강한 분해저항성

㉢ 토양유기물의 60~80%

④ 토양유기물의 단계적 분획

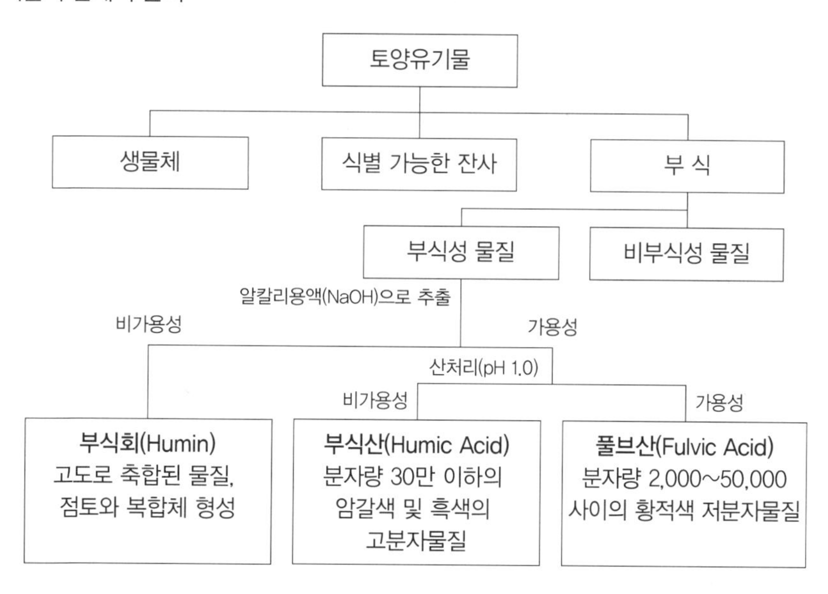

(2) 부식의 분해와 집적

① 침엽수의 잎은 활엽수의 잎보다 분해되기 어렵고 부식의 집적이 많아짐

② 셀룰로오스와 리그닌함량이 많은 볏짚은 단백질함량이 많은 클로버의 잎보다 분해되기 어렵고 부식의 집적이 많아짐

③ 식물의 유기물생산량은 25~30℃ 정도에서 최대이고, 토양생물의 유기물분해량은 호기적 및 혐기적 조건 하에서도 35~40℃에서 최대임 → 온대지역이 열대지역에 비해 토양에 유기물이 축적되기에 유리함

연습문제

부식의 탄소 함량이 58%이고 질소 함량이 5.8%라고 할 때, 토양분석결과 탄소 20g이 나왔다면 부식의 양은 얼마인가?

풀이 비례식을 세워 계산한다.
부식을 1이라고 할 때, 부식의 탄소는 0.58에 해당하므로
1 : 0.58 = x : 20 따라서 x = 34.48이 된다. 그러므로 부식의 양은 34.48g이다.

연습문제

위와 같은 조건에서 토양의 질소 함량이 50g으로 측정되었다면 탄소와 유기물의 양은 얼마인가?

풀이 마찬가지로 비례관계를 이용해 계산한다.
- 탄소 함량과 질소 함량의 비율이 58:5.8이므로 탄소량은 500g이 된다.
- 유기물을 1이라고 할 때, 유기물의 탄소는 0.58에 해당하므로
  1 : 0.58 = x : 500, 따라서 x = 862이 된다. 그러므로 부식의 양은 862g이다.

(3) 부식의 효과

① 화학적 효과

㉠ 무기양분의 공급 : 서서히 분해되어 N, P, K, Ca, Mg, Mn, B 등의 다량 및 미량원소 방출

㉡ 생리활성작용 : 부식물질의 주성분인 페놀성 카르복실산(Carboxylic Acid) 대사조절작용

㉢ 무기이온의 유효조절 : 부식의 킬레이트화합물이 Al의 유해작용을 억제하고, 인산의 비효를 높이고, 미량요소를 가용화시킴

㉣ 양이온치환능 : CEC가 점토보다 수배~수십 배 큼

㉤ 완충능 : 다수의 약산기를 가지고 있어 완충능이 강해짐

② 물리적 효과

㉠ 입단화 증진

㉡ 용적밀도 감소

㉢ 토양공극 증가

㉣ 토양의 통기성과 배수성 향상

㉤ 보수력 증가

㉥ 지온상승(부식의 검은색)

③ 생물적 효과

㉠ 토양동물이나 미생물의 에너지원과 영양원

㉡ 미생물 활성 증가

㉢ 생육제한인자 또는 식물성장촉진제 공급

연습문제

토양이 부식 5%와 점토 95%를 함유하고 있다면 부식으로부터 유래된 CEC는 얼마이고, 이 토양의 CEC는 얼마인가? 단, 부식의 CEC는 $220cmol_c/kg$이고, 점토의 CEC는 $20cmol_c/kg$이다.

풀이 부식과 점토의 비율에 각각의 CEC를 곱한 값의 합이 토양의 CEC가 된다.
- 부식의 CEC 기여분 : $0.05 \times 220cmol_c/kg = 11cmol_c/kg$
- 점토의 CEC 기여분 : $0.95 \times 20cmol_c/kg = 19cmol_c/kg$

따라서 토양 CEC는 $30cmol_c/kg$이다.

(4) 퇴비화 및 퇴비의 기능

① 탄소 이외의 양분 용탈 없이 좁은 공간에서 안전하게 보관

② 퇴비화 과정에 30~50%의 CO_2가 방출됨으로써 감량됨

③ 질소기아 없이 유기물 투입효과를 볼 수 있음

④ 탄질률이 높은 유기물의 분해 촉진

⑤ 퇴비화 과정의 높은 열에 잡초의 씨앗 및 병원성 미생물 사멸

⑥ 퇴비화 과정 중에 농약과 같은 독성 화합물 분해

⑦ 퇴비와 과정 중에 활성화된 *Pseudomonas, Bacillus, Actinomycetes* 등과 같은 미생물에 의해 토양병원균의 활성 억제

(5) 유기질 토양

① 유기물함량이 20~30% 이상인 토양 → 히스토졸(Histosol)에 속함

② 대부분 이탄(Peat)과 흑이토(Muck)

㉠ 이탄 : 갈색을 띰. 부분적으로 분해되어 있지만 섬유소 부분이 남아 있음

㉡ 흑이토 : 검은색을 띰. 식물 본래의 조직을 구분할 수 없음

③ 매우 낮은 가비중(0.2~0.4Mg/m^3), 높은 수분 흡수력(단위무게의 2~3배 물 흡수), 탄질률 약 20(분해될 때 질소 무기화로 식물에 질소 공급)

④ 히스토졸의 면적은 지구 표면적의 약 1%이지만 전 세계 토양유기물의 약 20% 보유

⑤ 히스토졸의 보존이 필요함 → 무분별한 개발과 파괴는 온실효과를 가중시킴

(6) 경작지 토양에서의 유기물 관리 방법

① 토양에 지속적으로 유기물을 투입하여 적정한 토양유기물함량을 유지함
- ㉠ 식물의 유체를 제거하지 않고 남겨둠
- ㉡ 동물의 분뇨나 퇴비를 꾸준히 투입함

② 토양 표면을 식물(특히 녹비작물)로 피복함
- ㉠ 토양침식에 의한 유기물 손실을 막아줌
- ㉡ 식물의 유체가 계속해서 토양에 공급될 수 있음

③ 토양 경운을 가급적 줄임 – 잦은 경운은 산소 공급을 늘려 유기물 분해를 촉진시킴

④ 밭토양은 논토양보다 유기물 분해가 빠르기 때문에 더 많은 유기물을 투입함

적중예상문제

01

토양 내 유기물이 분해되는 조건에 대한 설명으로 옳지 않은 것은? 19 국가직 7급 기출

① 중성 토양보다 강산성 토양에서 유기물의 분해 속도가 느리다.
② 높은 함량의 페놀화합물을 포함하는 유기물은 분해가 빠르다.
③ 높은 함량의 리그닌을 포함하는 유기물은 분해가 느리다.
④ 논토양보다 밭토양에서 유기물의 분해가 빠르다.

해설 미생물 활성이 좋은 환경에서 유기물 분해가 활발하다. 페놀화합물은 항균성이 있어 미생물의 활성을 억제한다.

02

토양 세균 중 무기물을 에너지원으로 하는 자급영양세균(Autotrophic Bacteria)에 해당하는 것은? 19 국가직 7급 기출

① *Clostridium*
② *Rhizobium*
③ *Nitrobacter*
④ *Azotobacter*

해설 질산화균(Nitrifying Bacteria) 암모니아를 산화하여 에너지를 얻는 자급영양세균이다.

구 분	세균명	반응식
암모니아 산화균	*Nitrosomonas, Nitrosococcus, Nitrosospira*	$NH_3 + \frac{3}{2}O_2$ $\rightarrow NO_2^- + H^+ + H_2O$
아질산 산화균	*Nitrobacter, Nitrocystis*	$NO_2^- + \frac{1}{2}O_2 \rightarrow NO_3^-$

- Clostridium : 편성혐기성 단생질소고정균
- Rhizobium : 공생질소고정균
- Azotobacter : 호기성 단생질소고정균

03

〈보기 1〉의 질소전환과정과 연관된 〈보기 2〉의 유기물의 특성을 바르게 연결한 것은? 18 국가직 7급 기출

보기 1
ㄱ. 질소 무기화 작용이 느리게 진행되는 경우
ㄴ. 질소 부동화 작용이 빠르게 진행되는 경우

보기 2
a. 탄질비가 낮고 리그닌 함량이 많은 유기물
b. 탄질비가 낮고 리그닌 함량이 적은 유기물
c. 탄질비가 높고 리그닌 함량이 적은 유기물
d. 탄질비가 높고 리그닌 함량이 많은 유기물

	㉠	㉡
①	a	c
②	a	d
③	b	c
④	b	d

정답 01 ② 02 ③ 03 ①

해설 탄질비가 높으면 질소의 무기화 작용이 우세하고, 낮으면 질소의 부동화 작용이 우세해진다. 리그닌은 유기물 분해의 난이도와 관련이 있어서 리그닌 함량이 높으면 분해속도가 느려지고, 리그닌 함량이 낮으면 분해속도가 빨라진다.

04

토양 유기물의 주 공급원인 식물체의 구성성분에 대한 설명으로 옳은 것은? 18 국가직 7급 기출

① 단백질은 식물 건물량에서 무게비가 가장 큰 성분이다.
② 셀룰로오스는 포도당의 중합체로 구성되어 있다.
③ 전분은 토양부식을 구성하는 주성분이다.
④ 폴리페놀은 생분해가 용이하다.

해설 ① 셀룰로오스는 식물 건물량에서 무게비가 가장 큰 성분이다.
③ 리그닌은 토양부식을 구성하는 주성분이다.
④ 폴리페놀은 생분해가 용이하지 않다.

05

토양 균근균(Mycorrhizal Fungi)에 대한 설명으로 옳지 않은 것은? 18 국가직 7급 기출

① 균근균은 식물뿌리로부터 탄수화물을 직접 얻는다.
② 균근균의 균사에 감염된 식물뿌리는 양분흡수율이 높아진다.
③ 균근균에 의해 식물은 가뭄에 대한 저항성이 낮아진다.
④ 균근균의 균사는 토양의 입단화를 촉진시켜 통기성을 높인다.

해설 균근균은 식물의 가뭄에 대한 저항성을 높여준다.

06

탄질률(C/N)이 30 이상인 유기물을 토양에 가하는 경우, 일어나는 현상으로 옳지 않은 것은? 17 국가직 7급 기출

① 미생물 증식이 지속적으로 증가한다.
② 질소의 부동화가 일어난다.
③ 일시적 질소기아 현상이 일어난다.
④ 유기물의 분해가 느리게 진행된다.

해설 탄질률(C/N)이 30 이상인 유기물을 토양에 가하는 경우,
- 고정화작용 우세
- 미생물에 의해 질소가 고정되면서 토양의 무기태 질소 감소 또는 고갈 → 질소기아현상
- 분해속도 느림

07

토양에 부숙 퇴비를 과다하게 시용하는 경우, 결핍 가능성이 가장 큰 미량원소는? 17 국가직 7급 기출

① Cu
② Al
③ Fe
④ Cl

해설 구리는 유기물과의 결합력이 매우 강하고 이동성이 낮은 특징이 있다. 식물에 흡수된 구리는 대부분 엽록체 내에 존재하며, 광합성과정과 단백질이나 탄수화물의 대사과정에 필요한 Cytochrome Oxidase와 같은 산화환원 관련 효소에 필요한 원소이다. 결핍되면 잎의 백화현상과 잎 전체가 좁아지고 뒤틀리는 현상이 나타난다.

04 ② 05 ③ 06 ① 07 ① 정답

08

뿌리혹을 형성하지 않은 질소고정세균(Nitrogen Fixing Bacteria)과 공생하는 식물은?

17 국가직 7급 기출

① 알팔파
② 아졸라
③ 콩
④ 오리나무

해설 아졸라(Azolla)
- 열대와 온대지방에 널리 분포하는 수생 양치식물
- 체내 질소의 70% 이상을 아졸라 공생 남조류(일명 Cyanobacteria)인 *Anabaena azollae*에 의해 고정된 공중질소로 해결한다.

09

토양-생물-대기 간의 질소순환에 대한 설명으로 옳지 않은 것은?

17 국가직 7급 기출

① 유기물 시용은 NH_4^+-N의 질산화를 촉진한다.
② 탈질작용은 산소 농도가 낮은 토양조건에서 일어난다.
③ 알칼리성 토양에 요소 시비는 NH_3-N의 휘산을 촉진한다.
④ NO_3^--N는 용탈되어 지하수 오염의 원인이 된다.

해설 유기물 시용은 암모니아생성균의 NH_4^+-N 생성을 촉진한다.

단백질 → 아미노산 → 암모니아 → 암모늄

10

토양 탄질률에 대한 설명으로 옳지 않은 것은?

16 국가직 7급 기출

① 탄질률이 큰 유기물은 탄질률이 작은 유기물보다 분해속도가 느리다.
② 탄질률이 20~30보다 작은 유기물을 토양에 가할 경우 식물은 일시적으로 질소기아 현상을 일으킨다.
③ 생육일수가 짧은 녹비작물은 성숙한 녹비작물보다 탄질률이 낮고 NO_3^- − N 공급이 용이하다.
④ 탄질률이 높은(>30) 유기물을 가하면 미생물과 고등식물 간 질소경쟁을 일으켜서 토양의 질소 유출을 억제할 수 있다.

해설 질소기아현상은 탄질률이 30보다 클 때 일어난다.

11

다음과 같은 용해도 특성을 갖는 토양 부식성분을 순서대로 바르게 나열한 것은?

16 국가직 7급 기출

ㄱ. 알칼리용액으로 추출되지 않고 남아있는 물질 ㄴ. 알칼리용액에 용해되지만 pH<2에서 침전되는 물질 ㄷ. 알칼리용액 추출 후 pH<2로 산성화시켰을 때 침전되지 않고 용액에 남아 있는 물질

	ㄱ	ㄴ	ㄷ
①	부식회 (Humin)	부식산 (Humic Acid)	풀브산 (Fulvic Acid)
②	풀브산 (Fulvic Acid)	부식회 (Humin)	부식산 (Humic Acid)
③	부식회 (Humin)	풀브산 (Fulvic Acid)	부식산 (Humic Acid)
④	풀브산 (Fulvic Acid)	부식산 (Humic Acid)	부식회 (Humin)

정답 08 ② 09 ① 10 ② 11 ①

해설 **부식성분의 분획**

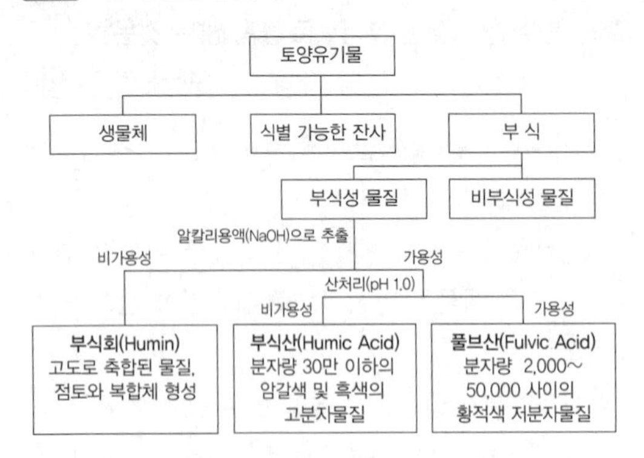

12

탈질균이 호기조건과 혐기조건에서 이용하는 전자수용체를 바르게 나열한 것은? 15 국가직 7급 기출

	호기조건	혐기조건
①	O_2	NO_3^-
②	HCO_3^-	NH_4^+
③	Fe^{3+}	NO_2^-
④	SO_4^{2-}	NO

해설 탈질균은 호기조건에서는 전자전달체로 산소를 이용하고, 혐기조건에서는 질산을 이용한다.

13

다음 그래프는 시간에 따른 리그닌 및 폴리페놀의 양과 탄질률(C/N Ratio)에 따른 무기질소의 변화를 나타낸 것이다. ㉠에 해당하는 유기물의 상태를 알맞게 제시한 것은? 15 국가직 7급 기출

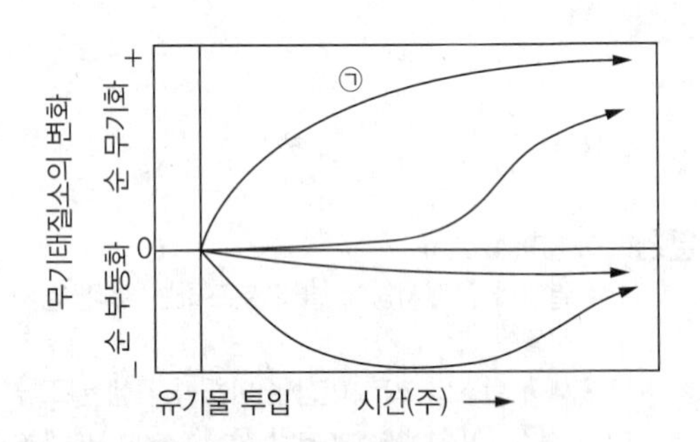

① 낮은 리그닌 및 폴리페놀 함량, 낮은 탄질률
② 낮은 리그닌 및 폴리페놀 함량, 높은 탄질률
③ 높은 리그닌 및 폴리페놀 함량, 낮은 탄질률
④ 높은 리그닌 및 폴리페놀 함량, 높은 탄질률

해설 ㉠은 질소성분의 순 무기화가 빠른 속도로 증가하는 곡선을 그린다. 즉 유기물 분해 속도가 빠르다고 볼 수 있다. 이러한 현상은 탄질률이 낮고, 리그닌 및 폴리페놀 함량이 낮을 때 일어난다.

14

토양 생물의 활성을 측정하는 방법과 원리에 대한 설명으로 옳지 않은 것은? 15 국가직 7급 기출

① 미생물 개체 수 : 집락(Colony)을 형성할 수 있는 독립된 미생물의 세포수
② 생물체량 : 검출되지 않은 개체를 포함하는 토양에 존재하는 전체 생물체량
③ 효소 활성 : 광합성 반응에 관여하는 효소에 의한 산소 발생량
④ 생물활성도 : 호흡 시 발생하는 이산화탄소의 양

12 ① 13 ① 14 ③ 정답

해설 **토양 생물 활성과 관련 있는 효소**

- 탈수소효소(Dehydrogenase) : 유기물의 분해와 관련된다.
- 인산가수분해효소(Phosphatase) : 유기태 인산을 유효화시킨다.
- 단백질가수분해효소(Protease) : 단백질을 아미노산으로 분해한다.

15

담수 상태 논에서 발생하는 온실가스가 아닌 것은?

14 국가직 7급 기출

① CO_2　　② N_2O
③ NH_3　　④ CH_4

해설 담수 상태의 논토양은 환원상태에 놓인다.

16

탄소 함량 40%, 질소 함량이 0.6%인 볏짚 10톤을 질소 함량 20%인 유안을 이용하여 C/N율 20으로 조절할 때, 필요한 유안의 양[kg]은?

14 국가직 7급 기출

① 350
② 700
③ 1,400
④ 3,500

해설

- 볏짚 10톤 중 탄소량 = 10톤 × 0.4 = 4톤 = 4,000kg
- 볏짚 10톤 중 질소량 = 10톤 × 0.006 = 0.06톤 = 60kg
- 유안 Xkg 중 질소량 = Xkg × 0.2 = 0.2Xkg
- 탄질률 20 = 4,000/(60 + 0.2X), X = 700

17

글로멀린(Glomulin)을 생성하여 토양 입단 형성에 관여하는 토양생물은?

14 국가직 7급 기출

① 세 균　　② 균근균
③ 방선균　　④ 원생동물

해설 글로멀린 : 균근균이 생성하는 끈적끈적한 단백질

18

탄질률(C/N Ratio)이 가장 높은 유기물은?

11 국가직 7급 기출

① 활엽수 톱밥
② 밀 짚
③ 사탕수수 찌꺼기
④ 알팔파

해설 **식물체 및 미생물의 탄질률**

구 분	%C	%N	C/N
가문비나무 톱밥	50	0.05	600
활엽수 톱밥	46	0.1	400
밀 짚	38	0.5	80
제지공장의 슬러지	54	0.9	61
옥수수 찌꺼기	40	0.7	57
사탕수수 찌꺼기	40	0.7	50
잔디(블루그래스)	37	1.2	31
앨펄퍼(알팔파)	40	3.0	13
가축분뇨	41	2.1	20
박테리아	50	12.5	4
방사상균	50	8.5	6
곰팡이	50	5.0	10
부식산	58	1.0	58

정답 15 ① 16 ② 17 ② 18 ①

19

탄질률(C/N Ratio)이 10 정도인 유기물을 토양에 투입하였을 때, 나타나는 현상은? 11 국가직 7급 기출

① 투입유기물의 분해가 급속히 진행된다.
② 미생물 활성증대로 인해 탈질화가 증가한다.
③ 식물생육과정 중 일시적인 질소기아현상을 나타낸다.
④ 부숙과정 중 질소의 손실이 증가한다.

해설 **탄질률 20 이하인 유기물을 토양에 투입하였을 때**
- 무기화작용 우세
- 토양에 무기태 질소 증가
- 분해속도 빠름

20

토양 100g 중의 점토 함량이 40%, 부식 함량이 2%이다. 이 토양의 양이온교환용량(CEC) [$cmol_c$/kg]은? (단, 점토의 CEC는 20, 부식의 CEC는 250이고, 모래와 미사의 CEC는 무시한다) 12 국가직 7급 기출

① 10
② 1
③ 12
④ 13

해설 점토의 CEC × 점토의 함량 + 부식의 CEC × 부식의 함량 + 모래와 미사의 CEC × 모래와 미사의 함량
= 20 × 0.4 + 250 × 0.02 + 0 × 0.52 = 13

21

미생물에 대한 설명으로 옳지 않은 것은? 12 국가직 7급 기출

① Thermophile : 고온성 미생물로 40~50℃에서 생육과 활성이 높지만, 100℃ 부근에서도 생육 가능한 경우도 있다.
② Facultative Anaerobes : 산소를 우선적으로 이용하지만 산소가 부족할 때는 CH_4, NH_3, H_2S 등을 전자수용체로 이용한다.
③ Xerophile : 가뭄 저항성이 크다.
④ Halophile : 높은 염농도에서 생육이 좋다.

해설 통성혐기성균(Facultative Anaerobes)은 산소를 이용하다가 부족해지면 SO_4^{2-}, CO_3^{2-}, NO_3^-를 이용한다.

22

부식의 교질 특성에 대한 설명으로 옳은 것은? 12 국가직 7급 기출

① 부식은 비결정질이며 부식의 비표면적과 흡착능은 층상의 점토 광물보다 크다.
② 부식의 음전하는 pH 의존적 전하인데 이는 부식산들이 다가의 강산으로 작용하기 때문이다.
③ 부식의 등전점은 대개 3 정도로서 토양의 pH가 3 이하에서 부식은 순 음전하를 가진다.
④ 부식의 작용기 중 음전하 생성에 가장 큰 기여를 하는 것은 페놀성 OH이다.

19 ① 20 ④ 21 ② 22 ① 정답

해설 **부식의 전기적 성질**

- 부식의 등전점(순전하 = 0일 때의 pH) : pH 3 정도
- pH 3 이상일 때, 부식은 순 음전하를 가진다.
- pH가 높을수록 순 음전하가 증가하기 때문에 교질의 양이온교환용량도 증가한다.
- 부식이 가지는 음전하의 약 55%는 카르복실(Carboxyl)기의 해리에 의한 것이다.
- Humic Acid의 약산의 특성으로 넓은 pH 범위에서 매우 큰 완충작용이 일어난다.

23

유기물이 많은 A토양과 유기물이 적은 B토양을 비교한 설명으로 옳지 않은 것은? 12 국가직 7급 기출

① A토양이 B토양보다 토양 생물의 활성이 높다.
② A토양이 B토양보다 용적밀도가 높다.
③ A토양이 B토양보다 양이온교환용량이 크다.
④ A토양이 B토양보다 완충능력이 크다.

해설 유기물은 토양 생물의 활성을 높이고, 양이온교환용량과 완충능력을 증가시키며, 용적밀도를 낮춰준다.

24

가축 분뇨와 같은 유기성 폐자원을 토양에 바로 투입하지 않고 퇴비화한 후 처리할 때 장점으로 옳지 않은 것은? 12 국가직 7급 기출

① 유기물의 탄질률(C/N Ratio)을 낮출 수 있고 토양에 투입되었을 때 가용 질소 성분의 고갈을 방지할 수 있다.
② 퇴비화 과정 중에 식물생육에 영향을 미치는 병원성 미생물들과 잡초종자들을 제거할 수 있다.
③ 원재료보다 취급이 용이하고 품질이 균일해진다.
④ 탄소 : 질소 : 인산의 비율이 식물생육에 이상적인 비료가 된다.

해설 일반적으로 가축분뇨퇴비를 질소 성분량 기준으로 시비하게 되면, 인산의 과잉을 초래한다.

25

식물체 구성성분들 중 토양 내 분해속도가 빠른 것에서 느린 것의 순으로 나열한 것은? 13 국가직 7급 기출

① Starch – Cellulose – Hemicellulose – Lignin
② Starch – Cellulose – Lignin – Hemicellulose
③ Starch – Hemicellulose – Lignin – Cellulose
④ Starch – Hemicellulose – Cellulose – Lignin

해설 **식물체 구성물질의 분해도**

당류 · 전분 > 단백질 > 헤미셀룰로오스 > 셀룰로오스 > 리그닌 > 지질 · 왁스 · 탄닌 등

정답 23 ② 24 ④ 25 ④

26

질소고정균에 대한 설명으로 옳지 않은 것은?

13 국가직 7급 기출

① 남조류는 광합성 미생물로서 질소고정도 한다.
② 질소고정은 Nitrogenase에 의하여 N_2가 NO_3^-로 전환되는 반응이다.
③ 비공생 독립 질소고정균에는 Achromobacter와 Pseudomonas 등이 있다.
④ Rhizobium은 공생 질소고정균에 속한다.

해설 **질소고정반응**

$N_2 + 8e^- + 16ATP + 10H^-$
$\rightarrow 2NH_4^+ + 16ADP + 16P_i$

27

토양생물의 분류와 종 다양성에 대한 설명 중 옳지 않은 것은?

14 서울시 지도사 기출

① 토양 생물종이 다양하게 분포할수록 토양의 잠재적 생물활성이 높아진다.
② 토양 동물은 대형동물군, 중형동물군, 미소동물군으로 분류할 수 있다.
③ 토양 생물의 다양성은 토양의 통기성, 영양분, pH, 온도, 수분 등의 영향을 받는다.
④ 사상균과 방선균은 미소동물군의 종속영양생물로 분류할 수 있다.
⑤ 진드기는 중형동물군으로 분류할 수 있다.

해설 사상균과 방선균은 미소식물군에 속한다.

28

다음 각 보기는 질소순환에 관여하는 균에 대한 설명이다. 각 보기의 균이 바르게 짝지어진 것은?

14 서울시 지도사 기출

> ㉠ 전형적인 자급영양세균으로 암모니아를 산화하여 에너지를 얻는다.
> ㉡ 독립적으로 생활하면서 질소를 고정한다.

① ㉠ 질산화균, ㉡ 단생질소고정균
② ㉠ 질산화균, ㉡ 공생질소고정균
③ ㉠ 암모니아생성균, ㉡ 단생질소고정균
④ ㉠ 암모니아생성균, ㉡ 공생질소고정균
⑤ ㉠ 암모니아생성균, ㉡ 질산화균

해설
- 질산화균 : 암모니아를 산화하여 에너지를 얻는 균
- 탈질균 : NO_3^-를 기체 질소로 환원(탈질작용)시키는 균
- 암모니아생성균 : 유기물로부터 암모니아를 생성하는 미생물
- 단생질소고정균 : 독립적으로 생활하면서 질소를 고정하는 균
- 공생질소고정균 : 식물과 공생하면서 질소를 고정하는 균

26 ② 27 ④ 28 ① 정답

PART 7

식물영양과 비료

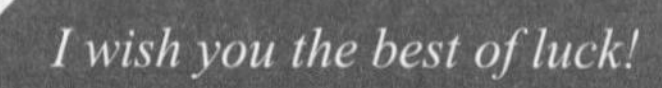
I wish you the best of luck!

토양비옥도와 식물영양

01 토양비옥도

(1) 토양비옥도의 이해

① 토양비옥도(Soil Fertility) : 식물이 필요로 하는 영양소를 보유하고 있다가 식물이 필요할 때 적절하게 공급하여 생육을 가능하게 하는 토양의 능력

② 토양의 생산성과 토양비옥도의 차이

㉠ 토양의 생산성 : 작물의 생육에 관여하는 토양의 총체적인 능력, 재배 작물의 수확량

㉡ 토양비옥도 : 토양의 화학적 측면 강조, 토양의 잠재적 양분공급능력

③ 생산성이 높은 토양은 기본적으로 비옥한 토양이라 볼 수 있지만, 토양이 비옥하다고 생산성이 높은 것은 아님

④ 생산성에 영향을 끼치는 인자

기후인자	토양인자	작물인자
상수(양, 분포), 공기(상대습도), 빛(양, 강도, 기간), 고도, 바람(속도, 분포), CO_2 농도	유기물, 토성, 구조, 양이온교환용량, 염기포화도, 경사도, 토양온도, 토양관리인자(경운, 배수), 깊이	작물의 종류, 영양, 병해충, 수확률

02 필수식물영양소

(1) 필수식물영양소의 정의와 종류

① 정의 : 식물이 정상적으로 성장하고 생명현상을 유지하는 데 반드시 필요한 원소

② 갖춰야 할 요건

㉠ 해당원소의 결핍 시 식물체가 생명현상을 유지할 수 없음

㉡ 그 원소만이 갖는 특이적 기능이 있으며, 다른 원소로 대체될 수 없음

㉢ 식물의 대사과정에 직접적으로 관여

㉣ 모든 식물에 공통적으로 적용되어야 함

③ 종류(17원소) : C, H, O, N, P, K, Ca, Mg, S, Fe, Zn, B, Cu, Mn, Mo, Cl, Ni

PLUS ONE

유익한 원소(Beneficial Nutrient)

필수식물영양소에 해당하지 않지만 일부 식물에게는 필수성이 인정되거나 일부 생육환경조건에서 식물의 생육에 유리한 작용을 하는 원소 – Ni, Co, Na, Si, Se, Al, Sr, V 등

- Ni : Urease의 작용에 관여(최근 필수식물영양소에 포함됨)
- Co : 질소고정식물의 Leghaemoglobin의 합성에 필요
- Na : 염류농도가 높은 간척지의 염생식물에게 필수적
- Si : 벼의 생장에 필수적

④ 필수식물영양소의 판정

㉠ 특정 영양소의 결핍처리가 가능한 수경재배와 사경재배를 통해 판정

㉡ 해당원소를 공급한 식물과 공급하지 않은 식물을 재배해서 비교 · 관찰하여 필수성을 확인

㉢ 미량영양소의 경우 결핍 토양을 만드는 것이 불가능함

참고

식물영양원소는 토양, 식물체, 비료에 존재하는 형태가 아니며, 편의상 화학원소기호로 표기한 것임을 주의해야 함

(2) 필수식물영양소의 분류

① 비무기성 다량영양소 : 무기형태로 흡수되지만, 바로 유기물질을 동화하는데 사용

② 무기성 다량 1차 영양소 : 식물이 많이 필요로 하고, 토양에서 결핍되기 쉬움

③ 무기성 다량 2차 영양소 : 식물이 많이 필요로 하나, 토양에서 결핍될 우려가 매우 낮음

④ 무기성 미량영양소 : 식물의 요구량이 적고 소량으로 충분

⑤ 필수식물영양소의 흡수 형태, 기능 및 식물체 중 함량

구 분	분 류		원 소	주요 흡수 형태	주요 기능	식물체 함량
비무기성	다량영양소	비무기성	C	HCO_3^-, CO_3^{2-}, CO_2	무기형태 흡수 후 유기물질 생성	40~45%
			H	H_2O		5.0~6.0%
			O	O_2, H_2O		45~50%
무기성		1차 영양소	N	NO_3^-, NH_4^+	아미노산, 단백질, 핵산, 효소 등의 구성요소	0.5~5.0%
			P	$H_2PO_4^-$, HPO_4^{2-}	에너지 저장과 공급(ATP 반응의 핵심)	0.1~0.4%
			K	K^+	효소의 형태유지, 기공의 개폐조절	1.0~3.0%
		2차 영양소	Ca	Ca^{2+}	세포벽 중엽층 구성요소	0.2~3.0%
			Mg	Mg^{2+}	chlorophyll 분자구성	0.1~1.0%
			S	SO_4^{2-}, SO_2	황 함유, 아미노산 구성요소	0.1~0.2%

미량영양소	Fe	Fe^{2+}, Fe^{3+}, chelate	cytochrome의 구성요소, 광합성 작용의 전자전달	30~150ppm
	Cu	Cu^{2+}, chelate	산화효소의 구성요소	5~15ppm
	Zn	Zn^{2+}, chelate	알콜탈수소효소 구성요소	10~50ppm
	Mn	Mn^{2+}	탈수소효소, 카르보닐효소의 구성요소	15~100ppm
	Mo	MoO_4^{2-}, chelate	질소환원효소의 구성요소	1~5ppm
	B	H_3BO_3	탄수화물대사에 관여	5~50ppm
	Cl	Cl^-	광합성반응산소 방출	50~200ppm
	Ni	Ni^{2+}	Urease의 성분, 단백질 합성에 관여	

※ 1% = 10,000ppm = 10,000mg/kg

⑥ 모두 필수식물영양소로서 필요로 하는 양은 다르지만 식물영양학적 중요성은 같음

⑦ 생화학 및 식물생리학적 근거에 의한 구분

구분 근거	원 소	설 명
식물체 구조 형성	C, H, O N, S, P	탄수화물, 단백질, 지질, 핵산, 대사중간산물 등의 유기물 구성요소이며 각종 동화작용, 효소반응 및 산화환원반응에도 관여
효소 활성화	K, Ca, Mg, Mn, Zn	• K : Pyruvate Kinase 외 60여 가지 효소 활성, 삼투압 및 이온균형 기능 조정 • Ca : 생체막 ATPase 외 효소 활성, 세포벽과 세포막의 구조적인 안정화 • Mg : ATP Phosphotransferase 외 효소 활성, 엽록소 구성원소 • Mn : 광합성과정에서 물분해에 필수적, IAA Oxidase 외 활성
산화환원반응	Fe, Cu, Mo	• Fe : 시토크롬의 구성요소, 광합성작용의 전자전달 • Cu : 산화효소의 구성요소 • Mo : 질소환원효소의 구성요소
기타 기능	B, Cl, Si, Na	• B : 생장점의 생장과 동화산물의 수송 • Cl : 삼투압 및 이온균형 조절, 광합성과정에서 물의 광분해

(3) 영양소의 흡수 형태

① 이온형태에 따른 구분

양이온 형태로 흡수	N, Ca, Mg, K, Fe, Mn, Zn, Cu
음이온 형태로 흡수	N, P, S, Cl, B, Mo

※ 질소는 양이온형태(NH_4^+)와 음이온형태(NO_3^-) 모두로 흡수됨

② 흡수 기관에 따른 구분

잎을 통한 흡수	C(CO_2), H(H_2O), O(O_2), S(SO_2)
뿌리를 통한 흡수	N, P, K, Ca, Mg, S, Zn, Cu, Fe, Mn, Cl, B, Mo

③ 유효영양소(Available Nutrient)

㉠ 식물영양소가 아무리 많아도 식물이 흡수할 수 있는 형태가 아니면 이용할 수 없음

㉡ 유효영양소 : 흡수될 수 있는 영양소의 형태로 토양용액에 존재하거나 토양교질에 흡착되어 교환될 수 있는 영양소

ⓒ 유효영양소가 부족할 경우 비료를 주며, 이때 영양소의 형태가 비료의 형태를 결정하는 핵심적인 요인이 됨

(4) 식물체 중 영양소함량의 표기

① 식물이 흡수하는 영양소의 종류와 양을 결정하는 요인
  ㉠ 영양소에 대한 요구도 : 식물의 종류(유전학적 요인), 품종, 환경조건에 따라 달라짐
  ㉡ 영양소 함량 : 토양의 양분 유효도에 따라 달라짐
② 비료를 주는 것은 토양 중 식물이 이용할 수 있는 유효한 영양소 함량을 높여주지만 식물은 유전적으로 결정된 함량보다 훨씬 많은 양을 흡수하지는 않음
③ 식물의 기관에 따라 영양소 함량이 다르며, 같은 기관이라도 생육단계에 따라 함량이 변함
  ㉠ 어린 식물체 또는 조직 : N, P, K의 함량이 비교적 많음
  ㉡ 성숙한 식물체 또는 조직 : Ca, Mn, Fe, B의 함량이 상대적으로 많아짐
④ 식물체 중 영양소 함량
  ㉠ 건조시킨 후 화학적 분석으로 측정
  ㉡ 건물중(Dry Weight)을 기준으로 %, ppm, mg/kg 등으로 표시
  ㉢ 1% = 10,000ppm = 10,000mg/kg(용액의 경우, 10,000mg/L)

연습문제

건조한 식물체 1g을 산화제로 분해한 후 증류수를 부어 100ml 용액으로 만들고 K의 농도를 측정한 결과 200mg/L가 나왔다.

문제 1 분해용액의 K농도는 몇 ppm인가?

풀이 1ppm = 1mg/kg으로 같기 때문에 200ppm이다.

문제 2 식물체 중의 K 함량은 몇 mg/kg인가?

풀이 200mg/L는 분해용액 1L당 200mg의 K가 있다는 것을 의미한다. 실험에서 만든 용액의 부피는 100ml이기 때문에 분해용액에 들어있는 K는 20mg이 된다. 처음에 사용한 식물체가 1g이기 때문에 식물체 중의 함량은 20mg/g이 된다. 이것은 20,000mg/kg에 해당한다.

문제 3 식물체 중의 K 함량은 몇 ppm인가?

풀이 1ppm = 1mg/kg으로 같기 때문에 20,000ppm이다.

문제 4 식물체 중의 K 함량은 몇 %인가?

풀이 1% = 10,000ppm이므로 2%가 된다.

03 식물영양소의 유효도

(1) 토양-토양용액-식물 연속체

① 영양소의 유효도(Availability)

㉠ 토양의 영양소가 식물에 의하여 얼마나 잘 이용될 수 있는가를 설명하는 용어

㉡ 토양의 영양소 농도가 높더라도 흡수 이용이 안 되면 유효도가 낮음

㉢ 토양의 영양소 농도가 낮더라도 흡수 이용이 잘 되면 유효도가 높음

② 토양용액에 영향을 주는 인자

㉠ 식물은 양이온을 흡수하면서 H^+를, 음이온을 흡수하면서 OH^-, HCO_3^-를 토양용액에 방출함

㉡ 토양입자 표면에 흡착된 이온은 토양용액의 이온농도를 적절하게 유지하는 완충역할을 함

㉢ 토양용액과 토양입자 사이 양이온교환현상이 지속적으로 이루어짐

㉣ 환경요인과 인간 활동의 영향

㉤ 토양미생물은 토양용액의 이온들을 흡수하여 체내에 축적하지만 죽게 되면 유체가 분해되어 흡수된 이온들이 다시 방출됨

㉥ 산소와 이산화탄소를 소비하거나 생성하는 과정에서 토양용액의 이온 농도에 영향을 줌

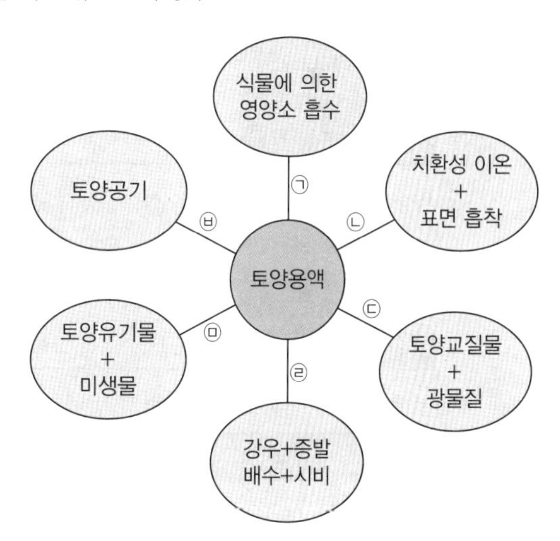

(2) 유효태 영양소

① 영양소의 유효도 : 토양의 영양소가 식물에 의해 이용될 수 있는 정도

㉠ 토양요인 : 토양용액, 영양소 공급기작, 영양소 완충용량

㉡ 식물요인 : 뿌리의 형태, 나이, 길이 등 생리생화학적 특성

② 유효태 영양소 : 토양의 총영양소 중 식물이 흡수할 수 있는 형태의 영양소

㉠ 토양용액에 존재

㉡ 확산계수 $10^{-12}cm^2/s$ 이상의 속도로 뿌리에 이동될 수 있어야 함

③ 토양용액의 이온과 쉽게 평형상태를 유지하는 영양소임(교환성 양이온이 포함되며, 교환성이 아니더라도 토양용액과 쉽게 평형상태를 유지하면 유효태 영양소임)

(3) 영양소의 유효도에 영향을 주는 토양요인

① 토양용액

㉠ 토양용액 안의 수용성 이온들은 토양의 교환성 이온들과 평형 상태

㉡ 토양용액의 구분

과포화 토양용액	• pH와 전기전도도 측정을 위해 토양과 증류수를 1:1, 1:2, 1:5, 1:10 등의 비율로 섞어 30분간 진탕 후 측정하는 경우처럼, 토양의 공극량보다 많은 양의 물에 이온들이 녹아 있음 • 보통 30분이면 평형상태에 도달함 • 이때 측정되는 pH를 활산성이라 부름
포화 토양용액	토양을 포화반죽으로 만든 후 진공펌프로 추출함
불포화 토양용액	• 비혼합용액치환법을 이용해 추출함 • 추출하기 매우 어려움

㉢ 양이온의 몰수 = 음이온의 몰수, 동적 평형을 유지하려고 함

㉣ 토양용액 안의 주요 이온

주요 양이온	Ca^{2+} > Mg^{2+} > K^+ > Na^+
주요 음이온	NO_3^-, SO_4^{2-}, Cl^-, $H_2PO_4^-$, HPO_4^{2-}

㉤ 토양용액 중 이온조성의 일반적 범위

구 분	토양용액 중의 농도(mg/L)	구 분	토양용액 중의 농도(mg/L)
NH_4^+	100~2,000	NO_3^-	100~20,000
Ca^{2+}	100~5,000	$H_2PO_4^-$, HPO_4^{2-}	1~20
Mg^{2+}	100~5,000	SO_4^{2-}	100~10,000
K^+	100~1,000		

㉥ 토양용액 속의 이온은 유효태 이온이기 때문에 토양용액은 토양의 비옥도 평가에 매우 중요

㉦ 식물재배용 양액의 기본적인 조성은 토양용액의 화학적 조성과 매우 유사함(예 Hoagland 용액)

② 영양소 공급기작

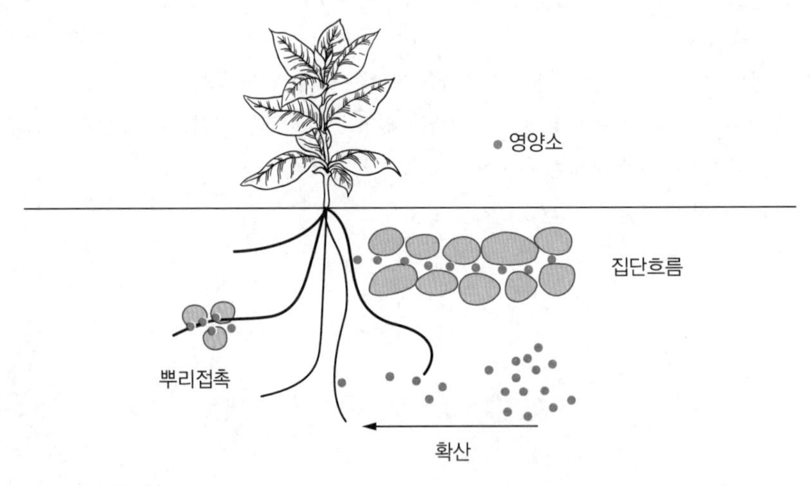

㉠ 뿌리차단
- 뿌리가 직접 접촉하여 흡수
- 접촉교환학설 : 뿌리에서 H^+를 내놓고 교환성 양이온을 흡수
- 뿌리가 발달할수록 접촉 기회 증가(대부분의 작물에서 근권토양에서 뿌리가 차지하는 부피는 전체 토양부피의 1% 미만)
- 유효태 영양소 흡수의 1% 미만에 해당

㉡ 집단류
- 물의 대류현상
- 수분퍼텐셜에 의한 물의 이동과 함께 영양소가 뿌리 쪽으로 이동하여 공급
- 식물이 흡수하는 물의 양과 영양소 농도에 의해 흡수량 영향
- 기후조건과 토양수분함량에 따라 변화
- 증산작용이 클수록 증가
- 토양용액 중 농도가 높은 대부분 영양소(Ca^{2+}, Mg^{2+}, NO_3^-, Cl^-, SO_4^{2-} 등)의 공급기작

㉢ 확 산
- 토양용액 중 농도가 낮은 영양소의 공급기작
- 불규칙한 열운동에 의해 이온이 높은 농도에서 낮은 농도로 이동하는 현상
- 뿌리 근처의 이온 농도는 주변 토양에 비해 낮아 농도 기울기가 발생
- 확산속도 : NO_3^-, SO_4^{2-}, $Cl^- > K^+ > H_2PO_4^-$
- 음전하를 띤 토양교질의 영향으로 음이온이 양이온보다 확산계수가 큼
- 인산, 칼륨의 주된 공급기작

참고

대부분의 영양소는 주로 집단류에 의하여 공급되고, 주로 확산에 의하여 공급되는 영양소는 인산과 칼륨임. 뿌리차단에 의한 영양소 공급은 매우 적음

PLUS ONE

확산(Diffusion) : Fick의 법칙

$$F = -D\frac{dC}{dx}$$

F : 확산율(mol/cm^2 · sec), D : 확산계수(cm^2/sec), dC/dx : 뿌리표면과 토양용액의 일정거리에서의 농도 기울기(mol/cm^3/cm)
- 영양소의 확산율은 농도기울기와 비례 → 농도 차이가 클수록 확산율 증가
- 토양용액에서의 확산계수는 물에서의 확산계수에 비하여 훨씬 작음
  → 토양에서 확산되는 동안 토양교질의 영향(흡착, 고정 등)을 받기 때문
  → 모세관공극수를 따라 확산하기 때문에 확산경로가 복잡하고 길어지기 때문

• 주요 이온의 토양에서의 확산계수

영양소 이온	확산계수(cm^2/sec)	영양소 이온	확산계수(cm^2/sec)
K^+	$1\times10^{-7}\sim10^{-8}$	Cl^-	$2\sim9\times10^{-6}$
$H_2PO_4^-$	$1\times10^{-8}\sim10^{-11}$	SO_4^-	$1\sim2\times10^{-6}$
NO_3^-	$1\times10^{-6}\sim10^{-7}$		

• 주요 영양소 중 인산의 확산계수가 가장 작음
• 시비를 통해 토양용액의 유효태 영양소 함량을 높여주면 뿌리 부근과 영양소 농도기울기가 증가하기 때문에 확산율이 커지면서 영양소 이동이 원활하게 되어 비료 효과를 볼 수 있게 됨

③ 영양소의 완충용량(Buffer Capacity)

㉠ 토양용액의 영양소 농도를 일정하게 유지하는 능력

㉡ 강도 요인(Intensity, *I*) : 토양용액에 녹아있는 유리 영양소의 농도

㉢ 양적 요인(Quantity, *Q*) : 잠재적으로 이용 가능한 유효태 영양소(쉽게 교환될 수 있는 흡착태 또는 쉽게 가용화나 무기화될 수 있는 형태의 영양소)의 총량

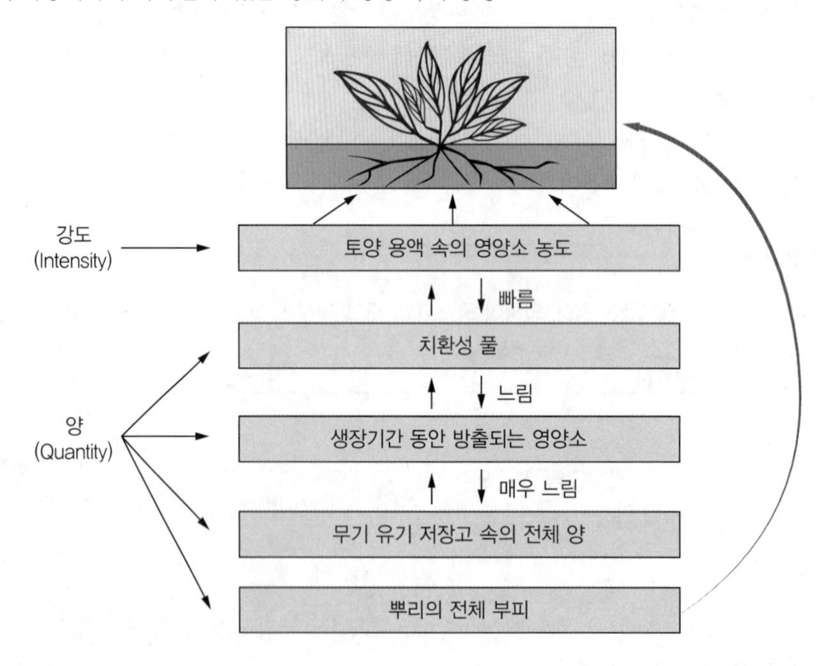

㉣ 완충용량 = $\dfrac{\triangle Q(\text{양적 요인})}{\triangle I(\text{강도요인})}$

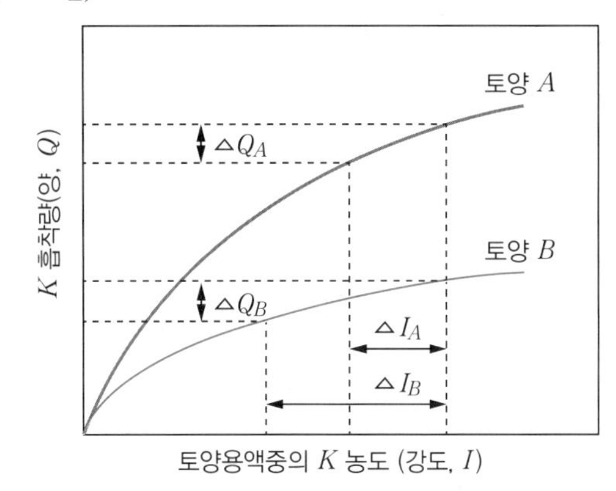

토양 A의 완충용량이 토양 B의 완충용량보다 큼

㉤ 완충용량이 클수록 식물의 생육에 필요한 양분의 농도를 유지하기에 더 좋은 능력을 가지고 있음을 의미

㉥ 양이온교환용량이 클수록 완충용량이 커짐

CHAPTER 02

영양소의 순환과 생리 작용

01 질소

(1) 질소의 순환

① 자연계에서 질소의 주요 존재 형태

㉠ 질소 분자(N_2) : 대기 중에 기체 분자로 존재

㉡ 유기태 질소(Org-N) : 유기물에 결합되어 존재, 토양 질소의 80~97% 차지

㉢ 무기태 질소 : 암모늄태 질소(NH_4^+-N), 질산태 질소(NO_3^--N), 아질산태 질소(NO_2^--N) 등

㉣ 식물의 흡수 형태 : 암모늄태 질소(NH_4^+-N), 질산태 질소(NO_3^--N), 토양 질소의 2~3%

② 무기화(Mineralization)와 고정화(또는 부동화)(Immobilization) 작용

㉠ 무기화 작용 : 유기태 질소가 무기태 질소로 변환되는 작용(유기물이 분해되는 과정)

㉡ 고정화 작용 : 무기태 질소가 유기태 질소로 변환되는 작용(유기물로 동화되는 과정)

㉢ 무기화/고정화 과정

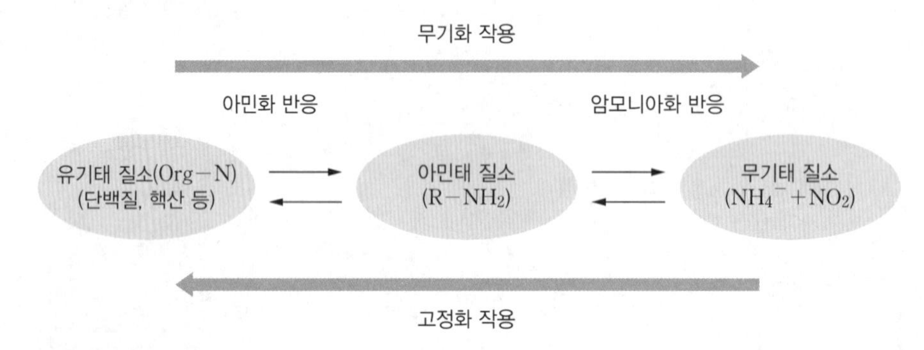

㉣ C/N율의 영향

C/N율	20 이하	20~30	30 이상
우세한 작용	무기화 작용	균 형	고정화 작용
토양 무기태 질소	증 가	현상 유지	감 소
식물생육 적합성	질소 과잉, 부패	적 합	질소기아현상

㉤ 질소기아현상 : 미생물이 식물이 이용할 무기태 질소를 흡수해서 식물이 질소부족현상을 겪는 것. C/N율이 높은 유기물을 토양에 투입할 경우 발생

③ 질산화 작용(Nitrification)

㉠ 질산화 과정 : 질산화균에 의한 2단계 산화반응

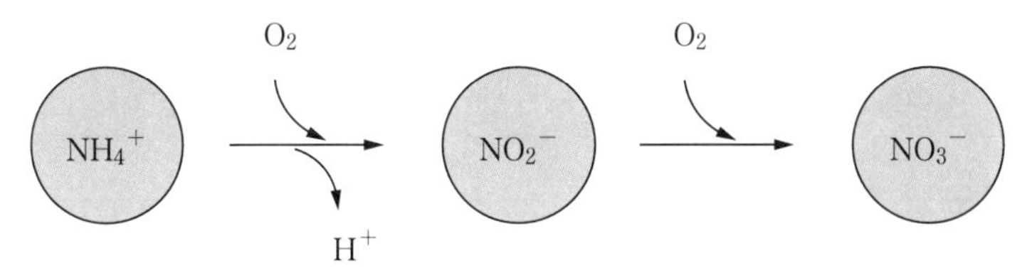

㉡ 질산화균 : *Nitrosomonas, Nitrobacter* 등

㉢ 적정환경조건 : pH 4.5~7.5, 적당한 수분함량, 산소공급 원활, 25~30℃

㉣ 산성이 심하면 Ca, Mg 등 영양소 부족이나, Al독성으로 질산화작용이 저해됨

㉤ 알칼리성 토양에서는 축적된 NH_3가 질산화균의 작용을 저해함

④ 탈질작용

㉠ 탈질 과정 : 탈질균에 의한 다단계 환원반응

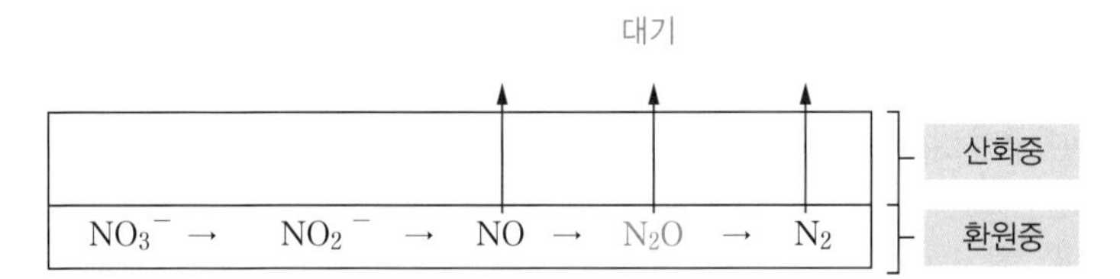

㉡ 탈질균 : 통성 혐기성균(산소가 부족한 환경에서 산소 대신 NO_3^-를 전자수용체로 이용)

㉢ 유기물이 많고 담수되어 있는 조건, 즉 산소가 고갈되기 쉬운 조건에서 잘 일어남(수분포화토양은 아니지만, 투수가 불량한 토양층이나 산소공급이 원활하지 않은 토양입단 내부에서도 일어날 수 있음)

㉣ N_2O의 형태로 가장 많이 손실되며, NO 형태의 손실은 적고, 주로 산성토양에서 일어남

㉤ pH 5 이하의 산성토양과 10℃ 이하에서 크게 저해됨

⑤ 질소고정(Nitrogen Fixation) : 질소 분자를 암모니아로 전환시켜 유기질소화합물을 합성하는 것

㉠ 생물학적 질소고정 : 효소 Nitrogenase에 의한 환원반응

$N_2 + 6e^- + 6H^+ \rightarrow 2NH_3$

구 분	공생적 질소고정	비공생적 질소고정
기본 특징	• 식물뿌리에 감염되어 뿌리혹(근류)을 형성하며, 대부분 콩과식물과 공생함 • 균과 숙주 사이에는 특이성이 있음	식물과의 공생 없이 단독으로 서식
종 류	• *Rhizobium*속의 뿌리혹박테리아(근류균)가 대표적 • *Meliloti, Leguminosarum, Trifolii, Japoricum, Phaseoli, Lupini* 등이 있음	*Azotobacter, Beijerinckia, Clostridium, Achromobacter, Pseudomonas, Blue-green Algae, Anabaeba, Nostoic*(특히 벼논에서 질소 공급원으로 작용) 등

㉡ 공생적 질소고정량 > 비공생적 질소고정량

구 분		질소 고정량(kg/ha/year)
콩과작물	클로버	160
	콩	120
	알팔파	300
단독질소고정균	Blue-green Algae	25
	Azotobacter	0.3
	Clostridium	0.5

㉢ 생물학적 질소고정과 고정된 질소의 이용효율 향상 조건 : 질소비료 적게 주기, 코발트(Co, Leghe-amoglobin 생합성)와 몰리브덴(Mo, Nitrogenase 효소의 보조인자) 필수, 인과 칼륨이 도움

㉣ 산업적 질소고정 : Haber-Bösch 공정, $3H_2 + N_2 \rightarrow 2NH_3$

㉤ 자연적 산화에 의한 질소고정 : 번개, $N_2 \rightarrow NO_3^-$, 빗물을 통해 토양에 유입

PLUS ONE

질소고정에 관한 추가 지식

- 토양 중에 무기태 질소 함량이 높으면 근류의 형성이나 질소고정이 억제되는 이유 : 질소고정에는 에너지가 많이 필요하기 때문에 주변에 질소가 많으면 미생물이 질소고정을 하지 않기 때문
- 공생적 질소고정으로 1kg의 N_2를 고정하기 위해서 약 10kg의 탄수화물이 필요함
- 콩과작물은 다른 작물에 비해 질소함량이 높아 C/N비가 작음 → 녹비작물로 쓰임

⑥ 휘 산

㉠ 토양 중의 질소가 암모니아(NH_3) 기체로 전환되어 대기 중으로 날아가 손실되는 현상

㉡ 주로 요소(Urea, $(NH_2)_2CO$)나 암모늄형태의 질소질비료를 줄 때 나타남

반응식

- 요소가수분해효소(Urease)에 의한 요소분해반응

$$(NH_2)_2CO + 2H_2O \xrightarrow{\text{Urease}} (NH_4)_2CO_3 \rightleftarrows NH_4^+ + NH_3 + CO_2 + OH^-$$

- 암모늄이온의 암모니아 휘산 반응

$$NH_4^+ + OH^- \rightarrow NH_3 + H_2O$$

㉢ 촉진 조건 : pH 7.0 이상, 고온 건조, 탄산칼슘($CaCO_3$)이 많은 석회질 토양

⑦ 용탈(Leaching)

㉠ 토양 중의 물질(여기서는 질소)이 물에 녹아 씻겨 나가 손실되는 현상

㉡ 질소의 형태 중 음전하를 띠는 NO_3^-는 토양에 흡착되지 못해 쉽게 용탈됨

⑧ 흡착과 고정

㉠ 흡착 : 암모늄이온(NH_4^+)이 점토나 유기물에 정전기적으로 붙는 현상. 교환성, 용탈을 막아줌

㉡ 고정 : 암모늄이온(NH_4^+)이 Vermiculite와 Illite 같은 2:1형 점토광물의 구조 안에 들어감. 비교환성([Tip] K^+도 이와 같은 기작으로 고정됨)

⑨ 자연계에서의 질소순환경로

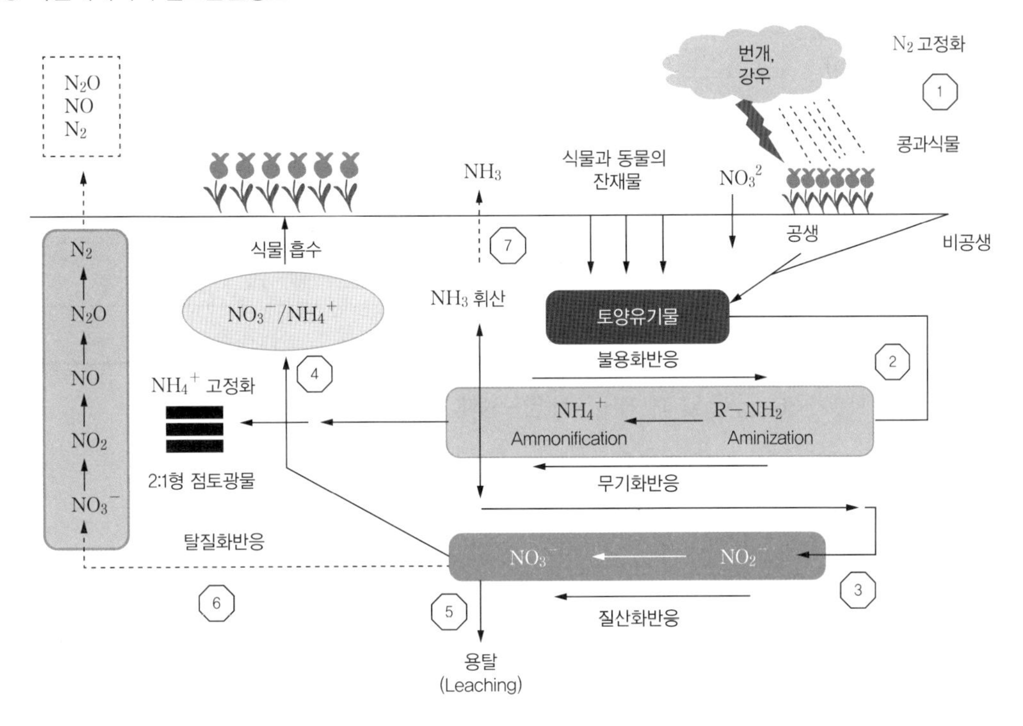

(2) 질소의 기능

① 아미노산, 단백질, 핵산, 엽록소 등 중요 유기화합물의 필수구성원소

② 흡수 형태 : NH_4^+, NO_3^-

NH_4^+	• 뿌리에서 아미노산, 아마이드, 아민 등으로 동화되어 각 부분으로 재분배 • pH가 중성일 때 잘 흡수됨
NO_3^-	• 대부분 줄기와 잎으로 이동한 후 동화됨 • 낮은 pH에서 잘 흡수됨(높은 pH에서는 음이온(OH^-)과의 경쟁효과로 감소됨)

토양에서는 미생물(질산화균)에 의해 NH_4^+이 NO_3^-로 산화(질산화과정)되기 때문에 식물이 흡수하는 것은 주로 NO_3^-임

③ 결핍증상

㉠ 단백질 합성이 저해되기 때문에 생장이 지연됨

㉡ 오래된 잎에서부터 황화현상이 나타남(오래된 잎에서 어린잎으로 아미노산이 전이되기 때문)

㉢ 뿌리 생장 불량, 분얼수 감소, 영양생장기 단축으로 인한 수확량 감소

(3) 질소질비료

구 분	질소질비료	주성분
일반 질소질비료 (속효성)	황산암모늄(유안)	$(NH_4)_2SO_4$
	요 소	$(NH_2)_2CO$
	염화암모늄	NH_4Cl
	질산암모늄	NH_4NO_3
	석회질소	$CaCN_2$
	암모니아수	NH_4OH
완효성 질소질비료	피복요소	요소를 천연물질 또는 화학물질로 코팅
	CDU	요소와 Crotonaldehyde 또는 Acetaldehyde의 화합물
	IBDU	요소와 Isobutylaldehyde의 화합물

연습문제

토양 중에 NH_4^+가 36mg/kg일 때, NH_4^+–N(암모늄태 질소)의 양은 얼마인가?

풀이 NH_4^+ 이온은 1개의 N(원자량 14)과 4개의 H(원자량 1)로 이루어져 있어, NH_4^+의 분자량은 18이 된다. 따라서 NH_4^+ 이온과 N 사이에는 18:14의 비율이 형성되므로 NH_4^+가 36mg/kg이면 질소는 28mg/kg이 된다.

※ NH_4^+–N는 암모늄이온의 형태로 존재하는 질소를 의미함

연습문제

먹는 물 중 질산태 질소(NO_3^-–N)의 기준은 10mg/L이다. NO_3^-로는 얼마인가?

풀이 NO_3^- 이온은 1개의 N(원자량 14)와 3개의 O(원자량 16)로 이루어져 있어, NO_3^-의 분자량은 62가 된다. 따라서 NO_3^- 이온과 N 사이에는 62:14의 비율이 형성되므로 NO_3^-–N가 10mg/kg이면 NO_3^-는 44.3mg/kg이 된다.

※ NO_3^- – N은 질산이온의 형태로 존재하는 질소를 의미함

02 인

(1) 인의 순환

① 자연계에서 인의 주요 존재 형태

㉠ 인회석(Apatite) : 인을 함유하고 있는 광물, 주성분이 Tricalcium Phosphate인 화합물

㉡ 인산이온 : 토양용액에 녹아있는 형태(H_3PO_4, $H_2PO_4^-$, HPO_4^{2-}, PO_4^{3-}), 토양의 pH에 따라 존재 형태가 달라지며, 식물이 이용할 수 있는 형태는 $H_2PO_4^-$, HPO_4^{2-}

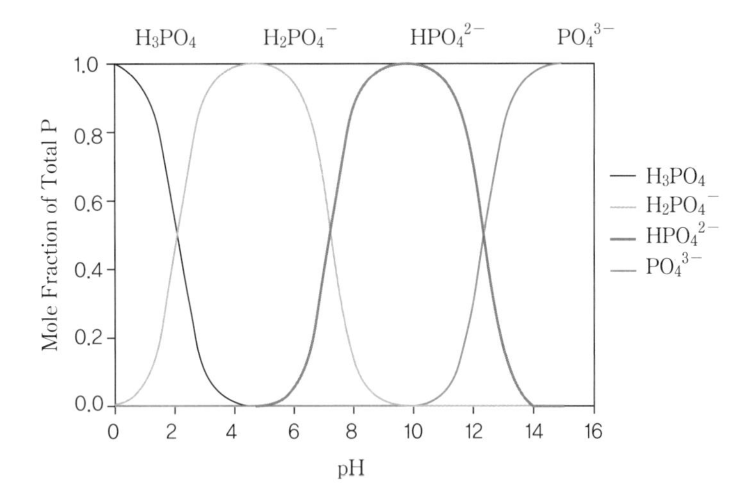

㉢ 유기태 인 : 생물의 세포에서 형성된 유기화합물(이노시톨, 핵산, 인지질 등)에 포함된 인, 토양유기물함량에 따라 구성비율이 달라짐

㉣ 무기태 인 : Ca, Fe, Al 또는 점토광물에 흡착된 인, 인의 불용화와 관련

Calcium Phosphate	• 비료형태로 공급되는 Monocalcium Phosphate와 Dicalcium Phosphate는 불용성 인산화합물인 Tricalcium Phosphate로 전환됨 • 알칼리토양에서 인산질비료 불용화의 원인이 됨
Iron and Aluminum Phosphate	• 인산이온은 가용성 철이나 알루미늄과 결합하여 침전됨 • 산성토양에서 인산질비료 불용화의 원인이 됨
Adsorbed Phosphate	• Fe–OH와 Al–OH를 표면에 가진 광물과 흡착 • 주요광물 : Goethite, Ferrihydrite, Imogolite, Allophane • 주로 배위자 교환에 의한 특이적 흡착이 일어남 • 규산염 점토광물 중에는 1:1형 광물(Kaolinite)에서 많이 일어남

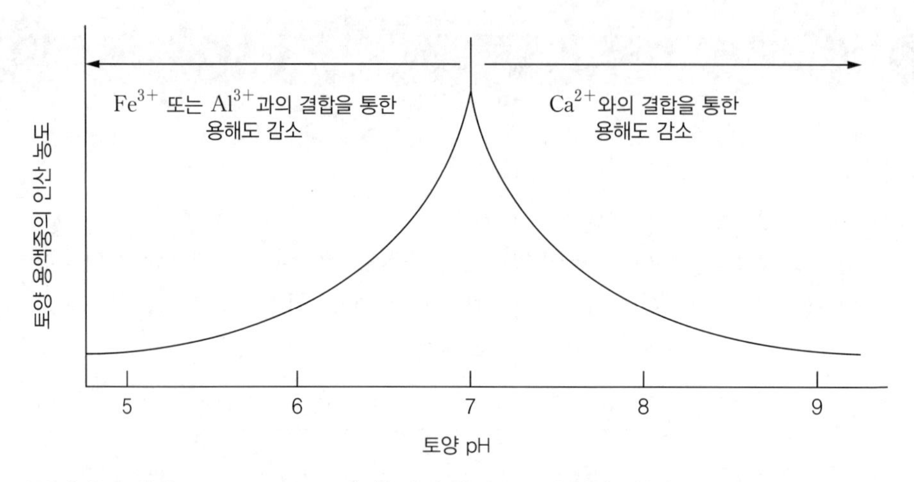

ⓜ 식물의 흡수 형태 : $H_2PO_4^-$, HPO_4^{2-}(총인에 비해 농도가 매우 낮음)

② **무기화와 불용화**

㉠ 무기화 : 미생물이 유기물을 분해하면서 유기태 인이 인산이온으로 떨어져 나오는 것

㉡ 불용화 : 토양용액 중의 인산이온을 미생물이 흡수하여 유기인산화합물을 만드는 것

③ **흡착과 탈착** : 토양에서 인은 흡착되어 고정되거나 탈착되어 가용화됨

④ **인산의 유실** : 인산이 흡착된 토사가 유출됨으로써 발생

⑤ 식물영양 측면에서 총인 함량이 아닌 유효인산 함량이 중요

(2) 인의 유효도

① **유효태 인** : 작물의 생육에 이용할 수 있는 인

㉠ 식물이 흡수하는 인의 형태 : $H_2PO_4^-$, HPO_4^{2-}

㉡ 토양용액의 pH에 의하여 인의 형태별 양이 변함

㉢ pH 7.22에서 $H_2PO_4^-$와 HPO_4^{2-}의 농도가 같아짐

㉣ pH 7.22 이하에서 $H_2PO_4^-$

ⓜ pH 7.22 이상에서 HPO_4^{2-}

② 식물체의 HPO_4^{2-} 흡수는 $H_2PO_4^-$ 흡수보다 매우 느림

③ 일부 가용성 유기인산화합물도 흡수하지만 일반적인 토양조건에서의 중요성은 없음

④ **토양용액 중 인의 일반적인 적정농도** : 0.2~0.3mg/kg

(3) 인의 기능

① **에너지 저장 및 전달 기능**

㉠ ATP(Adenosine Triphosphate) : 광합성 에너지의 저장, 방출, 전달

㉡ ATP에서 인산이 하나 떨어져 나올 때 저장된 에너지가 방출됨

② **생체 물질 구성원소**

㉠ 핵산 : 형질유전과 발달에 관여

㉡ 인지질 : 각종 생체막 형성

③ 결핍증상
  ㉠ 세포분열, 뿌리 생장, 분얼, 개화, 결실 지연 또는 불량
  ㉡ 오래된 잎 : 암록색
  ㉢ 1년생 줄기 : 자주색
  ㉣ 곡류작물의 경우 분얼수 감소 및 결실 지연

(4) 인산질비료

① **유기질 인산질비료** : 골분, 구아노(Guano)
② **무기태 인산질비료** : 인광석을 원료로 함. 주로 사용되는 인산질비료

구 분	주성분	제조방법
과린산석회(과석)	$CaH_4(PO_4)_2 \cdot H_2O$	인광석에 황산 처리
중과린산석회(중과석)	$CaH_4(PO_4)_2$	인광석에 인산 처리
용성인비	$Mg_3CaP_2O_3 \cdot 3CaSiO_2$	인광석 용융
용과린	$CaH_4(PO_4)_2 \cdot H_2O + Mg_3CaP_2O_3 \cdot 3CaSiO_2$	과석+용성인비
토마스인비	$CaCN_2$	인산 함유 제강슬래그

  ㉠ 속효성 : 과린산석회, 중과린산석회
  ㉡ 지효성 : 용성인비

03 칼 륨

(1) 칼륨의 순환

① 자연계에서 칼륨의 주요 존재 형태
  ㉠ 칼륨 함유 1차 광물 : Feldspars, Orthoclase, Microcline, Muscovite, Biotite 등
  ㉡ 칼륨 함유 2차 광물 : Illite 등
  ㉢ 교환성 칼륨 : 토양 교질물에 흡착되어 있는 칼륨
  ㉣ 이온성 칼륨 : 토양용액에 녹아있는 칼륨, K^+
② **고정과 방출** : 토양에서 칼륨은 흡착되어 고정되거나 방출되어 가용화됨
③ 가수운모(Hydrous Mica) 또는 Illite는 2:1층 사이에 K^+를 고정할 수 있으며, 앞의 NH_4^+의 고정과 동일한 기작임
④ 교환성 및 이온성 칼륨은 양이온교환현상을 통하여 동적인 평형상태를 유지함

(2) 칼륨의 기능

① 칼륨의 흡수 형태 : K^+

㉠ 식물체 내에서 가용성의 K^+로 존재. 체내 이동성이 매우 큼

㉡ 어린 조직, 종자, 과일 또는 기타 저장기관으로 이동하는 특성

② 식물의 구조를 형성하지 않고 생리적 기능을 담당

㉠ 이온 균형 유지 : NO_3^- 또는 SO_4^{2-}에 대응

㉡ 공변세포의 팽압 조절 → 기공의 개폐 → 광합성과 증산량 조절

㉢ 단백질과 전분 합성에 관여하는 효소 작용 활성화

③ 결핍증상

㉠ 이동성이 강하기 때문에 오래된 잎에서 먼저 나타남

㉡ 잎 주변과 끝부분의 황화현상 또는 괴사현상

(3) 칼리질비료

① 해초류 또는 식물의 재

② 무기질 비료

㉠ Sylvite, Hartsalz, Carnallite 등의 칼륨함유량이 많은 광물로부터 제조

㉡ 동반된 음이온에 따라 비효에 차이가 생김

㉢ 동반된 음이온인 Cl^-와 SO_4^{2-}는 칼슘, 마그네슘 등과 염을 형성하거나 토양을 산성화시킬 수 있음

③ 칼리질비료의 종류

구 분	주성분
황산칼리	K_2SO_4
염화칼리	KCl
재	해초 또는 식물의 재

04 칼 슘

(1) 칼슘의 순환

① 자연계에서 칼슘의 주요 존재 형태

㉠ 칼슘 함유 1차 광물 : 회장석, 사장석, 각섬석, 녹섬석 등

㉡ 칼슘 함유 2차 광물 : Dolomite(돌로마이트), Calcite(방해석), Gypsum(석고) 등

㉢ 교환성 칼슘 : 토양 교질물에 흡착되어 있는 칼슘, 교환성 염기의 60~70% 차지

㉣ 이온성 칼슘 : 토양용액에 녹아있는 칼슘, Ca^{2+}

② 고정과 방출 : 토양에서 칼슘은 흡착되어 고정되거나 방출되어 가용화됨

③ 토양이 산성화될수록 칼슘함량은 감소하며, 알칼리성 토양에서는 많아짐

㉠ 강한 산성토양을 제외한 토양 중에는 작물 요구도에 충분한 칼슘이 존재함

㉡ 석회의 시용은 영양소로서 칼슘을 공급하기보다는 토양 구조개선과 산도 교정을 위한 것

(2) 칼슘의 기능

① 칼슘의 흡수 형태 : Ca^{2+}

㉠ 식물체 내에서 가용성의 Ca^{2+}로 존재

㉡ 비확산성 음이온에 쉽게 흡착되기 때문에 체내 이동성이 매우 작음 → 식물체 내에서 이동과 재분배가 어려움

㉢ 지속적으로 흡수되어 증산류를 따라 필요한 부위로 직접 공급됨 → 증산량이 적은 과실에서 결핍증상이 나타나기 쉬움

② 주로 세포벽에 다량 존재

㉠ 펙틴과 결합하여 세포벽의 구조를 안정화시킴

㉡ 세포막의 구조 안정화

㉢ 세포의 신장과 분열에 필요

③ ATPase 등의 효소활성 및 Calmodulin(칼슘 결합단백질) 작용 조절

④ 결핍증상

㉠ 막의 투과성을 손상시켜 세포물질이 누출되면서 막 구조가 손상됨

㉡ 생장점 조직이 파괴되어 새 잎이 기형화됨

㉢ 뿌리 끝과 지상부 생장점에 먼저 나타남

㉣ 대표적 결핍병 : 토마토 배꼽썩음병(Blossom-end Rot), 사과 고두병(Bitter Pit)

(3) 칼슘비료

① 칼슘비료 = 석회질비료

㉠ 보통 토양의 칼슘농도가 풍부하기 때문에 비료보다는 토양개량 효과를 위해 사용

㉡ 석회석을 주원료로 함

참고

- 석회석($CaCO_3$)에 열을 가하면 CO_2가 제거되면서 생석회(CaO)가 생성됨
- 생석회는 강알칼리성이며 유기물을 분해함(가축분뇨를 생석회로 안정화시킴)
- 논토양에 덧거름으로 시용한 생석회는 유기물분해와 함께 질소의 유효화를 촉진함
- 생석회에 물을 가하면 소석회($Ca(OH)_2$)가 생성됨
- 소석회는 공기 중에 오래 방치되면 CO_2를 흡수하여 석회석($CaCO_3$)으로 전환됨

② 석회질비료의 종류

구 분	주성분	제조방법
소석회	$Ca(OH)_2$	생석회 + 물
석회석	$CaCO_3$	석회광석 분쇄
석회고토	$CaCO_3 \cdot MgCO_3$	광 물
생석회	CaO	석회석 가열
부산물석회	제강슬래그, 굴껍질, 조개껍질, 재	부산물 가공

05 마그네슘

(1) 마그네슘의 순환

① 자연계에서 마그네슘의 주요 존재 형태

㉠ 마그네슘 함유 광물 : Dolomite, Biotite, Serpentite, 흑운모 등

㉡ 교환성 마그네슘 : 토양 교질물에 흡착되어 있는 마그네슘, 교환성 염기의 4~17% 차지

㉢ 이온성 마그네슘 : 토양용액에 녹아있는 마그네슘, Mg^{2+}

② 고정과 방출 : 토양에서 마그네슘은 흡착되어 고정되거나 방출되어 가용화됨

(2) 마그네슘의 기능

① 마그네슘의 흡수 형태 : Mg^{2+}

㉠ NH_4^+, K^+ 등의 양이온과 흡수 경쟁

㉡ 체내 이동성이 있음(칼슘과 다른 점)

② 엽록소의 구성원소

③ 인산화작용 효소의 보조인자, ATP와 효소 사이의 가교역할

④ 결핍증상

㉠ 엽록소 합성 저해로 인한 엽맥 사이의 황화현상

㉡ 이동성이 있기 때문에 식물체 내에서 재분배될 수 있어 오래된 잎에서 먼저 발생

(3) 마그네슘비료

① 마그네슘비료 = 고토비료

② 마그네슘비료의 종류

구 분	주성분	특 징
황산고토	$MgSO_4$	수용성, 황 시비효과
수산화고토	$Mg(OH)_2$	구용성, 지효성
석회고토	$CaCO_3 \cdot MgCO_3$	산성토양 개량효과

참고

고토석회는 마그네슘이 부족한 산성토양 개량에 적합

06 황

(1) 황의 순환

① 자연계에서 황의 주요 존재 형태

㉠ 황화광물 : Pyrite(FeS 또는 FeS_2), Thiobacillus에 의해 산화되어 SO_4^{2-}로 방출

$FeS_2 + 3O_2 + 2H_2O \rightarrow 4H^+ + 2SO_4^{2-} + Fe^{2+}$ + 에너지

㉡ 대기 중의 SO_2 또는 황산화물 : 빗물에 녹아 토양으로 유입

㉢ 무기태 황 : SO_4^{2-}의 이온형태 또는 석고($CaSO_4 \cdot 2H_2O$)와 같은 황산염, 인산이온과 같은 기작으로 토양교질에 흡착하지만 흡착강도가 약해 식물이 쉽게 이용할 수 있음

㉣ 황화물

- 혐기조건의 토양에서 황산염과 미생물의 작용 또는 유기물의 혐기분해로 발생한 황화수소가 철이온과 결합하여 철황화물(Pyrite) 생성
- 산소가 공급되면 다시 산화반응을 통해 SO_4^{2-}로 산화됨

㉤ 유기태 황
- 유기화합물에 결합되어 있는 황(직접 결합 또는 에스테르 결합)
- 경작지 토양 표층에 있는 황의 90% 이상이 유기물형태로 존재
- 일반적으로 작물의 황요구량은 유기물 분해로 나오는 황으로 충분함

② **순환과정** : 질소의 순환과 유사

(2) 황의 기능

① **황의 흡수 형태** : 뿌리 SO_4^{2-}, 기공 SO_2

② 아미노산(Cysteine, Methionine)의 구성성분

③ 90% 이상이 식물체의 단백질에 존재

④ Coenzyme-A(지질 합성과 에너지 전달반응 관련 효소), 비타민(Biotine, Thiamine)의 구성성분

⑤ **결핍증상**

㉠ 질소 결핍증상과 유사

㉡ 황함유 단백질 합성 불량으로 인하 생육 억제, 결실 지연

㉢ 어린잎에서 황화현상이 먼저 발생

㉣ 콩과작물에서 뿌리혹 형성 저해

(3) 황비료

① **원소형태의 S** : *Thiobacillus thiooxidans* 등의 황산화세균에 의해 SO_4^{2-}로 전환

② 황산암모늄(유안, 질소질비료), 황산칼리(칼리질비료), 황산고토(고토비료) → 모두 속효성이며 용탈에 의한 유실 가능성이 높음

> **참고**
>
> 우리나라 비료공정규격에 황비료에 대한 규정이 없음. 다른 비료를 줄 때 함께 투여됨

07 미량영양원소

(1) 미량영양원소의 순환

① Fe, Mn, Cu, Zn, Cl, B, Mo, Co, Ni, Si

② **대부분 모암에서 유래**

㉠ 철 : Ferromagnesian 광물의 구성원소, 철황화물, 철산화물

㉡ 망간 : Ferromagnesian에 철 대신 치환된 형태, 망간산화물

㉢ 아연 : Ferromagnesian에 철 대신 치환된 형태, 아연황화물

㉣ 구리 : 황화물 형태

㉤ 몰리브덴 : 황화물 형태

㉥ 붕소 : Borosilicate 형태

㉦ 규산염광물에서 Al, Si, Mg 등과 치환되어 존재

③ 토양 중 이온 형태

미량영양원소	토양 중 이온 형태	비 고
Fe	Fe^{2+}, Fe^{3+}, $Fe(OH)_2^+$, $Fe(OH)^{2+}$	양이온
Mn	Mn^{2+}	양이온
Cu	Cu^{2+}, $Cu(OH)^+$	양이온
Zn	Zn^{2+}, $Zn(OH)^+$	양이온
Cl	Cl^-	음이온
B	H_3BO_3, $B(OH)_4^-$	음이온
Mo	MoO_4^{2-}, $HMoO_4^-$	음이온
Co	Co^{2+}	양이온
Ni	Ni^{2+}	양이온
Si	H_4SiO_4	음이온

④ 토양교질과의 흡착

㉠ 단순흡착 : 정전기적 힘에 의한 이온교환 흡착. 흡착되는 양은 다량영양원소에 비해 무시할 정도로 작음

㉡ 특이적 흡착 : 무기교질의 작용기(주로 금속화물 표면의 −OH) 또는 유기교질의 작용기(유기물의 −COOH)와 결합하여 복합체 형성

(2) 미량영양원소의 유효도

① 유효도 결정 인자

㉠ Fe, Mn : 원소 산화물의 용해도

㉡ 나머지 원소 : 토양교질과의 흡착 · 탈착반응

② 모암의 미량영양원소 함량이 높고 미생물과 유기물 분해 작용이 활발하면 높아짐

③ pH에 따른 유효도

㉠ 낮을수록(산성일수록) 유효도 증가 : Fe, Mn, Cu, Zn, B

㉡ 높을수록(알칼리성일수록) 유효도 증가 : Mo

참고

- 미량원소 중 양이온 형태는 산성화가 될수록 토양교질에 대한 흡착이 최소화되기 때문에 용해도가 증가함
- 철과 망간은 낮은 pH에서 산화물의 용해도가 커짐, 과잉흡수에 의한 독성 피해도 발생
- 붕소는 pH 9 이하에서 주로 H_3BO_3의 형태로 존재하고 토양교질에 복합체 형태로 흡착됨. pH가 증가할수록 유효도가 감소되는 이유는 Al, Fe 수산화물 표면에 쉽게 흡착되기 때문
- 몰리브덴은 산성에서 철, 알루미늄과 용해도가 낮은 화합물을 형성하기 때문에 pH가 올라갈수록 유효도가 커짐

④ 산화환원에 따른 유효도

㉠ 철과 망간이온의 존재 형태에 영향을 줌

㉡ 산화상태(통기조건이 좋은 환경)에서 Fe^{3+}, Mn^{4+}로 존재하기 때문에 유효도 감소

㉢ 환원상태(통기조건이 나쁜 환경)에서 Fe^{2+}, Mn^{2+}로 존재하기 때문에 유효도 증가

⑤ 흡착에 따른 유효도

㉠ 토양교질의 흡착능이 클수록 미량영양원소의 유효도가 작아짐

㉡ Cu와 Mn은 유기교질과 강한 복합체를 형성하기 때문에 유기물함량이 높아지면 결핍증상을 나타낼 수 있음

(3) 미량원소의 기능

미량원소	기 능	결핍증상
망 간	• 주로 산화환원과정에 관여 • TCA 회로에 관여된 효소의 활성화 • SOD(활성산소무해화효소)의 보조인자	• 조직이 작아지고 세포벽이 두꺼워지며 표피조직이 오그라듦 • 엽맥과 엽맥 사이의 황백화(오래된 잎에서 먼저 발생)
철	• Haemoprotein과 결합하여 산화환원과정에 관여 : Leghaemoglobin(질소고정작용), Cytochrome(전자전달 역할), Cytochrome Oxidase, Catalase Peroxidase 등 (효소) • Fe-S 단백질과 결합하여 산화환원과정에 관여 : Ferredoxin(전자공여체) • 엽록소의 생합성과정에 직접 관여	• Mg 결핍증상과 유사하지만, 어린잎에서 주로 나타남(Mg과의 차이) • 엽맥 사이의 황화현상 • 어린잎의 백화현상 • 석회질토양에서 자주 발생
구 리	• 대부분 엽록체 내에 존재하며 광합성과 대사과정에 필요한 산화환원효소에 필요(예 Cytochrome Oxidase) • 유기물과의 결합이 강하고 이동성이 낮음 • 아연과 흡수 경쟁 관계	• 잎의 백화현상 • 잎이 좁아지고 뒤틀리는 현상 • 생장점 고사현상 • 개화가 지연되고 결실이 안 됨

아 연	• RNA polymerase, RNase 활성 • 리보솜 구조 안정화 • Carbonic Anhydrase, Alcohol Dehydrogenase 등 효소 활성화 • 인산흡수가 많을 때 흡수가 억제됨 • 구리와 흡수 경쟁 관계 • 식물호르몬 IAA 합성에 관여	• 로제트 현상(줄기 마디 짧아짐) • Little Leaf 현상(잎이 작아짐) → 위 두 결핍증은 IAA와 관련 • 오래된 잎부터 황화현상
붕 소	• 잎의 끝과 테두리에 축적 • 새로운 세포의 발달과 성장에 필수 • 생체물질의 이동, 단백질 합성, 탄수화물대사, 콩과작물의 뿌리혹 형성에 관여	• 생장점과 어린잎 생장 저해 • 로제트 현상 • 잎자루의 비정상적 비대 • 낙화 또는 낙과
몰리브덴	• 필수영양원소 중 식물 요구도가 가장 낮음 • 산화환원효소의 보조인자 • 질소고정과정에서 질소환원효소인 Nitrate Reductase의 보조인자 • 콩과작물과 NO_3^-를 주로 이용하는 식물에게 필수적	• 질소 결핍증상과 유사 • 오랜된 잎에서 먼저 발생 • 황화현상 및 잎의 가장자리 오그라짐 • 작아지거나 괴사 반점이 나타남 • NH_4^+를 주로 이용하는 식물에서는 결핍증상이 나타나지 않음
염 소	• 식물체 염소함량은 2,000~20,000mg/kg으로 다량원소 수준이지만 정상적 생장을 위해 필요한 함량은 340~1,200mg/kg임 • 망간과 함께 광합성 반응(PS Ⅱ에서 물분해 과정인 Hill 반응)에 관여 • 칼륨과 함께 기공의 개폐에 관여 • 액포막의 ATPase 활성화	햇빛이 강할 때 위조와 함께 황화현상
코발트	• 근류균의 질소고정에 필요 • Leghaemoglobin 합성에 관여	• 토양수분, pH 영향이 큼 • pH가 높고 담수상태의 토양과 산성토양에 코발트 흡수 증가 • 석회 시용은 유효도 감소시킴
니 켈	• Urease의 구성원소 • 요소를 많이 흡수하는 식물에게 필요 • 질소 수송과정의 질소대사에 관여	콩과식물은 뿌리혹에서 고정된 질소를 지상부로 수송할 때 Allantoin(Ureide화합물)을 주로 이용
규 소	• 잎과 줄기의 피층세포에 축적되어 물리적 강도를 높임 • 잎의 직립, 도복 방지, 병원균 감염 방지, 충해 경감	규질화된 잎세포는 균의 침입방지뿐만 아니라 침입한 균의 생장과 증식을 억제함

(4) 미량원소비료

① 붕산비료, 붕사비료, 황산아연비료, 미량요소복합비료

② N, P, K를 주성분으로 하는 복합비료에도 첨가할 수 있음

③ **엽면시비용, 양액재배 관주용 비료** : 제4종 복합비료

④ 요구도가 낮은 원소이기 때문에 많이 주면 해가 됨

CHAPTER 03

토양비옥도 관리

01 토양비옥도 관리의 기본 원리

(1) 유효태 함량

① **유효태** : 식물이 실제로 흡수할 수 있는 형태의 영양소

② 영양원소의 함량은 총함량보다 유효태 함량이 중요 → 실제 토양에 존재하는 영양소의 일부만이 유효태로 존재함

(2) 최소양분율의 법칙(Law of Minimum Nutrient)

① 1862년 리비히(Liebig)가 최초로 주장

② 다른 영양소가 충분하더라도 어느 하나의 영양소가 부족하면 그 부족한 영양소에 의하여 식물의 생장량이 결정된다는 법칙

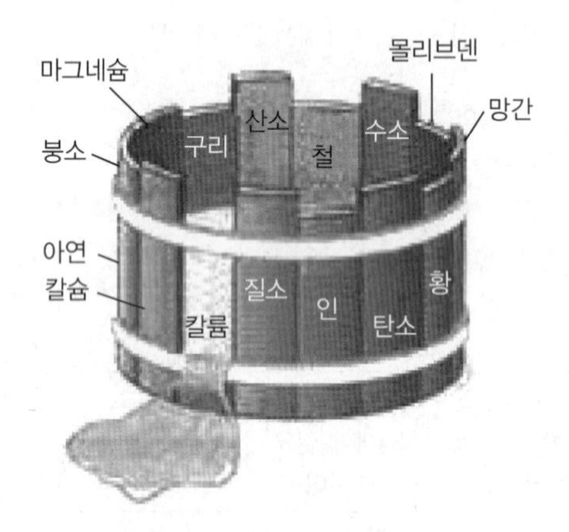

(3) 보수점감의 법칙(Law of the Diminishing Return)

① 양분의 공급량을 늘리면 초기에는 식물의 생산량이 증가하지만, 공급량이 늘어날수록 생산량의 증가는 점차 줄어든다는 법칙

② 시비량과 생산량과의 관계에서 경제성을 평가하는데 적용

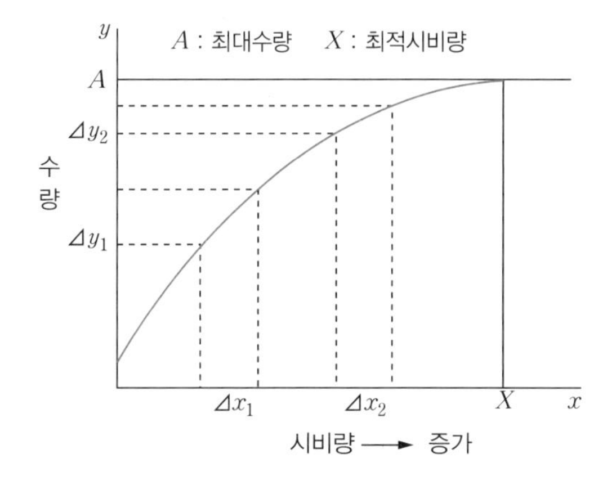

Mitscherlich 식에 의한 반응곡선($\triangle x_1 = \triangle x_2$이지만 $\triangle y_1 > \triangle y_2$)

02 토양비옥도의 평가

(1) 토양검정

① 토양의 양분공급능력을 화학적으로 평가하는 방법

② 영양소의 추출방법에 따라 측정된 농도와 식물의 흡수량 또는 생육 사이에 밀접한 상관관계가 있어야 함

㉠ 토양단면의 층위와 같은 층위에서도 지점에 따라 다르다는 것을 유의해야 함

㉡ 토양의 종류, 토성 등을 고려해야 함

㉢ 영양소의 강도와 양을 분명히 구분해야 함

㉣ 검정하고자 하는 토양의 pH와 유사한 pH의 용액으로 추출하는 것이 합리적

㉤ 영양소별 유효도 검정을 위한 측정 및 추출 방법

질 소	• 유효도 검증을 위해 NH_4^+, NO_3^- 형태의 무기태 질소의 측정 • 총질소함량과 유기태질소 함량을 함께 측정하여 공급능력 추정
인(유효인산)	• Olsen법 : pH 8.5의 0.5M $NaHCO_3$ 용액 사용 • Bray법 : NH_4F와 HCl 혼합용액 사용 • Lancaster법 : CH_3COOH, $CH_3CH(OH)COOH$ NH_4F, $(NH_4)_2SO_4$, NaOH 혼합용액 사용
칼슘, 마그네슘, 칼륨	물을 사용한 수용성과 NH_4COOCH_3(암모늄아세테이트) 교환태 추출
망 간	3N $NH_4H_2PO_4$ 용액 사용
몰리브덴	NH_4-oxalate 용액 사용
붕 소	물 사용
기타 미량영양소	묽은 HCl 사용

(2) 식물검정

① **식물체분석** : 가장 정확하지만 시간의 소비와 비용이 큼

㉠ 식물의 반응곡선(생육곡선)

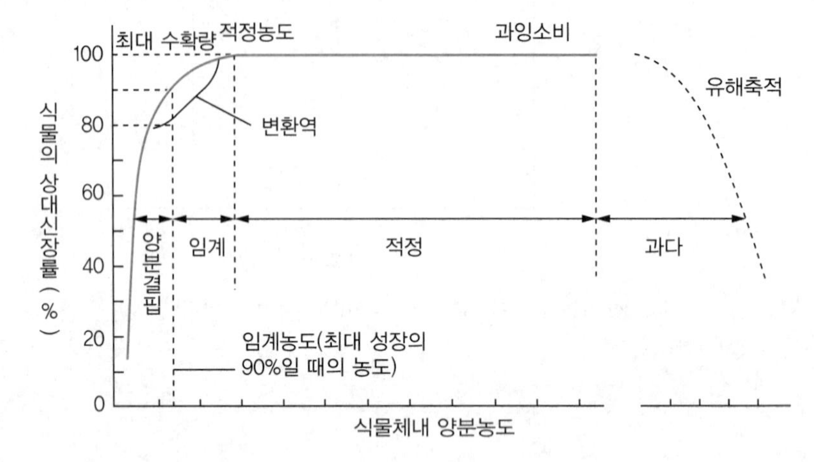

㉡ 양분농도는 식물의 종류, 기관 및 조직의 종류, 생육단계, 수분함량, 다른 영양소 조건 등에 따라 달라짐

㉢ 식물 생장에 적합한 토양영양소의 유효태 함량의 임계수준을 결정하기는 어려움

② **수액분석**

㉠ 식물체의 액을 짜서 간이분석기로 분석

㉡ 부정확하지만 간단

③ **육안관찰**

㉠ 결핍증상 관찰 : 육안 관찰이 될 때에는 이미 그 영양소의 결핍 기간(영양소결핍잠복기, Hidden Hunger)이 상당히 경과된 것

㉡ 영양소별 결핍증상이 뚜렷하게 구분되지 않는 경우가 많음

㉢ 독성 또는 병충에 의한 피해증상과 구분하기 어려움이 있음

㉣ 관찰자가 경험을 축적하게 되면 매우 유용함

식물체 부분	주요 증상		결핍/과잉 영양소
오래 되고 성숙한 잎 (아래쪽 잎)	황화현상	균 일	N(S) 결핍
		엽맥 사이, 반점	Mg(Mn) 결핍
	고사현상	잎 끝과 가장자리	K 결핍
		엽맥 사이	Mg(Mn)
어린잎과 새순 (위쪽 잎)	황화현상	균 일	Fe(S) 결핍
		엽맥 사이, 반점	Zn(Mn) 결핍
	고사 또는 황화현상		Ca, B, Cu 결핍
	기 형		Mo(Zn, B) 결핍
오래 되고 성숙한 잎	고사현상	점	Mn(B) 과잉
		잎 끝과 가장자리	B, 염 과잉
	황화 및 고사현상		불특성 독성

참고

결핍증상이 처음 나타나는 부분과 식물체 내에서 영양원소의 이동성에 밀접한 관련이 있음. 이동성이 큰 원소는 부족한 원소를 기존의 잎에서 새 잎으로 이동시키기 쉽기 때문에 오래된 잎에서 먼저 발생하는 반면 이동성이 작은 원소는 그렇지 못하기 때문에 새 잎에서 먼저 발생함

④ 재배시험

㉠ 포트 또는 포장에서 비료를 여러 수준으로 시용하고 작물의 생장량과 수확량을 조사함

㉡ 비료의 시용량, 종류, 시용시기, 시용방법 등에 관한 기술 결정

㉢ 여러 해에 걸친 반복시험과 실제 작물재배상황을 고려하여 시험을 해야 하기 때문에 시간과 노력이 많이 소요됨

03 비료의 반응

(1) 화학적 반응

① 비료 자체가 가지는 반응(물에 녹이면 비료의 화학조성에 따라 용액의 반응이 나타남)

② 화학적 반응에 따른 비료의 분류

산성 비료	과인산석회, 중과인산석회, 인산1암모늄, 황산암모늄
중성 비료	• 중성염류 : 질산암모늄, 황산칼륨, 염화칼륨, 질산칼륨 • 유기질 : 요소, 우레아포름(Ureaform)
알칼리성 비료	• 알칼리성 물질 : 생석회, 소석회, 암모니아수 • 강염기염 : 탄산칼륨, 탄산암모니아 • 석회의 과잉 함유 : 석회질소, 용성인비, 규산질 비료, 규회석 비료

(2) 생리적 반응

① 식물이 음 · 양이온을 흡수하는 속도가 고르지 않기 때문에 토양에 시용한 비료의 성분 중 어떤 성분은 많이 남고, 어떤 성분은 적은 양만 남아 있어 토양반응이 어느 편으로 치우쳐 나타나는 반응

㉠ 질산나트륨($NaNO_3$)은 질산은 많이 흡수되고 나트륨이 많이 남게 되어 토양반응이 알칼리성이 됨

㉡ 질산암모늄은 음 · 양이온을 거의 같게 흡수하므로 생리적 중성 비료

② 생리적 반응에 따른 비료의 분류

생리적 산성 비료	황산암모늄, 염화암모늄, 황산칼륨, 부숙된 인분뇨, 염화칼륨
생리적 중성 비료	질산암모늄, 질산칼륨, 요소, 인산암모늄
생리적 알칼리성 비료	질산나트륨, 질산칼슘, 탄산칼륨(초목회), 용성인비

적중예상문제

01

「비료공정규격 설정 및 지정」 규정상 미생물 비료로 사용이 불가능한 것은? 19 국가직 7급 기출

① *Escherichia coli*
② *Streptomyces griseus*
③ *Lactobacillus plantarum*
④ *Bacillus megaterium*

해설 *Escherichia coli*는 대장균으로 *Salmonella spp.*와 함께 미생물비료에서 불검출되어야 하는 병원성 미생물이다.

02

토양에서 일어나는 질소의 순환과정 중 식물에 대한 질소 유효도를 증가시키는 것은? 19 국가직 7급 기출

① 담수된 논토양에서의 탈질
② 요소비료 시용 후 암모니아(NH_3)로 휘산
③ 질산화 과정에 의한 질산태질소($NO_3^- - N$)의 용탈
④ 미생물에 의한 토양 중 유기태질소의 무기화

해설 ①·②·③은 질소의 손실에 해당한다.

03

다음과 같은 반응을 통하여 토양에 공급된 무기태 인이 불용성 인산화합물로 전환될 때 토양의 pH 조건은? 19 국가직 7급 기출

$$Ca(H_2PO_4)_2 + 2Ca^{2+} \rightleftharpoons Ca_3(PO_4)_2 + 4H^+$$

① pH 2.5
② pH 4.5
③ pH 6.5
④ pH 8.5

해설 칼슘은 알칼리토양에서 인산질비료 불용화의 원인이며, 철과 알루미늄은 산성토양에서 인산질비료 불용화의 원인이다.

04

다음 식물영양소 중 음이온 형태로 흡수되는 것은? 18 국가직 7급 기출

① 철(Fe)
② 아연(Zn)
③ 구리(Cu)
④ 몰리브덴(Mo)

해설 **영양소의 흡수 형태**

양이온 형태로 흡수	N, Ca, Mg, K, Fe, Mn, Zn, Cu
음이온 형태로 흡수	N, P, S, Cl, B, Mo

정답 01 ① 02 ④ 03 ④ 04 ④

05

토양 내 무기인(Phosphorus)의 불용화에 대한 설명으로 옳지 않은 것은? 18 국가직 7급 기출

① 금속 수산화물에 의한 인산의 불용화
② 혐기 토양조건에서 철 환원에 의한 불용화
③ 알칼리성 토양에서 인산칼슘 형성으로 인한 불용화
④ 선성 토양에서 금속 양이온과 결합으로 인한 불용화

해설 혐기 토양조건에 철이 환원되면 용해도가 증가한다.

06

필수식물영양소인 칼슘과 마그네슘에 대한 설명으로 옳지 않은 것은? 18 국가직 7급 기출

① 칼슘은 세포벽의 주 구성성분이고, 마그네슘은 엽록소의 주 구성성분이다.
② 토양 내 주 공급원은 점토와 부식화합물에 결합된 교환성 형태로 존재한다.
③ 식물이 흡수하는 칼슘과 마그네슘의 양은 비슷하거나 마그네슘이 다소 적다.
④ 두 원소는 화학적 특성이 유사하나 마그네슘이 칼슘보다 점토표면 흡착력이 크다.

해설 두 원소는 화학적 특성이 유사하나 칼슘이 마그네슘보다 점토표면 흡착력이 크다.

07

토양에서 식물 양분순환에 대한 설명으로 옳지 않은 것은? 18 국가직 7급 기출

① 유기물 형태의 황이 식물에 이용되기 위해서는 무기화되어야 한다.
② 인은 기체형태로 유실이 발생하지 않으며 대기로부터 공급량도 매우 적다.
③ 칼륨은 광물성분이며 풍화과정에 의해 토양으로 유리되어 식물에 이용된다.
④ 토양에 존재하는 유효태 질소의 주 공급원은 대기로부터 침적되는 질소기체이다.

해설 유효태 질소의 주 공급원은 유기물에 결합되어 존재하는 유기태 질소이다.

08

식물미량영양원소의 기능에 대한 설명으로 옳지 않은 것은? 18 국가직 7급 기출

① 아연은 유해 활성산소를 없애는 Superoxide Dismutase의 보조인자로 작용한다.
② 니켈은 요소를 암모니아로 전환하는 반응에 관여하는 Urease의 구성원소이다.
③ 구리는 광합성과정에 필요한 Cytochrome Oxide의 구성 원소이다.
④ 코발트는 콩과작물의 질소고정과정에 필요한 원소이다.

해설
- 망간은 유해 활성산소를 없애는 Superoxide Dismutase(SOD)의 보조인자로 작용한다.
- 아연은 식물호르몬 IAA 합성에 관여한다.

05 ② 06 ④ 07 ④ 08 ① 정답

09

토양 중 미량원소의 가용성에 대한 설명으로 옳지 않은 것은? 17 국가직 7급 기출

① 염기성 토양에서 철, 망간, 붕소의 결핍이 발생한다.
② 철, 망간, 구리는 환원형보다 산화형일 때 용해도가 낮다.
③ 미량원소의 불용성 킬레이트 형성은 식물 유효도를 높인다.
④ 담수 토양에서 철, 망간, 구리의 식물 유효도가 증가한다.

해설 불용화되면 식물 유효도가 낮아진다.

10

토양 중 인산의 유효도를 높이는 관리방안이 아닌 것은? 17 국가직 7급 기출

① 유기물을 시용한다.
② 작물의 근권 가까이 시비한다.
③ 알칼리성 토양의 경우, 유안과 함께 시비한다.
④ 균근(Mycorrhizae)의 증식을 억제한다.

해설 균근균은 인산의 유효도를 높여준다.

11

토양용액에 존재하는 인에 대한 설명으로 옳지 않은 것은? 16 국가직 7급 기출

① pH 2~7 범위에서 주로 $H_2PO_4^-$ 형태로 존재한다.
② 비옥도가 낮은 토양용액 내 인의 농도는 30mg P/L 정도이다.
③ 산성조건에서 무기인산의 용해도는 가용성 철 또는 알루미늄의 영향을 받는다.
④ 무기인산 이온은 다른 원소와 불용성 화합물을 형성하여 식물에 대한 유효도가 낮다.

해설 토양용액 중 인의 일반적인 적정농도
0.2~0.3mg/kg

12

토양으로부터 식물체가 흡수하는 영양소의 형태를 바르게 나열한 것은? 16 국가직 7급 기출

① H_3BO_3, PO_4^{3-}
② NO_3^-, S^{2-}
③ NH_4^+, MoO_4^{2-}
④ Mn^{4+}, HCO_3^-

해설
- 인의 주요 흡수 형태 : $H_2PO_4^-$, HPO_4^{2-}
- 황의 주요 흡수 형태 : SO_4^{2-}, SO_2
- 망간의 주요 흡수 형태 : Mn^{2+}

정답 09 ③ 10 ④ 11 ② 12 ③

13

토양 내 식물영양소에 대한 설명으로 옳지 않은 것은? 16 국가직 7급 기출

① 질소는 핵산, 엽록소를 구성하는 필수영양소로서, 질소가 결핍하면 잎의 황화현상이 나타난다.
② 황은 Cysteine과 Methionine의 구성성분으로서, 황이 결핍되면 식물생육이 억제되거나 결실이 지연될 수 있다.
③ 몰리브덴은 pH가 증가할수록 식물에 대한 유효도가 낮아지며, 몰리브덴의 기능은 황의 대사작용과 밀접한 관계가 있다.
④ 칼륨은 장석류, 운모류, 일라이트와 같은 광물의 풍화결과로써 공급되며, 식물체에서 다양한 종류의 효소작용을 활성화시킨다.

해설 몰리브덴은 pH가 증가할수록 식물에 대한 유효도가 높아지고, 몰리브덴의 기능은 질소의 대사작용과 밀접한 관계가 있다.

14

알칼리성 토양에서 인의 유효도를 높이기 위한 토양관리방안으로 옳지 않은 것은? 15 국가직 7급 기출

① 황화철을 시용하여 토양의 pH를 중성 부근으로 조절한다.
② 소석회 비료를 시용하여 칼슘과 결합된 인의 용해도를 높인다.
③ 인산질 비료를 식물의 근권 근처에 국부적으로 살포한다.
④ 암모늄 비료와 인 비료를 혼합하여 시비한다.

해설 소석회는 석회물질로 칼슘을 함유하고 있고, 토양의 알칼리도를 높이기 때문에 토양 중 인의 유효도를 감소시킨다.

15

다음 특징을 가지고 있는 식물의 필수미량원소는? 15 국가직 7급 기출

- 2가의 양이온과 경쟁관계에 있으므로 흡수율이 낮다.
- 토양 pH가 높거나 유기물 함량이 많으면 결핍되기 쉽다.
- 산성토양이나 환원토양에서는 유효도가 높다.
- 식물체 내에서 주로 산화환원 과정에 관여하며 SOD(Superoxide Dismutase)의 보조인자로 작용한다.
- 결핍 시 조직이 작아지고 세포벽이 두꺼워지며 표피 조직이 오그라들고, 엽맥 사이에서 황백화 현상이 노화된 잎에서 먼저 나타난다.

① 망간(Mn)
② 철(Fe)
③ 아연(Zn)
④ 구리(Cu)

해설 **망 간**

- Mn^{2+}로 흡수되기 때문에 다른 2가 양이온과 경쟁관계에 있으며, 이로 인해 pH가 높거나 유기물함량이 많으면 결핍이 일어나기 쉽다.
- 석회 시용에 의한 토양의 알칼리화는 망간의 유효도를 감소시킨다.
- 기능 : 주로 산화환원과정에 관여, TCA 회로에 관여된 효소의 활성화, SOD(활성산소무해화효소)의 보조인자
- 결핍증상 : 조직이 작아지고 세포벽이 두꺼워지며 표피조직이 오그라듦, 엽맥과 엽맥 사이의 황백화(오래된 잎에서 먼저 발생)

13 ③ 14 ② 15 ① 정답

16

산성토양에서 발생하는 인산의 주요 침전형태는?

11 국가직 7급 기출

① Si-P 태 및 Ca-P 태
② 유기태 및 Mg-P 태
③ Ca-P 태 및 K-P 태
④ Fe-P 태 및 Al-P 태

해설 알칼리성 토양에서는 Ca-P 태가 주요 침전형태이다.

17

토양에서 식물뿌리로의 양분 공급기작이 아닌 것은?

11 국가직 7급 기출

① 뿌리차단(Root Interception)
② 집단류(Mass Flow)
③ 확산(Diffusion)
④ 증발(Evaporation)

해설 증발은 액체 상태의 물이 기체 상태로 전환되는 상변이로 일어난다.

18

인산질 비료에 대한 설명으로 옳지 않은 것은?

11 국가직 7급 기출

① 과린산석회는 불용성인 인광석을 황산으로 처리하여 제조
② 중과린산석회는 불용성인 인광석을 인산으로 처리하여 제조
③ 용성인비는 불용성 인산을 함유한 선철을 용융하여 제조
④ 용과린은 과린산석회와 용성인비를 혼합하여 제조

해설 인산질 비료의 종류

구 분	주성분	제조방법
과린산석회(과석)	$CaH_4(PO_4)_2 \cdot H_2O$	인광석에 황산 처리
중과린산석회(중과석)	$CaH_4(PO_4)_2$	인광석에 인산 처리
용성인비	$Mg_3CaP_2O_3 \cdot 3CaSiO_2$	인광석 용융
용과린	$CaH_4(PO_4)_2 \cdot H_2O$ + $Mg_3CaP_2O_3 \cdot 3CaSiO_2$	과석+용성인비
토마스인비	$CaCN_2$	인산 함유 제강슬래그

19

1,000m^2 옥수수 밭에 질소시비추천량의 50%를 황산암모늄(질소 함량 20%)으로 시비할 때, 필요한 황산암모늄의 양[kg]은? (단, 옥수수에 대한 3요소 시비추천량은 N − P_2O_5 − K_2O = 200 − 150 − 200kg/ha이다)

11 국가직 7급 기출

① 25
② 50
③ 250
④ 500

해설
- 질소시비추천량 200kg/ha이므로, 1,000m^{2}에는 20kg이 필요하다.
- 황산암모늄으로 50% 질소를 줘야 하므로, 황산암모늄으로 줘야 할 질소량은 10kg이 된다.
- 황산암모늄의 질소 함량은 20%이므로 황산암모늄을 50kg 시비해야 한다.

정답 16 ④ 17 ④ 18 ③ 19 ②

20

질산의 탈질이 증가하는 토양 조건은?

11 국가직 7급 기출

① 알칼리성 환원토양
② 유기물이 풍부한 환원토양
③ 통기성이 원활한 토양
④ *Rhizobium* 활성이 높은 토양

해설 산소공급이 제한된 조건에서 유기물 분해가 일어나면 산소가 빠르게 고갈되어 환원상태에 이르게 된다.

21

유안(Ammonium Sulfate), 요소(Urea), 질산가리(Potasium Nitrate)를 논토양에 시용했을 때 일어나는 질소 반응에 대한 설명으로 옳지 않은 것은?

12 국가직 7급 기출

① 유안이나 요소를 표층시비하면 유안이 요소보다 암모니아 휘산이 많다.
② 유안이나 요소를 심층시비하면 표층시비할 때보다 질산화가 느리다.
③ 심층시비하면 질산가리가 유안보다 탈질량이 많다.
④ 표층시비하면 유안이 질산가리보다 토양 pH를 더 낮춘다.

해설 **질소질비료의 주성분**

질소질 비료	주성분
황산암모늄(유안)	$(NH_4)_2SO_4$
요 소	$(NH_2)_2CO$
염화암모늄	NH_4Cl
질산암모늄	NH_4NO_3
질산가리	KNO_3
석회질소	$CaCN_2$
암모니아수	NH_4OH

유안은 황산과 암모늄의 결합형태로 토양용액에서 해리하게 되면 황산의 작용으로 pH 상승이 억제되어 암모늄 이온이 암모니아로 휘산되는 것이 억제되지만, 요소는 중성비료로서 pH 상승에 대한 억제력이 적어 암모니아 휘산의 가능성이 높아진다.

22

논토양에 유기질 퇴비를 과량으로 시비하는 경우 결핍 가능성이 가장 큰 원소는?

12 국가직 7급 기출

① 황(S)
② 붕소(B)
③ 몰리브덴(Mo)
④ 구리(Cu)

해설 유기질 퇴비를 과량으로 시비할 경우 결핍될 가능성이 큰 원소 : 구리, 망간

20 ② 21 ① 22 ④ 정답

23

식물체에 음이온의 형태로 흡수되는 양분은?

13 국가직 7급 기출

① 몰리브덴 ② 코발트
③ 구 리 ④ 아 연

해설 **미량원소의 토양 중 이온 형태**

미량 영양원소	토양 중 이온 형태	비 고
Fe	Fe^{2+}, Fe^{3+}, $Fe(OH)_2^{+}$, $Fe(OH)^{2+}$	양이온
Mn	Mn^{2+}	양이온
Cu	Cu^{2+}, $Cu(OH)^{+}$	양이온
Zn	Zn^{2+}, $Zn(OH)^{+}$	양이온
Cl	Cl^{-}	음이온
B	H_3BO_3, $B(OH)_4^{-}$	음이온
Mo	MoO_4^{2-}, $HMoO_4^{-}$	음이온
Co	Co^{2+}	양이온
Ni	Ni^{2+}	양이온
Si	H_4SiO_4	음이온

24

산성토양에서 직물의 생육이 저해되는 원인에 대한 설명으로 옳지 않은 것은?

13 국가직 7급 기출

① 알루미늄과 망간의 식물에 대한 독성 증가
② NH_3 휘산에 의한 유효 질소의 감소
③ 칼슘과 마그네슘의 유효도 감소
④ 근권 미생물의 활성 감소

해설 **휘 산**

- 토양 중의 질소가 암모니아(NH_3) 기체로 전환되어 대기 중으로 날아가 손실되는 현상
- 주로 요소(Urea, $(NH_2)_2CO$)나 암모늄형태의 질소질비료를 줄 때 나타남
- 촉진 조건 : pH 7.0 이상, 고온 건조, 탄산칼슘($CaCO_3$)이 많은 석회질 토양

25

통기성이 불량하고 과습한 토양에서 발생되는 현상으로 보기 어려운 것은?

13 국가직 7급 기출

① 철(Fe) 성분의 용해도 증가
② 탈질작용에 의한 질소의 손실
③ 황화물의 생성에 따른 미량원소의 불용화
④ 인산의 유효도 감소

해설
- 황산화물(Sulfate)은 환원조건이 되면 철과 같은 미량원소와 결합하여 황철석(FeS_2)과 같은 황화물(Sulfide)을 형성하여 불용화된다.
- 환원조건에서 인산의 유효도는 증가한다.

26

토양 중 질산화 과정에 대한 설명으로 옳지 않은 것은?

13 국가직 7급 기출

① Nitrosomonas가 관여할 수 있다.
② 산소가 전자 받개(Electron Acceptor)로서 필요하다.
③ 질산화가 진전될수록 토양 pH는 상승한다.
④ 암모늄태 질소는 전자 주개(Electron Donor) 역할을 한다.

해설 질산화는 토양의 pH를 낮춘다.

정답 23 ① 24 ② 25 ④ 26 ③

27

밭토양에 시용하였을 경우, 토양 산성화 효과가 가장 큰 것으로 예상되는 비료는? 13 국가직 7급 기출

① 용성인비
② 인산암모늄
③ 질산칼륨
④ 염화칼륨

해설 **비료의 생리적 반응에 따른 비료의 분류**

생리적 산성 비료	황산암모늄, 염화암모늄, 황산칼륨, 부숙된 인분뇨, 염화칼륨
생리적 중성 비료	질산암모늄, 질산칼륨, 요소, 인산암모늄
생리적 알칼리성 비료	질산나트륨, 질산칼슘, 탄산칼륨(초목회), 용성인비

28

토양비옥도에 대한 설명으로 옳지 않은 것은? 13 국가직 7급 기출

① 토양 중 영양원소 함량은 비옥도를 결정하는 직접적인 요인이다.
② 토양비옥도와 작물생산성은 반드시 비례하는 것은 아니다.
③ 토양산도가 높을수록 영양원소의 유효도가 증가하여 토양비옥도는 향상된다.
④ 유기물은 양분 공급, 토양구조 향상, 미생물활성 증대 등을 통하여 토양비옥도를 높일 수 있다.

해설 토양산도가 높을수록 영양원소의 유효도는 감소하고, 알루미늄과 같은 독성원소의 유효도는 증가한다.

29

알칼리성 토양에서 인은 어떠한 형태로 존재하여 식물에 대한 이용도가 낮아지게 되는가? 14 서울시 지도사 기출

① 유기태 인
② 무기태 인
③ 알루미늄이 결합된 무기 인
④ 철이 결합된 무기 인
⑤ 칼슘이 결합된 무기 인

해설 산성 토양에서는 철과 알루미늄에 의해 불용화된다.

30

토양 중 탈질작용이 일어나는 적합한 조건으로 옳지 않은 것은? 16 국가직 7급 기출

① 중성 pH 조건
② 산소가 부족한 조건
③ 25~30℃의 온도 조건
④ 암모늄태 질소가 풍부한 조건

해설 탈질균은 산소가 부족한 환경에서 산소 대신 NO_3^-를 전자수용체로 이용한다.

27 ④ 28 ③ 29 ⑤ 30 ④ 정답

PART 8

토양오염

토양의 질

01 작물과 환경

(1) 환경과 식물의 상호작용

식 물		환 경
생리적, 영양적, 형태적, 병해, 유전적, 생태적	← 작용 피드백(Feedback) →	빛, 온도, 공기, 물, 영양소, 지지물, 인간 간섭, 기후변화, 환경오염

(2) 식물 스트레스(∨, 토양을 통한 스트레스)

물리적		화학적		생물적		인공적	
건 조		염류집적	∨	경 쟁	∨	대기오염	
온 도		영양결핍	∨	동물의 먹이	∨	농 약	∨
방사선		토양의 pH	∨	병해충		중금속	∨
범 람	∨	유기물	∨	타감작용		불	
바 람		대기가스		균근류	∨	도입종	∨

02 토양의 질(Soil Quality)

(1) 개념의 필요성

① 토양관리의 목표와 방법을 설정하는 기준이 필요

② 토양의 좋고 나쁨을 판단할 수 있는 근거가 필요

③ 과거 토양비옥도가 토양관리의 지표였으나 농업생산력 이외에 환경정화와 사회경제적 기능을 함께 고려한 관리 지표가 필요함

(2) 토양의 질

① 정의 : 자연계나 인공적인 생태계 안에서 식물과 동물의 생산성을 유지하게 하며, 수질을 유지 또는 개선하고, 인간의 건강과 거주를 지지하는 역할을 하는 토양의 용량(미국토양학회, 1995)

② 토양의 질에서 3가지 주요 인자

㉠ 생물적인 생산량

㉡ 환경의 질

㉢ 식물과 동물의 건강

③ 토양분석을 통해 양분종류와 양을 파악한 후 시비처방을 하는 것은 토양을 관리하는 지표가 바뀌어가고 있음을 보여주는 사례임

03 환경구성요소

(1) 환 경

① 생활체를 둘러싸고 있는 일체의 사물

② 유기체에 직접 간접으로 영향을 주는 모든 것

③ 주체와 환경의 개념이 포함됨

㉠ 주체 : 인간과 동 · 식물

㉡ 환경 : 주체를 둘러싸고 있는 모든 것

㉢ 환경작용 : 환경이 주체에 영향을 주게 될 경우

㉣ 환경형성작용 : 주체가 환경에 영향을 주게 될 때

㉤ 동적 평형(Dynamic Equilibrium) : 겉으로는 변화가 없는 것처럼 보이지만, 실제로는 주체와 환경의 상호작용으로 끊임없이 변화하고 있는 상태

㉥ 환경스트레스 : 동적 평형을 깨뜨리는 모든 것, 다시 동적 평형을 이루기 위해 스트레스를 없애는 방향으로 작용함

(2) 환경의 3대 구성요소

① 토양, 물, 대기

㉠ 대 기

- 기체이기 때문에 광범위한 지역에서 균일하나 수시로 변동됨
- 부유물질이나 가스상 물질에 의해 오염됨
- 바람에 의하여 이동되지 못하면 큰 피해를 일으킴

㉡ 물
- 용존물질이나 불용성 물질로 오염됨
- 쉽게 이동하여 멀리까지 영향을 미침
- 폐쇄성 수역이나 지하수와 같이 움직임이 없는 지역에서 피해가 커짐
- 부유성 오염물질은 주로 토양과 강우에서 유래

㉢ 토 양
- 지구 생태계의 물질순환에서 가장 중요한 부분
- 식물생산 · 오염물질 정화 · 정수 및 투수 · 매장문화재 보전 · 경관 · 자연교육 및 교재 · 건조물지지 · 토지시설 시공 · 건설자재 · 공업원료 등 다양한 기능을 가짐

② 환경구성요소들의 균일성

구성요소	공간적 균일성	시간적 균일성
토 양	매우 작음	매우 큼
물	중 간	중 간
대 기	매우 큼	매우 작음

CHAPTER 02

토양오염의 특성

01 토양오염의 특성

(1) 일반적인 정의

오염물질이 외부로부터 토양 내로 유입됨으로써 그 농도가 자연함유량 보다 많아지고 이로 인하여 토양에 나쁜 영향을 주어 그 기능과 질이 저하되는 현상

(2) 토양오염의 특성

① 토양오염경로 : 대기오염, 수질오염, 폐기물오염, 지하저장시설누출 등을 통해 오염물질이 토양으로 유입됨

② 토양오염물질은 토양 자체만이 아니라 지하수도 오염시킴

(3) 발생원에 따른 오염원 구분

구 분	오염원
점오염원	폐기물매립지, 대단위 축산단지, 산업지역, 건설지역, 가행광산, 송유관, 유류저장시설, 유독물저장시설 등
비점오염원	농약과 화학비료가 장기간 사용되고 있는 농경지, 휴폐광산, 산성비, 방사성 물질 등

참고

토양환경보전법의 관리대상 : 유류 및 유독물 저장시설, 휴 · 폐광산으로부터의 오염물질

(4) 토양측정망

① 우리나라는 1987년부터 전국적인 토양질의 평가를 위해 토양측정망을 운영하고 있음

㉠ 토양환경에 영향을 주는 오염물질 모니터링

㉡ 전국망과 지역망으로 구분하여 운영

구 분	전국망	지역망
목 적	전국토양오염개황 파악	지역중심 오염진행상황 파악
설치지점	토지용도별 지역	토양오염원별
주 관	상시(매년 또는 격년)	상시(매년 또는 격년)

측정 항목	중금속	6종(Cd, Cu, As, Hg, Pb, Cr^{6+})	6종(Cd, Cu, As, Hg, Pb, Cr^{6+})
	일반항목	2종(시안, 페놀) 및 pH	5종(유기인, PCB, 시안, 페놀, 유류) 및 pH

02 토양오염물질의 종류와 특성

(1) 영양소

① 질소와 인

㉠ 비료의 과다 사용과 축산 활동, 유기성 폐기물 등으로부터 발생

㉡ 음용수의 질산염 농도가 높아지면 청색증(유아에서 발생), 비타민결핍증, 고창증(반추동물에서 발생하는 대사질병) 등의 피해 발생

㉢ 수계의 부영양화 → 녹조, 적조의 발생

㉣ 수용성인 질산태 질소는 물에 녹아 수계에 유입되며, 용해도가 낮은 인산은 토양입자와 함께 수계로 유입됨

② 축산폐기물

㉠ 가축분뇨와 축산폐수에 의한 오염

㉡ 높은 농도의 BOD, COD, 부유물질, 질소, 인

(2) 농 약

① 살충제, 제초제, 살균제 등이 토양에 잔류

② 먹이사슬을 통해 생물농축되는 특성

(3) 유독성 유기물질

① 석유계 탄화수소 : 연료, 용제, 휘발성유기화합물(VOC), 다환고리방향성탄화수소화합물(PAHs), 계면활성제, 방향족아민류, 염소계파라핀, 염소계방향족화합물, 가소제 등으로 난분해성

㉠ PAHs : 비극성이며 소수성인 특성이 있고 토양과 지하수를 광범위하게 오염시킴

㉡ 유기염소계화합물(COCs) : 유기용매 또는 세정폐수로 사용, 지하수 오염, TCE, THM

㉢ 니트로방향족화합물(NACs) : 제초제 · 살충제 원료, 비누 향료 원료 NB, 폭약 원료 TNT

② 생물학적 처리가 어렵고 맹독성이고 장기간 잔류하는 특성

③ 혐기성보다 호기성 조건에서 빠르게 분해됨

(4) 중금속

① 미량원소 또는 위해성 미량원소(Cu, Zn, Ni, Co, Pb, Hg, Cd, Cr 등)
  ㉠ 생명체에 필요한 필수원소 : Cu, Zn, Ni, Co
  ㉡ 비필수원소 : Pb, Hg, Cd, Cr 등
② 흡수 시 체내에 축적되고 잘 배설되지 않고 장기간에 걸쳐 부작용을 나타냄
  ㉠ 수은 중독 : 미나마타병
  ㉡ 카드뮴 중독 : 이따이-이따이병
③ 대기 중의 중금속은 대부분 분진이나 토양 먼지입자에 함유된 형태로 존재
  ㉠ 대기의 상층부에까지 운반될 수 있음
  ㉡ 대기가 이동함에 따라 넓은 지역으로 퍼져나갈 수 있음
  ㉢ 수은은 휘발성이 크기 때문에 기체상으로도 존재할 수 있음
④ 중금속의 용해도가 커질수록 독성 증가
  ㉠ pH : 몰리브덴(Mo)을 제외한 중금속은 pH가 낮아지면 용해도가 커짐
  ㉡ 산화환원조건

용해도(독성) 증가 조건	금속 종류	독 성
산화조건	Cd, Cu, Zn, Cr	Cr^{6+} > Cr^{3+} 환원상태 비소(As^{3+}) > 산화상태 비소(As^{5+})
환원조건	Fe, Mn	

(5) 산성 광산폐기물

① 광산폐수, 광산폐석, 광미 등에서 발생하는 오염
② 산성갱내수(Acid Mine Drainage, AMD) : 강한 산성, 중금속(특히 철과 알루미늄)과 황산이온을 다량 함유
  ㉠ Yellow Boy : 광산폐수의 철이 산화되어 토양과 하천 바닥의 바위 표면을 노란색에서 주황색으로 변화시키는 현상
  ㉡ 백화현상 : 광산폐수의 알루미늄이 산화되어 침전물로 변하여 강바닥과 토양을 하얗게 변화시키는 현상
③ 황철석 : 광산폐수의 산성화에 가장 크게 기여하는 황화물
④ 광산폐수의 유입 → 용존물질의 증가 → 높은 물의 경도, 높은 황산이온 및 중금속 농도

(6) 유해 폐기물

① 산업폐기물
  ㉠ 산업 활동의 부산물
  ㉡ 종류 : 가연성 폐기물, 고형 폐기물, 슬러지 폐기물, 폐수
② 도시고형폐기물
  ㉠ 가정생활이나 상업활동에 따라 종류와 특성이 매우 다양함
  ㉡ 하수슬러지(하수를 처리한 후 침전되어 남는 잔류물) 문제 심각

PLUS ONE

하수슬러지의 처리

- 매립, 해양 투기, 소각, 재활용 등의 방법이 있음
- 하수슬러지는 유기물함량이 높고 질소, 인산 및 여러 영양소를 함유하고 있어 토양개량 및 식물영양자재로 재활용될 수 있음
- 중금속 및 유해화합물을 포함할 수 있어 유의해야 함
- 우리나라 비료관리법은 읍 · 면 등의 지역에서 발생하는 하수슬러지(단, 기준치에 들어야 함)를 퇴비의 원료로 이용할 수 있게 허용하고 있으나, 도시하수슬러지는 퇴비원료로 사용할 수 없음

(7) 오염물질의 동태와 이동

① 물리적 작용

㉠ 토양수분, 표면적, 토성, 점토광물의 종류와 양, 토양의 입단화, 수리전도도, 토양의 구조 등이 오염물질의 동태, 이동, 확산, 반응 등에 영향을 줌

㉡ 투수성이 양호한 토양 : 여과속도가 빠르지만 지하수 오염이 심하고 토양오염은 심하지 않음

㉢ 오염물질이 토양입자의 전하에 끌려 입자 표면에 결합하는 것은 물리적 흡착임

㉣ 토양은 오염물질을 흡착함으로써 지하수오염을 방지하는 완충능력을 가짐

② 화학적 작용

㉠ 오염물질의 종류와 농도 및 토양용액과 고체입자의 상호작용의 영향을 받음

㉡ 화학적 작용에 영향을 주는 토양인자: 유기물 함량, 양이온치환용량, 토양의 산화환원전위, pH, 수분함량 등

㉢ 오염물질의 이동에 영향을 주는 오염물질의 특성 : 증기압, 헨리상수, 용해도, 흡착계수, 화학적 조성 등

㉣ 오염물질과 토양계 사이의 이동 기작

증발 (Evaporation)	순수한 오염물질과 토양공기(기상) 사이에서의 분배와 이동
용해 (Solubilization)	순수한 오염물질과 물(액상) 사이에서의 분배와 이동
휘발 (Volatilization)	물(액상)과 토양공기(기상) 사이에서의 이동
흡착 (Soption)	오염물질이 물(액상)과 토양입자의 경계면(고상) 사이에서 분배

PLUS ONE

흡착과 침전 → 수용액으로부터 용질이 제거되는 과정

흡 착	• 오염물질이 정전기적 인력에 의하여 토양입자의 표면과 결합하는 것 • 유기물은 킬레이트 결합을 할 수 있는 배위자 또는 작용기를 가지고 있어 중금속의 양이온과 강한 친화성을 가짐 • pH가 높아지면 작용기의 이온화가 증가하여 안정적인 착물체를 형성함
침 전	• 수용액으로부터 고상 표면으로 용질이 이동하고 새로운 물질(고상)이 축적되는 것으로 용해의 반대개념 • 토양 표면이나 간극수 중에서 일어남

③ 생물적 작용

㉠ 주로 미생물에 의해 제어됨

㉡ 토양미생물의 활성에 영향을 끼치는 인자 : 토양온도, 수분함량, 유기물의 존재 등

오염토양 복원기술

01 토양오염의 기준

(1) 토양환경보전법에 규정된 토양오염물질

(단위 : mg/kg)

물 질	토양오염 우려기준			토양오염 대책기준		
	1지역	2지역	3지역	1지역	2지역	3지역
카드뮴	4	10	60	12	30	180
구 리	150	500	2,000	450	1,500	6,000
비 소	25	50	200	75	150	600
수 은	4	10	20	12	30	60
납	200	400	700	600	1,200	2,100
6가크롬	5	15	40	15	45	120
아 연	300	600	2,000	900	1,800	5,000
니 켈	100	200	500	300	600	1,500
불 소	400	400	800	800	800	2,000
유기인화합물	10	10	30	–	–	–
폴리클로리네이티드비페닐	1	4	12	3	12	36
시 안	2	2	120	5	5	300
페 놀	4	4	20	10	10	50
벤 젠	1	1	3	3	3	9
톨루엔	20	20	60	60	60	180
에틸벤젠	50	50	340	150	150	1,020
크실렌	15	15	45	45	45	135
석유계총탄화수소(TPH)	500	800	2,000	2,000	2,400	6,000
트리클로로에틸렌(TCE)	8	8	40	24	24	120
테트라클로로에틸렌(PCE)	4	4	25	12	12	75
벤조(a)피렌	0.7	2	7	2	6	21
1, 2 – 디클로로에탄	5	7	70	15	20	210

- 1지역 : 전, 답, 과수원, 목장용지, 광천지, 대(주거용도), 학교용지, 구거, 양어장, 공원, 사적지, 묘지, 어린이 놀이시설 부지
- 2지역 : 임야, 염전, 대(1지역 제외), 창고용지, 하천, 유지, 수도용지, 체육용지, 유원지, 종교용지, 잡종지
- 3지역 : 공장용지, 주차장, 주유소용지, 도로 철도용지, 제방, 잡종지(2지역 제외), 국방 군사시설 부지

참고

- 유기인화합물은 농약에 의한 오염지표로 활용됨
- 농경지 토양(특히 시설재배지)에서 문제가 되는 염류의 집적에 의한 오염은 환경법에서 규제하지 않음

(2) 토양오염에 대한 대책

① 토양오염우려기준을 상회할 때, 지방자치단체장이나 환경부장관의 명령으로 토양오염물질의 제거, 오염시설의 이전, 오염방지시설의 설치, 오염시설 사용 제한 및 금지 조치를 취함

② 토양오염대책기준을 상회할 때, 농토개량사업(객토 또는 토양개량제 시용 등), 오염수로준설작업, 오염토양매립 등과 함께 오염에 강한 식물 재배를 권장함

02 중금속 오염토양

(1) 식물에 미치는 영향

① 토양용액 중의 농도가 중요

㉠ 토양입자의 중금속 흡착력이 강할수록 토양용액 중의 중금속 농도는 낮아짐

㉡ Mo을 제외한 대부분의 중금속은 pH가 높아질수록 흡착량이 많아지기 때문에 토양용액 중의 중금속 농도는 낮아짐

② 식물영양측면에서 중금속 구분

㉠ 필수적 중금속 : Cu, Fe, Zn, Mn, Mo 등, 하위한계농도(LCC)와 상위한계농도(UCC)를 가짐

㉡ 비필수적 중금속 : Cd, Pb, As, Hg, Cr 등, 상위한계농도(UCC)만을 가짐

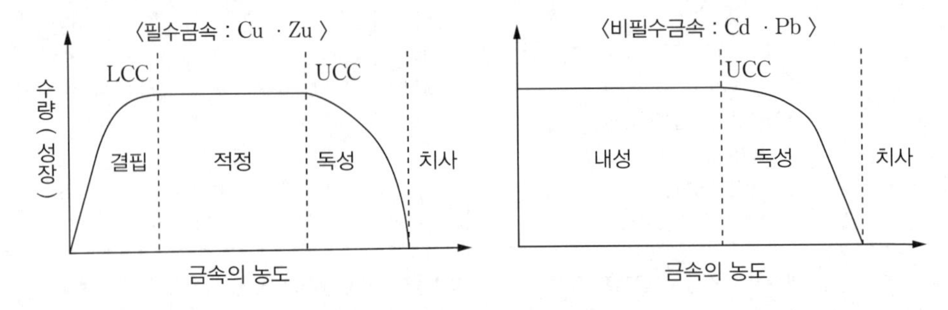

중금속의 농도에 대한 식물생육반응곡선

> **참고**
>
> 비소(As)는 중금속에 속하지 않지만 편의상 중금속에 포함시켜 다루고 있음

③ 중금속 농도가 높은 곳에서 자랄 수 있는 내성을 가진 식물이 있음 → 이러한 식물을 이용해 토양을 정화하는 기술을 식물재배정화기술(Phytoremediation)이라고 함

④ 중금속이 식물 생육에 미치는 영향

원형질막의 투과성 변경	식물효소의 억제작용
• 뿌리세포의 원형질막은 중금속이 영향을 미치는 최초의 작용점이 됨 • 직접적 영향 : 원형질막의 SH 또는 COOH기와 결합 • 간접적 영향 : 자유 라디칼에 의한 원형질막의 지질 과산화로 막단백질의 기능 억제 • 결과적으로 K^+ 등 이온의 누출 초래	• 광합성 관련 효소와 질산환원효소 등의 활성 억제 • 세포막의 생합성 억제 • 엽록체 생합성 억제 • 광합성에 필수적인 전자전달반응, 광인산화반응, 이산화탄소 고정 억제

> **참고**
>
> 중금속은 황(S)을 함유한 작용기(-SH)와 친화력이 매우 강하며, 카르복실기(-COOH)와의 친화력도 큰 편임. 원형질막과 효소를 구성하는 -SH기는 중금속과 결합하여 기능을 저하시키게 됨

⑤ 중금속 스트레스에 대한 식물의 방어기작

㉠ 중금속과 그의 작용점 사이의 상호작용 억제 : 세포벽에서 중금속 복합체 형성, 활성적인 흡수 억제, 중금속을 특정 부위로 이동 격리

㉡ 중금속에 의한 피해과정 방해 : 중금속과 결합하여 무독화시키는 Phytochelatin 합성, 자유 라디칼을 제거하는 항산화효소 또는 대사물질 합성 - Glutathion, Ascorbic Acid(비타민 C), Flavonoid, Catalase, Peroxidase 등

⑥ 중금속 내성식물의 전략

㉠ 중금속을 Ca, Mg 등의 양이온과 흡수경쟁시켜 중금속 흡수를 저감시킴

㉡ 뿌리에서 중금속을 부동화(Immobilization)시킴

㉢ 중금속을 세포 내 유기산과 결합시켜 복합체를 형성하여 부동화시킴

(2) 수계에 미치는 영향

① 대부분의 중금속은 토양입자에 흡작된 채 수계로 유입됨

㉠ 일부 용출(물의 pH, 산화환원전위, 온도, 빛, 용존산소, 미생물 활성이 영향을 줌)

㉡ 대부분 침강하여 저니토(Sediment)로 감

㉢ 물에 존재하는 중금속의 형태 : 수용성 이온, 무기음이온과 복합체를 형성한 이온, 유기물과 복합체를 형성한 이온 등

② 먹이사슬을 통해 생물농축(수은중독 사례 : 일본의 미나마타병)

(3) 인체에 미치는 영향

① 중금속이 인체에 들어오는 경로

㉠ 음식을 통한 중금속 흡수(먹이연쇄의 결과)

㉡ 토양입자를 직접 섭취

② 토양은 중금속의 주된 수용체로서 많은 인구가 중금속으로 오염된 토양에 의해 피해를 입고 있음

③ 생체 내 항상성의 존재 여부로 필수금속과 독성금속으로 구분

필수금속	• 인체에 유익한 금속 : Cr, Co, Cu, Fe, Mg, Mn, Mo, Se, Zn 등 • 효소의 구성요소로 기능 • 흡수나 배설의 자기조절에 의하여 항상성이 유지됨 • 결핍과 과잉증상을 보임
독성금속	• 인체에 해가 되는 금속 : Al, As, Cd, Pb, Hg, Ni 등 • 생물분자의 필수 작용기의 활성 방해 • 생물분자에 필수적인 원자와 치환 • 생물분자의 활성구조 변형 • 세포막의 투과성 및 선택성 저해 • 효소활성 억제

㉠ Cd

- 이따이이따이병
- 식물에 쉽게 흡수되어 먹이사슬로 들어감
- 중독되면 뼈가 손상되어 관절부위 심한 통증으로 고통을 받음

㉡ Pb

- 토양 중의 농도는 Cd보다 훨씬 높지만 식물의 납 흡수는 매우 제한적이기 때문에 먹이연쇄보다는 흙의 직접 섭취에 의해 인체에 들어오게 됨
- 어른보다 어린아이가 더 민감하며 장기간 노출 시 정신발달이 둔화됨
- 무연연료 및 무연페인트의 사용으로 납 오염을 막고 있음

㉢ Hg

- 미나마타병(수은으로 오염된 물고기를 먹어 발생)
- 수은은 무기수은이 메틸화되어 유기수은이 될 때 생물체에 독성을 나타냄
- 중독되면 심리장애, 뇌성소아마비, 태아사망을 초래함

㉣ As

- 비소의 농도와 화학적 형태에 따라 독성이 다르게 나타남
- 토양보다는 음용수를 통해 주로 섭취됨
- 중독되면 허약, 근육통, 어린이의 청각손실, 피부암 등을 초래함

03 난분해성 유기화합물 오염토양

(1) 난분해성 유기화합물(Persistent Organic Pollutants, POPs)

① 환경에 유입되면 분해되지 않고 오랫동안 여러 가지 환경매체에 잔류 축적되어 인간과 생태계에 나쁜 영향을 끼치는 물질

② 휘발성 유기화합물(Volatile Organic Compounds, VOCs)
  ㉠ 공기 중에 존재
  ㉡ 지방족 탄화수소(Paraffin), 방향족 탄화수소, 비균질탄화수소 및 이들의 혼합물
  ㉢ 암이나 돌연변이를 유발할 수 있음

③ 다환고리 방향족 탄화수소화합물(Polynuclear Aromatic Hydrocarbons, PAHs)
  ㉠ 화석연료 연소 또는 코크스 및 정유공장 등의 폐수, 슬러지, 폐기물에 존재
  ㉡ 벤젠고리를 많이 가지고 있어 생물학적 분해가 어려움

④ 내분비장애물질(환경호르몬), 유기염소화합물, PCBs 등이 있음

(2) 피해특성

① 생물학적 분해가 어려움 → 분자량이 크고 벤젠고리를 많이 가지고 있기 때문

② 먹이사슬을 통해 확산됨 → 세포막의 지질에 대한 높은 친화도 때문에 생물농축에 의해 먹이사슬 단계가 높은 동물체 내에 매우 높은 농도로 축적될 수 있음

③ 인체에 고농도로 노출되었을 때, 마취작용(중추신경계 억제), 현기증, 마비, 사망 등 급성장애를 일으킴

④ 대기 중에서 질소산화물과 광화학반응을 통해 오존을 생성하고 스모그의 원인이 됨

⑤ 성층권 오존 파괴

(3) 농업에서 유류오염의 피해

① 종자 및 식물체에 직접 부착하여 또는 침투 → 발아 억제, 생육 장해 유발

② 수면에 유류 막 형성 → 산소공급 방해

③ 수온 및 지온상승 → 토양의 이상환원 촉진, 근부현상 유발

④ 토양의 물리성 악화

⑤ 논에 유입된 유류 → 벼 줄기와 잎을 따라 상승하며 유막을 형성하여 피해를 줌

04 오염토양복원기술

(1) 복원기술의 분류

① 처리방법에 따른 분류

분류	내용
분해 · 무해화	• 오염물질의 화학구조를 변화시켜 무해화시키는 기술 • 열처리, 생물적 처리, 화학적 처리가 가능 • 원위치에서 굴착 반출하여 처리 가능
분리 · 추출	• 오염토양으로부터 오염물질을 추출 분리하여 제거하는 기술 • 열탈착, 토양세정, 용매추출, 토양가스의 흡인 등
고정화	• 오염토양을 고형화시키고 안정화시켜 봉입하는 기술 • 처리 후 일정기간 유지관리가 필요

참고

단일기술보다는 여러 기술을 복합적으로 적용하는 것이 복원에 효과적임

② 처리위치에 따른 분류

분류	내용
In-situ	현장의 토양을 있는 그대로의 상태에서 기술을 적용할 때
Ex-situ	현장상태를 유지하지 않고 기술을 적용할 때
On-site	현장과 가까운 곳에서 처리한 후 토양을 원상 복원하는 경우
Off-site	현장과 멀리 떨어진 곳에서 처리한 후 토양을 원상 복원하는 경우

③ 기타 분류

분류	내용
처리매체에 따른 분류	토양복원기술, 지하수복원기술, 배출가스복원기술 등
오염물질 종류에 따른 분류	휘발성 유기화합물, 준휘발성 유기화합물, 연료유, 무기물질, 폭발성 물질 등
처리대상부지에 따른 분류	매립지, 광산지, 군사기지, 지하저유조, 산업기지, 하상저니, 기타
기타 분류	기술개발(적용)단계, 처리의 목적, 소요 비용, 소요 기간

(2) 오염토양복원기술별 특징

① 물리, 화학, 생물학, 열적 처리공법으로 분류

② 기술의 종류와 특징

㉠ 생물학적 처리방법

- 생물학적 분해법(Biodegradation) : 영양분과 수분(필요시 미생물)을 오염토양 내로 순환시킴으로써 미생물의 활성을 자극하여 유기물 분해기능을 증대시키는 방법

- 생물학적 통풍법(Bioventing) : 오염된 토양에 대하여 강제적으로 공기를 주입하여 산소농도를 증대시킴으로써, 미생물의 생분해능을 증진시키는 방법
- 토양경작법(Landfarming) : 오염토양을 굴착하여 지표면에 깔아 놓고 정기적으로 뒤집어줌으로써 공기 중의 산소를 공급해주는 호기성 생분해 공정법
- 바이오파일법(Biopile) : 오염토양을 굴착하여 영양분 및 수분 등을 혼합한 파일을 만들고 공기를 공급하여 오염물질에 대한 미생물의 생분해능을 증진시키는 방법
- 식물재배 정화법(Phytoremediation) : 식물체의 성장에 따라 토양 내의 오염물질을 분해 · 흡착 · 침전 등을 통하여 오염토양을 정화하는 방법
- 퇴비화법(Composting) : 오염토양을 굴착하여 팽화제(Bulking Agent)로 나무조각, 동식물 폐기물과 같은 유기성 물질을 혼합하여 공극과 유기물 함량을 증대시킨 후 공기를 주입하여 오염물질을 분해시키는 방법
- 자연저감법(Natural Attenuation) : 토양 또는 지중에서 자연적으로 일어나는 희석, 휘발, 생분해, 흡착 그리고 지중물질과의 화학반응 등에 의해 오염물질 농도가 허용 가능한 수준으로 저감되도록 유도하는 방법

ⓛ 물리 · 화학적 처리방법

- 토양세정법(Soil Flushing) : 오염물 용해도를 증대시키기 위하여 첨가제를 함유한 물 또는 순수한 물을 토양 및 지하수에 주입하여 오염물질을 침출 처리하는 방법
- 토양증기추출법(Soil Vapor Extraction) : 압력구배를 형성하기 위하여 추출정을 굴착하여 진공상태로 만들어줌으로써 토양 내의 휘발성 오염물질을 휘발 · 추출하는 방법
- 토양세척법(Soil Washing) : 오염토양을 굴착하여 토양입자 표면에 부착된 유 · 무기성 오염물질을 세척액으로 분리시켜 이를 토양 내에서 농축 · 처분하거나 재래식 폐수처리방법으로 처리
- 용제추출법(Solvent Extraction) : 오염토양을 추출기 내에서 Solvent와 혼합시켜 용해시킨 후 분리기에서 분리하여 처리하는 방법
- 화학적 산화/환원법(Chemical Oxidation/Reduction) : 오염된 토양에 오존, 과산화수소 등의 화합물을 첨가하여 산화/환원반응을 통해 오염물질을 무독성화 또는 저독성화 시키는 방법
- 고형화/안정화법(Solidification/Stabilization) : 오염토양에 첨가제(시멘트, 석회, 슬래그 등)를 혼합하여 오염성분의 이동성을 물리적으로 저하시키거나, 화학적으로 용해도를 낮추거나 무해한 형태로 변화시키는 방법
- 동전기법(Electrokinetic Separation) : 투수계수가 낮은 포화토양에서 이온상태의 오염물(음이온 · 양이온 · 중금속 등)을 양극과 음극의 전기장에 의하여 이동속도를 촉진시켜 포화오염토양을 처리하는 방법

ⓒ 열적 처리방법

- 열탈착법(Thermal Desorption) : 오염토양 내의 유기오염물질을 휘발 · 탈착시키는 기법이며, 배기가스는 가스처리 시스템으로 이송하여 처리하는 방법
- 소각법(Incineration) : 산소가 존재하는 상태에서 800~1,200℃의 고온으로 유해성 폐기물 내의 유기오염물질을 소각 · 분해시키는 방법

- 유리화법(Vitrification) : 굴착된 오염토양 및 슬러지를 전기적으로 용융시킴으로써 용출특성이 매우 적은 결정구조로 만드는 방법
- 열분해법(Pyrolysis) : 산소가 없는 혐기성 상태에서 열을 가하여 오염토양 중의 유기물을 분해시키는 방법

③ 식물재배정화기술

㉠ 식물재배정화법(Phytoremediation) : 식물체의 성장에 따라 토양 내의 오염물질을 분해, 흡착, 침전 등을 통하여 오염토양을 정화하는 방법

㉡ 주요 기작

기 작	설 명
식물추출 (Phytoextraction)	• 오염물질을 식물체로 흡수, 농축시킨 후 식물체를 제거하여 정화 • 중금속, 비금속원소, 방사성 동위원소의 정화에 적용
식물안정화 (Phytostabilization)	• 오염물질이 뿌리 주변에 비활성 상태로 축적되거나 식물체에 의해 이동이 차단되는 원리를 적용 • 식물체를 제거할 필요가 없고 생태계 복원과 연계될 수 있음
식물분해 (Phytodegradation)	오염물질이 식물체에 흡수되어 그 안에서 대사에 의해 분해되거나 식물체 밖으로 분비되는 효소 등에 의해 분해
근권분해 (Rhizodegradation)	뿌리 부근에서 미생물 군집이 식물체의 도움으로 유기 오염물질을 분해하는 과정

㉢ 기술의 장단점

장 점	단 점
• 난분해성 유기물질을 분해할 수 있음 • 경제적 • 오염된 토양의 양분이 부족한 경우 비료성분을 첨가하면서 관리할 수 있음 • 친환경적인 접근 기술 • 운전경비가 거의 소요되지 않음	• 토양, 침전물, 슬러지 등에 있는 고농도의 TNT나 독성 유기화합물의 분해가 어려움 • 독성물질에 의하여 처리효율이 떨어질 수 있음 • 화학적으로 강하게 흡착된 화합물은 분해되기 어려움 • 처리하는데 장기간이 소요됨 • 너무 높은 농도의 오염물질에는 적용하기 어려움

PART 08 적중예상문제

01

토양 내 질산태질소(NO_3^--N)의 동태에 대한 설명으로 옳지 않은 것은? 19 국가직 7급 기출

① 유아에게 일명 청색증이라고 하는 Methemoglobinemia를 유발할 수 있다.
② 2:1형 점토광물에 특이적으로 흡착된 후 토양유실에 의해 하천수의 부영양화를 초래한다.
③ 강우와 함께 지하부위로 용탈되어 지하수 오염의 원인이 되고 있다.
④ 토양에 투입된 질소 성분은 호기적 조건에서 질산태질소로 전환된다.

해설 ②는 인산의 경우이다.

02

토양오염물질의 화학적 처리방법에 대한 설명으로 옳지 않은 것은? 18 국가직 7급 기출

① 시안이온은 2가 철과 반응시켜 불용화할 수 있다.
② 카드뮴은 석회질 자재를 투여하여 불용화할 수 있다.
③ 3가 비소는 5가 비소로 산화시켜 독성을 저감할 수 있다.
④ 3가 크롬은 6가 크롬으로 산화시켜 독성을 저감할 수 있다.

해설 6가 크롬이 3가 크롬보다 독성이 강하다.

03

다음 중 유기오염물질의 지하수 오염 가능성을 증가시키는 특성만을 모두 고른 것은? 17 국가직 7급 기출

ㄱ. 물 용해도가 크다.
ㄴ. 토양 흡착계수가 크다.
ㄷ. 증기압이 크다.
ㄹ. 생분해도가 크다.

① ㄱ ② ㄱ, ㄷ
③ ㄴ, ㄷ ④ ㄷ, ㄹ

해설 토양 흡착계수가 크면 이동성이 낮아 지하수로의 이동이 억제되고, 증기압이 크면 휘발성이 강하여 농도를 감소시키기 쉽고, 생분해도가 크면 쉽게 분해되어 무해화되기 쉽다.

04

카드뮴으로 오염된 토양에서 카드뮴의 이동성을 감소시키기 위한 토양개량방안으로 옳지 않은 것은? 16 국가직 7급 기출

① 석회 자재 투여 ② 토양 환원 촉진
③ 인산 자재 투여 ④ 석고 자재 투여

해설 카드뮴은 환원 조건에서 독성이 감소하고, 알칼리 조건에서 용해도가 낮아지고, 인산과 결합하여 불용화된다. 석고는 황산염을 포함하고 있어 토양의 pH를 낮추는 효과가 있다.

정답 01 ② 02 ④ 03 ① 04 ④

05

토양에서 +3 또는 +5의 산화수를 가지며, 그에 따라 인체 독성과 토양 흡착특성이 달라지는 토양오염물질은? 16 국가직 7급 기출

① 납
② 니 켈
③ 아 연
④ 비 소

해설 **비소의 독성**
환원상태 비소(As^{3+}) > 산화상태 비소(As^{5+})

06

중금속 농도에 대한 식물의 생육반응에서 다음 그림과 같은 양상이 나타나지 않는 원소는? 15 국가직 7급 기출

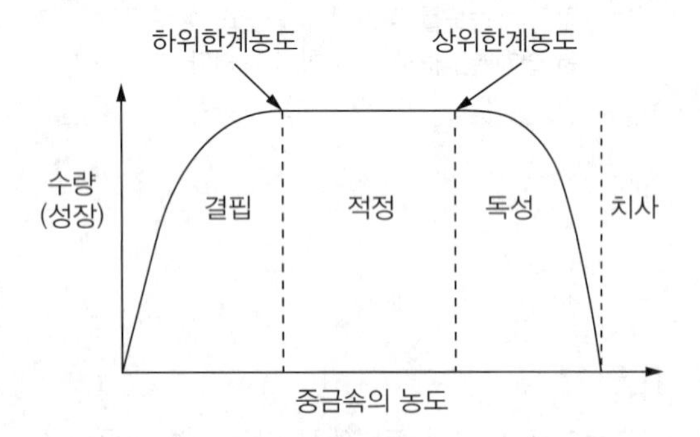

① 구리(Cu)
② 몰리브덴(Mo)
③ 납(Pb)
④ 아연(Zn)

해설 **식물영양측면에서 중금속 구분**
- 필수적 중금속 : Cu, Fe, Zn, Mn, Mo 등, 하위한계농도(LCC)와 상위한계농도(UCC)를 가짐
- 비필수적 중금속 : Cd, Pb, As, Hg, Cr 등, 상위한계농도(UCC)만을 가짐

07

비소(As)오염 토양에 대한 설명으로 옳지 않은 것은? 15 국가직 7급 기출

① 밭으로 사용한 토양을 논으로 전환하면 비소에 의한 생육장해가 경감된다.
② 비소는 토양 pH가 5 이하 또는 9 이상일 때 활성이 커진다.
③ 토양 중 비소는 Fe, Al, Ca과 난용성 화합물을 생성하여 고정된다.
④ 인산비료를 시용하면 토양 중 비소의 이동성이 증대된다.

해설 비소는 환원형일 때 독성이 더 크다. 밭에서 논으로 전환하면 토양은 환원조건에 놓이게 된다.

08

생물학적 오염토양 복원기술이 아닌 것은? 14 국가직 7급 기출

① Bioventing
② Landfarming
③ Phytostabilization
④ Soil Vapor Extraction

해설 Soil Vapor Extraction은 추출정을 만들어 토양 내의 휘발성 오염물질을 휘발시켜 추출하는 방법으로 물리화학적 복원기술로 분류된다.

05 ④ 06 ③ 07 ① 08 ④ 정답

09

토양오염이 갖는 일반적 특징으로 옳지 않은 것은? 11 국가직 7급 기출

① 오염경로의 다양성
② 피해발현의 시차성
③ 오염영향의 광역성
④ 오염의 지속성

해설 토양의 흡착 및 완충능력은 오염의 확산을 막는다.

10

오염토양 복원방법에 대한 설명으로 옳지 않은 것은? 11 국가직 7급 기출

① In-situ 복원은 현장에서 토양의 원상태를 유지한 상태로 토양을 복원하는 방법이다.
② 토양세정(Soil Flushing)은 굴착한 오염토양을 유·무기용제로 복원하는 방법이다.
③ 토양증기추출법(Soil Vapor Extraction)은 휘발성물질로 오염된 토양에서 토양가스를 추출하여 오염농도를 낮추는 방법이다.
④ Phytostabilzation은 오염토양에 식물을 재배하여 오염물질의 독성과 이동성을 낮추는 방법이다.

해설 **토양세정**
오염물질의 용해도를 증가시키기 위해 첨가제가 함유되어 있는 물을 토양공극 내에 주입하여 토양오염물질을 추출함으로써 처리하는 기술

11

다음 설명에 해당하는 중금속은? 12 국가직 7급 기출

> 살충제, 살균제, 제초제 등의 농약에도 포함되어 있으며 산화형보다 환원형의 독성이 더 강해 밭토양보다 논토양에서 장해를 유발한다.

① 카드뮴(Cd)
② 구리(Cu)
③ 납(Pb)
④ 비소(As)

해설 비소는 농도와 화학적 형태에 따라 독성이 다르게 나타나며, 토양보다는 음용수를 통해 주로 섭취된다. 중독되면 허약함, 근육통, 어린이의 청각손실, 피부암 등을 초래한다.

12

토양오염물질의 확대 메커니즘에 대한 설명으로 옳지 않은 것은? 12 국가직 7급 기출

① 용해도가 높은 유기염소계 화합물은 지하수 등을 통해 오염이 확대되는 경향이 있다.
② 비중이 크고 용해도가 낮은 중금속은 토양에서 확산속도가 느리다.
③ 오염물질과 토양의 흡착력이 클수록 오염물질의 침출 및 유출이 용이하다.
④ 투수성이 크고 유기물질 함량이 낮은 사질토양에서 오염물질의 침출이 더 용이하다.

해설 오염물질과 토양의 흡착력이 클수록 오염물질의 침출 및 유출이 어려워진다. 따라서 양이온 교환용량이 클수록 중금속의 이동을 억제하는 능력이 커진다.

정답 09 ③ 10 ② 11 ④ 12 ③

13

토양 중 중금속에 대한 설명으로 옳은 것은?

12 국가직 7급 기출

① Mo의 용해도는 토양의 pH가 낮을수록 증가한다.
② Fe와 Mn은 산화조건에서 불용화된다.
③ 환원상태의 3가 크롬이 산화상태의 6가 크롬보다 독성이 강하다.
④ 환원상태의 비소보다 산화상태의 비소가 높은 독성을 나타낸다.

해설 ① Mo의 용해도는 토양의 pH가 높을수록 증가한다.
③ 환원상태의 3가 크롬이 산화상태의 6가 크롬보다 독성이 약하다.
④ 환원상태의 비소보다 산화상태의 비소가 낮은 독성을 나타낸다.

14

비점오염원을 통한 환경오염 기작으로 옳지 않은 것은?

13 국가직 7급 기출

① 토양침식에 의한 토양입자의 수계 유입
② 토양질소 성분의 용탈에 의한 지하수 및 지표수 오염
③ 폐광산 광미의 농경지 유입에 의한 중금속 오염
④ 송유관의 유류유출에 의한 인접 토양오염

해설 **발생원에 따른 오염원 구분**

구 분	오염원
점오염원	폐기물매립지, 대단위 축산단지, 산업지역, 건설지역, 가행광산, 송유관, 유류저장시설, 유독물저장시설 등
비점오염원	농약과 화학비료가 장기간 사용되고 있는 농경지, 휴폐광산, 산성비, 방사성 물질 등

15

오염토양의 복원을 위한 Phytoremediation의 장점이 아닌 것은?

13 국가직 7급 기출

① 난분해성 유기물질을 분해할 수 있다.
② 처리 경비가 상대적으로 저렴하다.
③ 친환경적 접근 기술이다.
④ 고농도의 독성 유기화합물의 분해가 쉽다.

해설 독성 유기화합물의 농도가 높으면 식물이 살지 못하므로 Phytoremediation을 적용할 수 없다.

16

통기성이 양호한 토양에 다량 함유되어 있으며 토양교질과 결합력이 약하고 이동성이 높아 수계의 부영양화와 유아의 청색증을 유발할 수 있는 질소화합물은?

16 국가직 7급 기출

① NH_4^+
② NO_3^-
③ N_2O
④ NO

해설 음용수의 질산염 농도가 높아지면 청색증(유아에서 발생), 비타민결핍증, 고창증(반추동물에서 발생하는 대사질병) 등의 피해가 발생한다.

13 ② 14 ④ 15 ④ 16 ② 정답

PART 9

토양관리

I wish you the best of luck!

(주)시대고시기획
(주)시대교육

www.**sidaegosi**.com

시험정보 · 자료실 · 이벤트
합격을 위한 최고의 선택

시대에듀

www.**sdedu**.co.kr

자격증 · 공무원 · 취업까지
BEST 온라인 강의 제공

CHAPTER

01 토양침식

01 지질침식과 가속침식

(1) 지질침식

① 지형이 평탄해지는 과정을 이끄는 침식

② 매우 느린 침식으로 새로운 토양의 생성이 가능 → 토양단면이 존재하게 됨

③ 식물이 자랄 수 있는 기반이 조성되고, 조성된 식생에 의해 침식이 저감됨

(2) 가속침식

① 지질침식에 비해 10~1,000배 심하게 진행

② 강우량이 많은 경사 지역에서 심하게 발생

③ 새로운 토양이 생성되는 속도보다 빠르게 침식되어 토양층이 훼손되기 때문에 관리되어야 함

02 수식(물에 의한 침식)

(1) 수식(Water Erosion)의 단계

① 1단계 : 토괴로부터 토양입자의 분산탈리

② 2단계 : 분산탈리된 입자들의 이동

③ 3단계 : 운반된 입자들의 퇴적

(2) 강우의 영향

① 빗방울은 토양표면을 때리면서 가지고 있던 운동에너지가 토양입자로 전이됨(빗방울의 최대 속도는 30kg/h에 달함)

② 빗방울이 토양에 가하는 작용

㉠ 토양의 분산탈리

㉡ 입단의 파괴

㉢ 입자의 비산

③ 분산 이동한 토양입자들이 공극을 막게 되고 건조한 후 딱딱하게 굳어짐(Surface Crusting) → 강우의 토양 침투가 방해를 받게 되어 유거량이 늘어남

④ 토양의 이동

㉠ 수식에 약한 토양은 집중호우 시 연간 225Mg/ha 정도의 토양이 비산하게 됨

㉡ 수직방향으로 약 0.7m, 수평방향으로 약 2m까지 비산

㉢ 유거가 수로를 형성하여 흐르게 되면 유거에 포함된 입자들에 의해 침식이 가속됨

(3) 수식의 종류

① 종 류

㉠ 면상침식(Sheet Erosion)

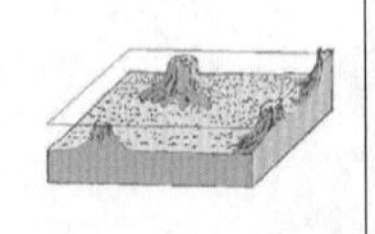		• 강우에 의해 비산된 토양이 토양표면을 따라 얇고 일정하게 침식되는 것 • 자갈이나 굵은 모래가 있는 곳은 강우의 타격력을 흡수하여 작은 기둥모양으로 남아 있기도 함

㉡ 세류침식(Rill Erosion)

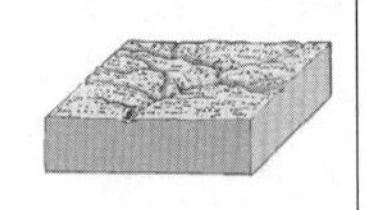	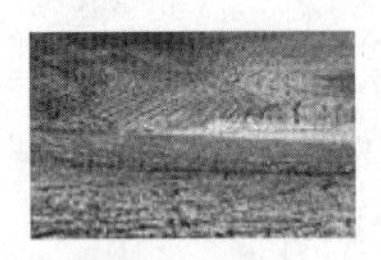	• 유출수가 침식이 약한 부분에 모여 작은 수로를 형성하며 흐르면서 일어나는 침식 • 새로 식재된 곳이나 휴한지에서 일어남 • 농기계를 이용하여 평평하게 할 수 있는 정도의 규모

㉢ 협곡침식(Gully Erosion)

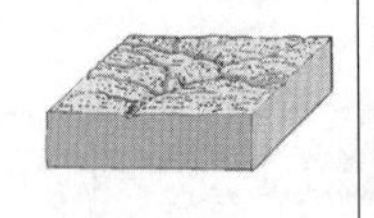		• 세류침식의 규모가 커지면서 수로의 바닥과 양 옆이 심하게 침식되는 것 • 트랙터 등 농기계가 들어갈 수 없음

② 토양 유실의 대부분은 면상침식과 세류침식에 의해 일어남

③ 세류간 침식(Interrill Erosion) : 보통 면상침식은 토양 전체 면적에서 동일하게 일어나지 않고 불규칙적으로 형성된 세류 사이에서 일어남

03 풍식(바람에 의한 침식)

(1) 풍식의 단계

① 수식과 같은 분산탈리, 이동, 퇴적의 3단계

② 분산탈리된 입자들이 바람에 실리면서 바람의 가식력이 크게 증가함

(2) 입자의 이동 경로에 따른 구분

① **약동(Saltation)** : 0.1~0.5mm 입자가 30cm 이하의 높이 안에서 비교적 짧은 거리를 구르거나 튀어서 이동하는 것. 풍식 이동의 50~90% 차지

② **포행(Soil Screep)** : 1.0mm 이상의 큰 입자가 토양 표면을 구르거나 미끄러져 이동하는 것. 풍식 이동의 5~25% 차지

③ **부유(Suspension)** : 가는 모래 크기 이하의 작은 입자가 공중에 떠서 멀리 이동하는 것. 수백km까지 이동. 전체 이동량의 40% 이하, 보통 15% 정도. 바람이 약해질 때 또는 강우에 섞여 습식강하할 때 토양 표면에 퇴적됨

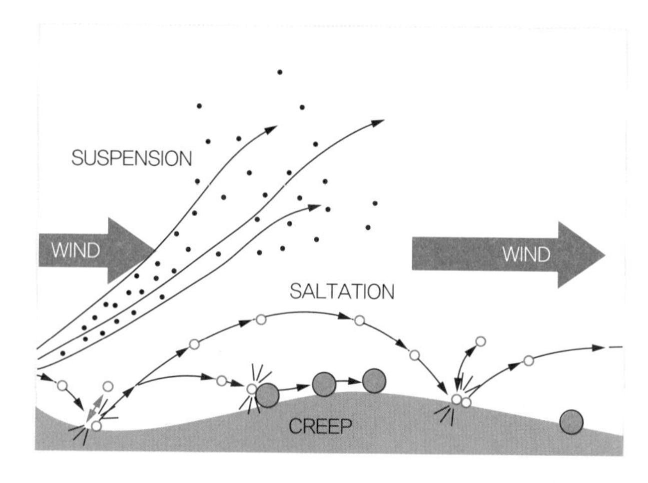

(3) 풍식의 조절

① **토양수분관리** : 토양수분은 토양의 응집력 및 점착성을 증가시켜 풍식의 저항성을 증가시킴

② **지표면 관리**

㉠ 토양 표면에 굴곡 형성-고랑과 이랑을 바람 방향과 직각을 이루게 함

㉡ 식생 피복으로 맨 토양의 노출을 막음

㉢ 작물재배 후 그루터기를 존치시킴

㉣ 방풍림과 방풍벽을 조성함

04 토양침식예측모델

(1) 토양침식의 영향인자

① 지 형

㉠ 경사도 : 경사도가 클수록 유거속도가 빨라져 침식이 심해짐

㉡ 경사의 넓이와 경사의 길이 : 넓고 길수록 물이 모여 흐를 수 있어 침식이 심해짐

㉢ 지형의 기복 : 기복이 적을수록 토양입자의 운반을 차단하기 어려워 침식이 심해짐

② 기상조건

㉠ 강우량 : 토양이 수용할 수 있는 양보다 많은 강우가 내리면 침식이 심해짐

㉡ 강우강도 : 같은 양의 강우라도 단시간에 집중적으로 내리면 침식이 심해짐

㉢ 건조 : 수식이 아닌 풍식이 문제

㉣ 눈이 녹거나 빙하의 이동

③ 토양조건

㉠ 토성, 구조, 투수성, 유기물함량, 토양수분, 토양표면의 상태

㉡ 토양의 투수성이 클수록(거친 토성, 발달된 토양 구조, 높은 유기물 함량, 낮은 토양수분, 피복 및 친수성의 토양표면 등) 침식 저항성이 커짐

㉢ 물에 의해 부피가 팽창하는 팽창성 점토가 많아지면 공극이 막혀 투수성이 떨어지기 때문에 침식이 심해짐

㉣ 토양 내부의 불투수층과 전에 내린 비로 토양피각(Soil Crust)이 형성되면 투수성이 떨어지기 때문에 침식이 심해짐

㉤ 토양구조가 발달하고 각주상이 B층에 있는 토양은 배수불량이 되기 때문에 침식이 심해짐

④ 식 생

㉠ 식물은 빗방울의 직접적인 타격으로부터 토양을 보호해 줌

㉡ 식물의 종류, 밀도, 피복도, 초장에 따라 효과에 차이가 있음

㉢ 초장이 작아 지표에 가까울수록 강우차단효과가 큼

㉣ 뿌리는 토양구조를 발달시켜 토양의 투수성과 수분보유력을 증진시킴

> **참고**
>
> 강우 특성이 토양침식에 가장 큰 영향을 줌. 강우 특성은 강우량과 강우강도로 나눌 수 있으며, 침식에 대한 영향력은 강우강도가 강우량보다 큼

(2) 토양유실예측공식(모델) : USLE, RUSLE, WEPP

① USLE(Universal Soil Erosion Loss Equation), RUSLE(Revised USLE)

㉠ 전 세계에서 가장 많이 사용하는 토양유실예측공식

㉡ USLE는 1979년 처음 발표되었고, 이를 보완한 RUSLE가 1990년대에 만들어짐

㉢ 면상침식이나 세류침식에 관계없이 총토양유실량을 예측하는 데 이용

㉣ 단점 : 각 관련 인자별 또는 침식의 종류별로 유실되는 침식량은 예측하지 못함

㉤ 공식 : $A = R \times K \times LS \times C \times P$

A : 연간 토양유실량, R : 강우인자, K : 토양의 침식성인자, LS : 경사도와 경사장인자, C : 작부관리인자, P : 토양보전인자

강우인자, R	• 강우량, 강우강도, 계절별 강우분포 등(강우강도의 영향이 가장 큼) • 연중 내린 강우의 양과 강우강도를 토대로 계산한 운동에너지 합으로 여러 해 동안의 평균값을 사용함 • 등식침식도 : 강우인자의 값이 비슷한 지역을 연결하여 나타낸 그림
토양침식성 인자, K	• 토양이 가진 본래의 침식가능성을 나타냄 • 표준포장(식생이 없는 나지상태로 유지된 길이 22.1m, 경사 9%) 실험을 통해 얻은 수치를 이용 • 침투율과 토양구조의 안전성이 주요 인자 • K값의 범위 : 0~0.1(침투율이 높은 토양 0.025 정도, 쉽게 침식을 받는 토양 0.04 정도 또는 이상)
경사도와 경사장인자, LS	• 표준포장 실험을 통해 얻은 수치를 이용 • 경사도가 크고 경사장이 길수록 침식량이 많아짐 • 경사도가 경사장보다 침식에 미치는 영향이 큼
작부관리인자, C	• 작물을 생육시기별로 나누어 측정한 토양유실량을 나지의 토양유실량으로 나눈 비에 각 시기별 강우인자를 곱하여 얻은 값의 합 • 토양이 거의 피복되지 않은 곳의 C값은 1.0에 근접하게 됨 • 식물의 잔재로 피복되어 있거나 식생이 조밀한 곳은 0.1 이하 • 지역과 식물의 종류, 토양관리에 따라 달라짐
토양보전인자, P	• 상 · 하경에 의하여 재배되는 시험구의 연간 토양유실량에 대한 토양보전처리구의 연간 토양유실량의 비로 나타냄 • 토양관리방법(등고선재배, 등고선대상재배, 승수로와 총생수로 설치 등)에 따라 값을 정함 • 토양관리활동이 없을 때의 값은 1이고 관리가 들어가면 1보다 작아짐

② WEPP(Water Erosion Prediction Project)

㉠ USLE/RUSLE를 보완하기 위해 이용되는 모델

㉡ 세류침식과 면상침식을 구분하여 유실량 예측 및 개개 인자에 의한 유실량 예측 가능

③ 풍식예측공식

㉠ 바람에 의한 토양침식량을 예측하는 공식

㉡ 포장의 조건, 기후, 바람 및 침식량의 관계를 나타냄

㉢ 공식 : $E = I \times K \times C \times L \times V$

E : 풍식량, I : 토양풍식성인자, K : 토양면의 거칠기인자, C : 기후인자, L : 포장의 나비, V : 식생인자

CHAPTER

02 토양보전 및 관리

01 토양관리기술

(1) 침식방지

① 지표면의 피복

㉠ 식생피복을 통해 면상침식과 세류침식을 방지함

㉡ 여러 식생 중 목초는 토양유실 방지효과가 탁월함

② 토양개량

㉠ 심층경운(Subsoiling) : 심토를 개량하여 토양의 투수성을 증가시키고 근권을 확대함, 심토 파쇄 또는 폭기식 토층개량법 등이 있음

㉡ 수직부초 : 수직으로 구덩이 또는 넓은 홈을 파서 짚이나 잔가지를 채워 넣는 방법

③ 유거의 속도조절

㉠ 초생대와 부초(Mulching, 보릿짚이나 볏짚으로 지표면을 덮거나 그루터기를 그대로 두어 침식을 방지하는 것)

㉡ 등고선재배(Contour Cropping) : 경사진 밭에서 등고선을 따라 작물을 재배하는 것

㉢ 등고선대상재배(Contour Strip-cropping) : 등고선을 따라 작물대와 초생대를 번갈아 띠모양으로 배열하여 재배하는 방법

㉣ 계단재배 : 계단을 만들어 경사도와 경사장을 줄이는 방법

㉤ 승수로설치재배 : 승수로(등고선 또는 필지 구획을 따라 물을 대거나 배수하는 수로, Terrace System)와 승수로 사이에 작물을 재배하는 방법

<table>
<tr><td rowspan="2">포장 내 승수로</td><td>등고선 승수로</td><td>빗물의 수식을 방지하고 집수로로 유도하기 위해 등고선에 평행하게 설치</td></tr>
<tr><td>집수로</td><td>보통 등고선에 수직으로 설치</td></tr>
<tr><td>포장 밖 승수로</td><td colspan="2">포장 위에서 흘러 내려오는 유출수로부터 포장을 보호하기 위한 승수로로 포장 경계선을 따라 설치</td></tr>
</table>

(2) 최적영농방안(Best Management Practice, BMP)

① BMP의 정의 : 비점오염원에 의하여 초래되는 오염량을 권장된 수질목표 수준으로 줄이거나 억제하는 수단으로서 기술적 · 경제적 · 행정적으로 가장 효율적으로 실현 가능한 영농방법

② 환경농업의 기술적 추진체계

③ BMP의 단계
   ㉠ 개선을 필요로 하는 수질문제의 파악
   ㉡ 수질문제에 기여하는 오염원의 급원과 부하량의 확인
   ㉢ 억제방법 및 특정 관리방안 설정

④ 가장 이상적인 BMP : 농업적 효율성, 환경적 효율성, 경제적 수익성, 사회적 통용성, 시행 가능성을 갖춘 것

⑤ BMP 이행단계에서의 핵심 요소
   ㉠ 일반인과 농업인을 대상으로 BMP의 중요성과에 대한 교육 실시
   ㉡ 환경농업이 정착되고 이용되기 위한 재정적인 지원 및 장려제도 마련
   ㉢ 환경농업의 이행을 지원할 수 있는 행정적인 지원 마련
   ㉣ 환경농업의 효과를 시범적으로 보여줄 수 있는 포장이나 감시망 설치 및 운영

⑥ BMP에 의한 오염원 유출 억제수단
   ㉠ 영농관리 : 화학자재, 가장 직접적인 오염원 차단대책
   ㉡ 식물피복방법 : 토양유실 방지 및 유출수 양의 감소
   ㉢ 구조적 방법 : 시설물 설치 또는 공사, 자본의 투자가 필요하지만 비교적 영구적인 방법

⑦ 시비기술
   ㉠ 작물에 따른 비료의 시비방법 및 시기 조정
   ㉡ 전면살포 : 이동성이 높은 비료, 대상시비 : 이동성이 매우 낮은 비료(인산)
   ㉢ 이동성이 좋은 비료도 대상시비를 하게 되면 유효성이 향상되고 환경오염도 줄어듦

(3) 토지이용방안

① 토양의 질 측정
   ㉠ 물리적 특성 : 전용적밀도(Bulk Density), 토성, 수분투과성, 수분침투성, 수분보유력, 수축-팽창 정도, 구조적 특성
   ㉡ 화학적 특성 : 양분함량, 생물활성, 오염정도, 염류농도

② 토지이용방안의 결정
   ㉠ 어떤 작물을 어떻게 관리할 것인가에 대한 방안 제시
   ㉡ 토지이용 선택의 상한선과 하한선을 제시함으로써 합리적인 토지이용방안 마련
   ㉢ 지목별로 구분 : 논, 밭, 과수나 뽕나무밭, 집약초지, 간이초지, 임목지, 기타

③ 토지이용 적성등급
   ㉠ 지목별 적정등급 : 토양의 특성에 따라 토지의 잠재생산력과 생산 저해의 정도를 나타낸 것(지목 또는 작물의 최종 결정은 토지소유자에게 있으며, 변경 가능함)
   ㉡ 토양조사로 밝혀진 토양의 고유 성질과 지형성 특성 및 토지이용을 제한하는 환경인자 등을 기반으로 한 해설적인 토양구분

④ 우리나라의 토지 적성등급 구분
㉠ 작물의 토양조건에 대한 적응성, 생산력의 우열, 관리의 난이 등에 따라 지목별로 1급지에서 5급지까지 분류
㉡ 1급지~4급지 : 해당 지목에 대하여 이용 가능
㉢ 5급지 : 해당 지목으로 이용하기 부적당한 토양
㉣ 토지의 생산력은 1급지가 가장 높고, 4급지로 갈수록 낮아짐

참고

급지의 차이와 실제 생산량은 반드시 비례하지 않음. 목표 수량을 달성하기 위해 토양을 관리함에 있어 경제적으로 용이함을 의미

⑤ 미국의 토지 적성등급 구분
㉠ 지목별 구분 없이 Ⅰ~Ⅷ급지로 구분
㉡ Ⅰ~Ⅳ급지 : 작물 재배 가능
㉢ Ⅴ~Ⅷ급지 : 농업적 이용가치 없어 목초지, 임야지, 휴양지, 오락지 등으로만 활용 가능

02 여러 가지 농업기술

(1) 정밀농업(Precision Agriculture)

① 지속농업을 위한 새로운 농업기술
② 비료와 농약의 사용량을 줄여 환경을 보호하면서 농작업의 효율을 향상시켜 경제적 이득을 최적화하려는 농업기술
③ 농지 전체에 대한 획일적 관리가 아닌 위치에 따른 차이를 반영하여 관리
④ 고도의 기계화가 요구됨(미국과 같이 방대한 경지에서 적용 가능)
㉠ GPS : 순간적 위치 결정
㉡ 각종 센서 : 생육상 관찰, 병해충 발생 감지, 토양특성 측정
㉢ GIS : 공간적 가변성 내에서의 시간적 변화 데이터 관리
㉣ 변량률기술(Variable-rate Technology) : 농업자재의 투입 조절
⑤ 우리나라의 정밀농업 사례 – 주문형 배합비료
㉠ 시비처방서를 근거로 원료비료를 혼합하여 비료의 성분량을 조절함
㉡ 일반적으로 DAP(Diammonium Phosphate, 18-46-0)와 입상 칼륨비료를 주원료로 함
㉢ 주원료에 질소질비료 또는 인산질비료를 첨가하여 만든 복합비료

(2) 지속농업(Sustainable Agriculture)

① 화학자재의 과잉 투입이나 빈번한 경운 등의 관행농업의 문제점 해소를 위한 대체농업
② 농업자재의 저투입, 퇴구비 시용, 유기성 폐자원 활용, 생물학적 방제, 윤작, 생물공학적 기술적용
③ 유기농업은 지속농업의 한 수단일 뿐이며 지속농업과 동의어가 아님
④ 비슷한 개념 : 보전농업, 보속농업, 영속농업, 환경농업, 환경친화적 농업

(3) 친환경농업

① 농업과 환경의 조화로 지속 가능한 농업생산을 유도하여 농가소득을 증대시키고 환경을 보전하면서 농산물의 안전성도 동시에 추구하는 농업
㉠ 생태계의 물질순환시스템 활용
㉡ 농약안전사용기준과 작물별 추천시비량 준수
㉢ 병해충종합관리(IPM), 작물양분종합관리(INM), 천적과 생물학적 방제기술 이용
㉣ 윤 작

② 친환경농업의 목적
㉠ 농업의 환경보전기능 등 공익적 기능의 극대화로 농업을 환경정화산업으로 발전
㉡ 농업의 자원인 흙과 물의 유지 보전으로 지속적인 농업추진
㉢ 국민 건강을 위한 안전농산물 생산 공급체계 확립
㉣ 농업부산물 등 부존자원의 재활용으로 환경 및 농업체질 개선
㉤ 친환경농업 실천농가 육성 지원으로 친환경농업 확산

③ 친환경농업의 구분

유기농업 (Organic Agriculture)	• 화학비료, 유기합성농약(농약, 생장조절제, 제조체), 가축사료첨가제 등 합성화학물질을 전혀 사용하지 않음 • 유기물과 자연광석 등 자연적인 자재만을 사용하여 농산물을 생산하는 농업
저투입농업 (Low Input Sustainable Agriculture)	• IPM기술 실천으로 농약 사용량 절감 • INM기술 실천으로 화학비료 사용량 절감 • 합성화학물질의 사용을 최소화하여 자연을 보전하며 안전한 농산물을 생산하는 농업

④ 우리나라의 친환경농업정책
㉠ 1994년 12월 농림부에 친환경농업과 신설
㉡ 1996년 7월 '21세기를 향한 농림환경정책' 수립
㉢ 1997년 친환경농업육성법 제정
㉣ 1999년 친환경농업직접지불제 시행
㉤ 2001년 1월 친환경농업육성 5개년 계획(2001~2005) 수립

PLUS ONE

우리나라의 친환경농업 세부 추진시책

- INM 실천으로 화학비료 10% 감축 추진
- IPM 실천으로 농약 10% 감축 추진
- 토양개량사업 지속 추진(규산 5년 1주기, 석회 6년 1주기)
- '푸른들 가꾸기 운동' 추진체제 강화(녹비작물재배 확대)
- 가축분뇨 자원화
- 친환경농업 육성 지원사업체제 개선
- 친환경농산물유통지원 확대
- 친환경농업제도 개선 및 국제협력을 위한 기반 구축

⑤ 친환경농산물 인증의 종류

유기농산물	3년 이상 농약, 화학비료를 사용하지 않고 재배한 농산물
전환기 유기농산물	1년 이상 농약, 화학비료를 사용하지 않고 재배한 농산물
무농약농산물	농약을 사용하지 않고 재배한 농산물
저농약농산물	농약을 1/2 이하로 사용하여 재배한 농산물

(4) 유기농업

① 유기농업의 정의

넓은 의미 (농정당국의 정의)	환경보전과 농산물의 품질 향상을 도모하되 농업의 생산성도 높게 유지하는 데에 꼭 필요한 최소량의 화학비료 및 농약을 사용하는 농업
좁은 의미 (민간의 정의)	화학비료, 유기합성농약(농약, 생장조절제, 제초제) 및 가축사료첨가제 등 합성화학물질을 전혀 사용하지 않고 유기물과 자연광석 등의 자연적인 자재만을 사용하여 농산물을 생산하는 농업

② 유기농업의 필요성

㉠ 자연생태계 보호

㉡ 농가소득 증대 : 일반 농산물에 비해 비싸게 팔 수 있음

㉢ WTO 대응 : 수입농산물과의 품질 경쟁에서 우위

㉣ 우리농산물 애용운동 : 우리농산물의 안전성과 우수성을 소비자에게 인식시킴

③ 유기농법의 종류

㉠ 자연농업

- 도시민과 생산농민이 함께 참여하는 공동사업 진행
- 자연에 순응하는 생명의 농업과 생명의 문화를 생활 속에 뿌리내리게 하는 데 목적을 두는 농업 (무경운, 유기물 멀칭, 토착미생물 활용, 가축분뇨와 유기질 비료 사용)
- 다섯 가지 기본자재로 천혜녹즙, 유산균, 토착미생물, 과실효소, 식물성 활성효소를 사용

㉡ 태평농법 : 농약과 비료를 사용하지 않고 땅을 갈지 않으며 미생물이나 벌레를 이용하는 농사방법-무경운, 이모작, 건답직파
㉢ 쌀겨농법 : 쌀겨를 논에 시용하여 양분공급, 제초, 미생물활성 증진, 식미증진 등의 효과를 꾀하는 농법
㉣ 오리농법 : 어린 오리를 벼 생육 초기에 논에 투입하여 잡초방제, 해충방지, 써레질과 물흐림, 양분공급, 벼 잎 자극, 병균방제효과 등을 꾀하는 농법, 오리배설물에 의한 수질오염과 벼 수확 후 다 자란 오리의 처리 문제가 발생함
㉤ 지렁이농법 : 지렁이를 사육하여 그 분변토를 이용하는 방법
㉥ 그린음악농법 : 음악을 이용하여 작물의 생산성을 높이고 병해충의 발생을 억제하는 농법
㉦ 우렁이농법 : 왕우렁이(남아메리카 아마존강 유역 원산)를 이용하여 벼농사를 짓는 농법. 잡식성인 왕우렁이가 제초 역할을 하고 배설물은 비료로 작용함
㉧ 기타 농법 : 유황농법, 생물활성수농법, 산화전해수농법, 참게농법, 활성탄농법, 바이오그린농법, 바이오다이나믹농법, 솔잎농법, 붕어농법, 미꾸라지농법 등

④ 유기농업의 한계와 발전방향
㉠ 물리적 한계 : 유기질 비료 사용과 제초제 미사용으로 인한 노동력과 생산비용 증가
㉡ 원리적 한계 : 유기질 비료만으로 균형적인 양분공급이 어려움, 농약 없이 병해충관리가 어려움, 생산성이 낮음
㉢ 발전방향 : 화학비료와 농약 사용에 대한 유연한 자세, 명분보다는 목적을 존중하는 자세, 다양한 농업체계 추구

(5) 작물양분종합관리

① INM(Integrated Nutrient Management)
㉠ 1992년 UN 환경회의에서 채택된 의제
㉡ 토양의 지속적인 농업생산성을 유지시키면서 최대의 수량을 얻기 위한 첨단기술농법
㉢ 목적 : 적정 수준의 농업양분공급 및 환경부하 최소화
㉣ 배경 : 개발도상국은 비료자재 투입 없는 약탈식 농업에 의해 토양의 비옥도가 악화되고 사막화되고 있는 반면 선진국에서는 양분의 과다 투여로 환경부하가 가중되는 실정임

② INM 실천방안
㉠ 작물의 양분요구와 환경이 공급할 수 있는 양분량을 감안한 경제적, 친환경적 시비전략
㉡ 지역의 농업 입지조건을 고려하여 비료의 종류, 시용량, 시용방법을 정함

③ 우리나라의 추진 시책
㉠ 우리나라의 화학비료사용량은 OECD 국가 중 높은 수준이며, 표준시비량보다 과다하게 사용하고 있음
㉡ 정밀토양검정에 따른 시비처방 추진
㉢ 간이토양검정기 보급, 자가 진단 및 토양개량 지원
㉣ 토양환경정보웹서비스(GIS) 구축 및 서비스 제공
㉤ 화학비료사용량 감축을 위한 퇴비 차손 보전사업

03 GIS, GPS, 원격탐사(RS)

(1) GIS(Geographic Information System, 지리정보체계)

① 모든 형태의 지리정보를 효율적으로 수집, 저장, 갱신, 처리, 분석, 표시하기 위하여 구축된 하드웨어와 소프트웨어 및 지리자료와 인적 차원의 조직체

㉠ 구성요소 : 데이터베이스, 하드웨어, 소프트웨어, 네트워크, 조직 및 인력 등

㉡ 데이터베이스기능과 해석 · 처리기능으로 분류

데이터베이스기능	• 지리적 위치나 확장을 표시하는 도형정보와 각종 수치정보나 문자정보를 연관시킨 것 • 관계형 데이터베이스라 하며 자료의 수집 · 측정 및 입력과정을 거침
해석 · 처리기능	• 입력된 각종 도형을 불러 새로운 도형을 만들어 내는 기능 • 도형처리기능이라 함

② GIS의 농업적 이용

영농기술 및 농정계획	• 작물별 재배적지를 필지별로 구분하여 나타냄 • 선택 지점의 시비처방서, 개량방법, 영농기술기준을 제공 • 농업정보를 집계하여 농정계획 수립 및 농촌개발계획에 활용
기상재해 예방	• 선택 지역의 토양정보(경사도, 경사장, 작물 등)와 기상정보를 활용하여 토양유실량 및 물유출량 등 계산 • 냉해, 홍수, 한발 등 예측 및 대비

(2) GPS(Global Positioning System, 위성추적시스템)

① 위성을 이용하여 지구상 전 지역의 절대위치와 시간을 측정하는 시스템

㉠ 군사적 목적으로 개발되었지만, L1과 C/A코드는 민간에서 사용함

㉡ 관측점의 좌표(X, Y, Z)와 시각(t)의 4차원 결정 방식

② GPS의 특징

㉠ 저렴한 가격으로 정확한 3차원 위치와 시간정보 제공

㉡ 세계 전지역, 하루 24시간 연속적인 서비스 제공

㉢ 누구나 사용 가능

㉣ 모든 기상조건에서 사용 가능

㉤ 간섭과 방해전파에 강함

㉥ 안테나와 수신기만으로 GPS 신호 사용이 가능

③ GPS의 농업적 이용

㉠ 정밀농업과 농업용 로봇 개발

㉡ 위치에 따른 작물 관련 인자와 기후 관련인자 등을 파악해서 농자재 투입량 등을 관리

㉢ 무인제어 농업기계에 응용

(3) RS(Remote Sensing, 원격탐사)

① 멀리 떨어져 있는 대상물을 관측하는 기술
㉠ 목표물에 접촉하지 않고 목표물에서 복사되어 나오는 전자파를 감지하여 측정
㉡ 물체를 식별하거나 물체가 놓여진 환경조건을 파악하는 기술
㉢ 실내의 공업계측, 대륙 및 해양의 정보 수집, 지구 규모의 환경변동 감시, 토지개발계획, 녹지 및 식생의 변화 감시, 사막화 진행 감시, 해수면 온도, 플랑크톤 분포 등 광범위하게 응용

> **참고**
>
> 물체의 전자파 특성
>
> 종류와 환경이 다르면 모든 물체는 서로 다른 전자파를 반사 또는 복사하는 특성을 지니고 있다.

② RS의 농업적 이용
㉠ 토지피복(Land Cover) 분류
㉡ 토지피복변화검출

04 기타 토양관리

(1) 휴경관리

① 휴경지 면적의 증가
㉠ 농촌 인구의 고령화 및 감소
㉡ 산업화와 도시화에 따른 농업의 상대적 위축
㉢ 2001년 쌀 증산 포기 정책 시행

② 휴경지 관리의 필요성
㉠ 토양침식에 매우 취약(특히 밭토양)
㉡ 토양침식 방지, 식량안보 대비, 온실가스 감축을 위해 활용 대책 필요

(2) 산불지역 토양관리

① 산불이 토양상태에 미치는 영향
㉠ 유기물 손실
㉡ N와 S : 기체상태로 유실
㉢ P : 토양이 노출됨에 따라 유거수에 의해 유실

㉣ K, Mg, C, P : 산불로 발생한 재로 인해 단기적으로 유효도가 증가함
㉤ 식생의 훼손으로 결국에는 산림생태계의 양분 손실률은 증가함
㉥ 토양침식 심화
㉦ 식생 그늘이 적어져 토양온도 상승
㉧ 증산작용이 줄어 토양수분함량 증가

참고

미국은 인산비료인 DIP(Di-ammonium Phosphate)와 Ammonium Sulfate를 주성분으로 하는 산불방화제를 사용하고 있음. 산불진화 후 재녹화에 도움을 주기 위한 것이지만 하천으로 유실되어 수질을 오염시킬 수 있음. 또한 붕소(B)가 함유되어 있어 붕소 과잉에 의한 피해의 가능성도 있음

② 산불지역 토양관리
㉠ 토양침식방지 : 타고 남은 식물체 잔사를 등고선과 나란하게 정리배치하여 피복효과를 증진시킴
㉡ 산성토양일 경우 석고를 시용하여 개량함 – Ca은 식물의 양분이면서 Al 독성을 완화시킴

참고

- 석고는 석회에 비하여 토양침투성이 좋아 심토까지 개량하기 유리하고 토양침식을 감소시키는 효과가 있음
- 인산비료공장이나 화력발전소 탈황시설에서 발생하는 인산석고부산물을 활용할 수 있음

PART 09 적중예상문제

01

토양탄소격리(Soil Carbon Sequestration)에 가장 유리한 영농방식은?

19 국가직 7급 기출

① 토양에 퇴비와 같은 유기물을 투입하고, 작물잔사를 모두 회수하는 경우
② 토양에 퇴비와 같은 유기물을 투입하고, 작물잔사를 환원하는 경우
③ 토양에 퇴비와 같은 유기물을 투입하지 않고, 작물잔사를 모두 회수하는 경우
④ 토양에 퇴비와 같은 유기물을 투입하지 않고, 작물잔사를 환원하는 경우

해설 토양탄소격리에 유리한 영농방식은 토양의 유기물함량을 증가시키는 방식이다.

02

토양의 특성에 따른 토양침식량의 변화에 대한 설명으로 옳지 않은 것은?

19 국가직 7급 기출

① 팽창형 점토광물이 많을수록 토양침식량이 감소한다.
② 토심이 깊을수록 토양침식량이 감소한다.
③ 토양피각(Soil Crust)이 발달할수록 토양침식량이 증가한다.
④ 토양입자가 작을수록 토양침식량이 증가한다.

해설 팽창형 점토광물은 물과 접촉하면 팽창하는 성질이 있어 공극을 막기 때문에 토양침투율이 감소하게 되므로 토양침식량이 증가한다.

03

토양침식 예측모델의 주요인자인 토양 침식성인자(K)에 대한 설명으로 옳지 않은 것은?

18 국가직 7급 기출

① K값은 강우의 침식능력에 의해 유실된 토양의 양을 나타낸다.
② 안정된 토양 입단 구조가 형성되면 K값이 작아진다.
③ 침투율이 높고 유거량이 적어지면 K값이 커진다.
④ K값의 범위는 0~0.1 사이이다.

해설 **토양침식성 인자, K**

- 토양이 가진 본래의 침식가능성을 나타낸다.
- 표준포장(식생이 없는 나지상태로 유지된 길이 22.1m, 경사 9%) 실험을 통해 얻은 수치를 이용한다.
- 침투율과 토양구조의 안전성이 주요 인자이다.
- K값의 범위 : 0~0.1(침투율이 높은 토양 0.025 정도, 쉽게 침식을 받는 토양 0.04 정도 또는 이상, 즉 침식성이 클수록 k값이 크다)

정답 01 ② 02 ① 03 ③

04

우리나라 논토양은 토양특성, 지형, 생산력 등에 따라 분류된다. 다음 특성을 나타내는 논은? 19 국가직 7급 기출

- 생산력 : 보통
- 토성 : 세립질
- 경사 : 30% 미만
- 배수등급 : 약간 양호
- 토색 : 회갈색, 황갈색
- 지하수위 : 100cm 초과

① 미숙답 ② 습 답 ③ 사질답 ④ 보통답

해설 • 논토양의 유형별 분류기준

유 형	보통답	사질답	습 답	미숙답	염해답	특이 산성답
1. 토지생산력						
	높 음	낮 음	낮 음	보 통	매우 낮음	매우 낮음
2. 지 형						
	평탄 및 곡간지	평탄 및 곡간지	평탄저지 및 곡간저지	곡간 및 홍적대지	하해혼성 평탄저지	하해혼성 평탄지
3. 토양조건						
토양배수	약간 불량, 약간 양호 (단, 표토 50cm 이상 회색화 토양에 한함)	약간 양호, 약간 불량	불량 (단, 작토 20~50cm 하부에 암회색이 나타나는 토양에 한함)	약간 양호 (단, 표토 50cm 이상에 회색화된 역질토 포함)	불 량	불량, 약간 불량
토 성	식질, 식양질, 미사 식양질	사양질, 사질, 미사사양질	토성에 관계 없음	식질, 식양질	식질을 제외한 토성	미사식양질, 미사사양질
토 색	회색, 회갈색	회색, 회갈색	암회색, 청회색	회갈색, 황갈색	회색, 청회색	회색, 청회색
토심(cm)	>50	>20	20~50	>100	20~80	20~70
경사(%)	<15	<30	<15	<30	<2	<2
지하수위(cm)	>50	>50	<50	>100	20~100	20~80
보수일수	4~7	0.5~3	>7	2~7	>7	>7
심토의 석력함량 (%)	없거나 있음 <35	없거나 많음 <10, 35<	없 음 <10	없거나 많음 <10, 35<	없 음 <10	없 음 <10
기 타	–	감수심이 크고 양분 용탈이 심함	습해 및 냉해 유발	지역이 낮음	염농도 $4dSm^{-1}$ (25℃) 이상	50cm 이하에 유산염의 집적층

04 ① 정답

• 밭토양의 유형별 분류기준

유 형	보통전	사질전	중점전	미숙전	고원전	화산회전
1. 지 형						
	해안평탄지, 하평탄지, 곡간 및 선상지, 용암류 평탄지	해안평탄지, 하천변, 곡간 및 선상지, 산록경사지	홍적대지, 곡간지, 산록경사지, 구릉지, 용암류 평탄지	곡간 및 선상지, 산록 경사지, 구릉지	고원지 (단, Humic-epipedon이 있는 토양)	용암류 대지, 분석구
2. 토양조건						
토 성	식양토, 양토, 사양토	사토, 역질토 (단, 표토에 돌, 둥근바위 <35% 토양 포함)	식토, 식양토 (단, 경반층이 있는 토양에 한함)	식양토, 사양토, 역질토	식토, 식양토	미사질양토
토양배수	양호, 약간 양호 (단, 현 전토양에 한함)	매우 양호, 양호, 약간 양호(단, 현 전토양에 한함)	양호, 약간 양호	매우 양호, 양호	양 호	양 호
경사(%)	<30	<30	<30	<30	<30	<30
토 색	갈 색	갈 색	갈색, 적색	적색(단, 구릉지의 갈색 토양 포함)	농암갈색, 흑색	농암갈색, 흑색
유효토심(cm)	>50	<50	<50	>20	>20	>20
침식정도	없거나 있음	없거나 있음	없거나 있음	없거나 있음	없 음	없 음

05

다음의 시설재배지 염류집적을 경감하는 관리방안에서 옳은 것만을 모두 고른 것은?

17 국가직 7급 기출

ㄱ. 윤 작
ㄴ. 심토반전
ㄷ. 심근성 작물 재배
ㄹ. 작물잔재 투입

① ㄱ, ㄴ, ㄷ　　② ㄴ, ㄷ, ㄹ
③ ㄱ, ㄷ, ㄹ　　④ ㄱ, ㄴ, ㄷ, ㄹ

• 윤작 : 작물이 바뀌면서 흡수하는 염류의 범위가 넓어진다.
• 심토반전 : 토양을 깊이 경운하게 되면 염류가 희석된다.
• 심근성 작물재배 : 심근성 작물은 토양 깊이 뿌리가 발달하기 때문에 흡수에 의한 염류 제거 깊이가 증가한다.
• 작물잔재 투입 : 유기물은 토양의 염류집적 문제를 경감시킨다.

정답 05 ④

06

토양침식(수식)의 발생 및 영향에 관한 설명으로 옳지 않은 것은? 17 국가직 7급 기출

① 토양침식은 입단의 안정성이 클수록 감소한다.
② 협곡침식보다 면상침식과 세류침식에 의해 일어난다.
③ 토양침식은 강우의 토양침투율이 클수록 증가한다.
④ 초생대 설치는 유거수 속도를 줄여 토양침식을 저감한다.

해설 강우의 토양침투율이 클수록 유거량이 줄어들기 때문에 토양침식도 감소한다.

07

현재 보전관리활동이 없는 15%의 경사도가 있는 경작지에서 연간 10.2ton/ha의 토양유실이 발생하고 있다. 재배하고 있는 작물을 바꾸지 않고 연간 5ton/ha의 토양유실을 목표로 한다면, 토양보전인자 값을 얼마로 설정해야 하는가? (단, 소수점 둘째자리까지 구한다) 16 국가직 7급 기출

① 1.02
② 0.75
③ 0.49
④ 0.08

해설 연간 10.2ton/ha에서 연간 5ton/ha로 토양유실량을 49% 수준으로 감소시켜야 한다. 토양관리활동이 없을 때의 값이 1이기 때문에 1의 49% 수준은 0.49가 된다.

08

경작지 토양의 유기물 함량을 높이는 방법으로 옳지 않은 것은? 15 국가직 7급 기출

① 같은 수준의 유기물 함량을 높이기 위해서는 밭토양보다 논토양에 더 많은 유기물을 투입해야 한다.
② 토양 경운을 가급적 줄인다.
③ 휴경기에 풋거름(녹비)작물을 재배하고 토양에 환원한다.
④ 퇴비를 지속적으로 시용한다.

해설 밭토양은 논토양보다 통기성이 좋아 유기물분해가 더 활발하기 때문에 같은 수준의 유기물 함량에 도달하기 위해서는 밭토양에 더 많은 유기물을 투입해야 한다.

09

토양유실량을 예측하는 USLE(Universal Soil Loss Equation) 인자에 포함되지 않는 것은? 15 국가직 7급 기출

① 강 우
② 경사장
③ 토양침식성
④ 풍 속

해설 USLE 공식

$A = R \times K \times LS \times C \times P$

A : 연간 토양유실량
R : 강우인자
K : 토양의 침식성인자
LS : 경사도와 경사장인자
C : 작부관리인자
P : 토양보전인자

06 ③ 07 ③ 08 ① 09 ④ 정답

10

토양의 탄소격리능을 높이고 온실가스 배출량을 줄이기 위한 관리방법으로 옳지 않은 것은?

15 국가직 7급 기출

① 농경지를 관행적 경운에서 무경운으로 전환한다.
② 경작지의 식생을 일년생에서 다년생으로 전환한다.
③ Histosol과 같은 습지토양을 배수하여 탄소격리량을 늘린다.
④ 벼 재배기간 중 간단관개를 실시하여 메탄 생성을 줄인다.

해설 습지토양을 배수하게 되면 산소 공급이 원활하게 되어 유기물 분해가 촉진된다.

11

다음 표는 주요 작물을 생산할 때 토양으로부터 흡수 제거되는 식물영양소의 양을 나타내고 있다. 같은 작물을 연작할 때 토양의 산성화를 가장 빠르게 가속화시킬 수 있는 작물은?

15 국가직 7급 기출

작물	수량	N	P	K	Ca	Mg	Mn	Zn
	ton/ha	kg/ha					g/ha	
보리	2.2	40	8	10	1	2	30	70
옥수수	9.5	150	27	37	2	9	100	170
사탕수수	6.0	110	13	95	77	19	600	400
배추	50.0	145	18	120	22	9	110	90

① 보 리
② 옥수수
③ 사탕수수
④ 배 추

해설 작물에 의해 토양의 염기성분이 제거되면 토양이 산성화된다. 토양의 염기성분에 해당하는 칼륨(K), 칼슘(Ca), 마그네슘(Mg), 망간(Mn), 아연(Zn) 제거량의 합이 가장 큰 작물은 사탕수수이다.

12

다음 공식이 의미하는 토양침식에 대한 관리방법으로 적당하지 않은 것은?

14 국가직 7급 기출

E(토양유실량) = $I \times K \times C \times L \times V$
I : 침식성 인자
K : 표면거칠기 인자
C : 기후 인자
L : 포장폭
V : 식생 인자

① 방풍림 조성
② 피복작물 재배
③ 무경운 재배
④ 등고선 재배

해설 풍식에 의한 토양유실량을 계산하는 공식이다. 등고선 재배는 수식에 의한 침식을 방지하는 방법이다.

정답 10 ③ 11 ③ 12 ④

13

토양유실예측공식 인자 중 토양보전인자(P)는 토양관리방법에 따라 변하는 수치이다. 다음과 같은 조건일 경우 토양보전인자 수치가 가장 낮은 토양관리방법은? 14 국가직 7급 기출

> 경사도 15%, 경사장 10m, 사양토

① 심토파쇄
② 부초설치
③ 초생대설치
④ 등고선재배

해설 토양관리별 토양보전인자(P)값

구 분	P 값
상 · 하경	1.0
등고선 재배	0.63
초생대	0.17
부 초	0.09
혼층고	0.37
심토파쇄	0.30

14

토양유실예측공식(USLE)의 토양침식성인자(K)에 대한 설명으로 옳지 않은 것은? 11 국가직 7급 기출

① 투수성이 증가하면 K값이 높아진다.
② 내수성 입단이 발달하면 K값이 낮아진다.
③ 유기물 함량이 감소하면 K값이 높아진다.
④ 사토에 K값이 증가하면 유거량이 증가한다.

해설 K값이 크다는 것은 침식량이 많다는 것을 의미한다.

15

물이나 바람에 의해 토양유실이 일어날 경우 환경에 미치는 영향으로 옳지 않은 것은? 12 국가직 7급 기출

① 토양이 척박해진다.
② 토양의 투수율이 증가한다.
③ 토양의 입단구조가 파괴된다.
④ 하천이나 호수의 부영양화를 야기할 수 있다.

해설 토양유실은 토양구조를 파괴하기 때문에 투수율이 감소한다.

13 ② 14 ① 15 ② 정답

16

농경지에서 오랫동안 관행경운을 한 후 토양유실을 경감하기 위해 무경운으로 전환하여 10년 동안 경작하였을 때, 무경운경작으로 인해 표토에서 일어날 수 있는 변화를 설명한 것으로 옳은 것은?

12 국가직 7급 기출

① 유기물 함량이 증가된다.
② 보수성과 배수성이 감소된다.
③ 토양침식이 증가된다.
④ 입단안정화가 감소된다.

해설 무경운 재배는 경운을 하지 않고 작물의 잔재가 남아 있는 상태에서 파종하기 때문에 토양 유기물이 경운할 때보다 많이 보존되며, 작물 생육 초기 토양침식을 크게 줄일 수 있다.

17

Universal Soil Loss Equation(USLE, $A = R \times K \times LS \times C \times P$)의 주요 인자들에 대한 설명으로 옳지 않은 것은?

13 국가직 7급 기출

① 강우인자(R)는 면상침식 및 세류침식에 미치는 강우의 영향으로 강우의 양, 강우강도, 강우분포 등에 따라 결정된다.
② 토양침식성인자(K)는 침투율이 높으면 그 값이 작아진다.
③ 토양보전인자(P) 값은 토양관리가 없을 경우 0이며, 관리가 이루어지면 그 값이 커진다.
④ 작부관리인자(C) 값은 토양이 거의 피복되어 있지 않은 경우 1.0에 가깝고, 식생이 조밀한 경우 0.1 이하이다.

해설 토양보전인자(P) 값은 토양관리가 없을 경우 1이며, 관리가 이루어지면 그 값이 작아진다.

18

다음 중 토양침식에 영향을 끼치는 인자에 대한 설명 중 옳지 않은 것은?

14 서울시 지도사 기출

① 식물의 뿌리는 토양의 유실을 줄일 수 있지만 보수능력을 감소시키는 단점이 있다.
② 침식을 덜 받기 위해서는 강우의 토양침투율이 높아야 한다.
③ 평평한 지형이 길게 계속되어 있는 곳은 토양유실량이 많다.
④ 강우량에 비하여 강우강도(降雨强度)가 더 큰 영향을 미친다.
⑤ 식물은 빗방울에 의한 직접적인 타격으로부터 토양의 입단을 보호하여 침식을 막는다.

해설 식물의 뿌리는 보수능력을 증가시킨다.

정답 16 ① 17 ③ 18 ①

MEMO

I wish you the best of luck!

PART 10

기출문제

2021 국가직 7급 기출문제

01

다음과 같은 특성을 갖는 토양생성작용은?

> • 건조 또는 반건조 기후 지역에서 나타난다.
> • 용해성이 큰 염화물과 황산염이 용탈된다.
> • 칼슘이온(Ca^{2+}), 마그네슘이온(Mg^{2+}) 등이 탄산염의 형태로 집적된다.

① 석회화작용(Calcification)
② 염류화작용(Salinization)
③ 포드졸화작용(Podzolization)
④ 회색화작용(Gleyzation)

해설 석회화작용과 염류화작용의 비교
- 석회화작용 : 용해도가 작은 $CaCO_3$ 또는 $MgCO_3$ 축적
- 염류화작용 : 수용성 염류($NaCl$, $NaNO_3$, $CaSO_4$, $CaCl_2$)의 집적

02

토양층위의 분화과정에서 기본토층의 시간적 형성 순서로 옳은 것은?

① A층 → B층 → C층
② A층 → C층 → B층
③ C층 → A층 → B층
④ C층 → B층 → A층

해설 모암(R층)이 풍화되어 모재층(C층)이 형성되고, 토양생성작용과 함께 유기물이 쌓이면서 A층이 생성된다. 시간이 경과하면서 A층과 C층 사이에 A층에서 용탈된 물질과 점토가 집적되는 B층이 분화되면서 토양의 층위가 발달하게 된다.

03

풍식(Wind Erosion)과 수식(Water Erosion)에 의한 토양유실현상에 대한 설명으로 옳은 것은?

① 강우 현상은 풍식에 의한 토양유실을 증가시킨다.
② 수분의 토양 침투율이 증가하면 수식에 의한 토양유실이 증가한다.
③ 보전경운은 수식과 풍식에 의한 토양유실을 모두 경감시킨다.
④ 동일 강수량에서 단시간보다 장시간 강우가 수식에 의한 토양유실을 증가시킨다.

해설 ① 풍식은 토양이 건조할 때 더 심하게 일어나므로 강우 현상은 풍식을 감소시킨다.
② 수분의 토양 침투율이 증가하면 유거량이 줄기 때문에 토양침식이 감소한다.
④ 강우량과 강우강도 모두 토양침식에 영향을 주며, 특히 강우강도가 더 크게 작용한다.

정답 01 ① 02 ③ 03 ③

04

미량원소 중 질소고정작용에 관여하는 것만을 모두 고르면?

ㄱ. 몰리브덴(Mo)
ㄴ. 아연(Zn)
ㄷ. 구리(Cu)
ㄹ. 코발트(Co)

① ㄱ, ㄴ
② ㄱ, ㄹ
③ ㄴ, ㄷ
④ ㄷ, ㄹ

해설
- Mo : 질소환원효소(Nitrogenase)의 보조인자
- Co : 질소고정식물의 Leghaemoglobin의 합성에 필요

05

토양미생물 중 원핵생물에 해당하지 않는 것은?

① 고세균(Archaea)
② 균근(Mycorrhizae)
③ 방선균(Actinomycetes)
④ 세균(Bacteria)

해설 균근은 곰팡이에 속하므로 진핵생물이다.

06

삼투퍼텐셜(Ψ_0)과 전기전도도(EC) 간의 상관관계에서 염류집적토양의 판정기준이 되는 삼투퍼텐셜(KPa)은?

$\Psi_0 = -0.036 \times EC$
(Ψ_0 : 삼투퍼텐셜(MPa), EC : 전기전도도(ds/m))

① −72
② −144
③ −216
④ −288

해설 염류집적토양의 전기전도도 판정기준인 4dS/m를 주어진 식에 대입한다. 주어진 식의 삼투퍼텐셜의 단위는 MPa이고, 문제에서 요구하는 단위는 KPa이므로 계산된 값에 1,000을 곱한다.
즉, $\Psi_0 = -0.036 \times EC = -0.036 \times 4 = -0.144$MPa $= -144$KPa

07

용적밀도가 1.3Mg/m^3이고, 입자밀도가 2.6Mg/m^3인 토양에서 용적수분함량이 20%인 경우, 이 토양의 수분포화도(%)는?

① 10
② 20
③ 40
④ 60

04 ② 05 ② 06 ② 07 ③ 《정답

해설 $$\text{수분포화도} = \frac{\text{물의 부피}}{\text{토양 공극의 부피}} \times 100$$

$$= \frac{V_w}{V_a + V_w} \times 100$$

$$= \frac{\text{용적수분함량}}{\text{공극률}} \times 100$$

$$\text{공극률} = \frac{\text{공극의 용적}}{\text{전체 토양의 용적}}$$

$$= 1 - \frac{\text{용적밀도}}{\text{입자밀도}}$$

공극률은 50%이고, 용적수분함량 20%이므로 수분포화도는 40%로 계산된다.

08

질산화(Nitrification) 과정에 대한 설명으로 옳지 않은 것은?

① 질산화는 호기적 조건에서 일어난다.
② 질산화에 의해 토양의 pH가 낮아진다.
③ 질산화균은 전형적인 종속영양세균이다.
④ Nitrapyrin에 의해 질산화가 저해된다.

해설 질산화균(Nitrosomonas, Nitrobacter 등)은 질산화 반응에서 에너지를 얻는 자급영양세균이다.

09

다음 수분 특성의 토양에서 유효수분(A), 모세관수(B), 흡습수(C)의 함량(%)을 바르게 연결한 것은?

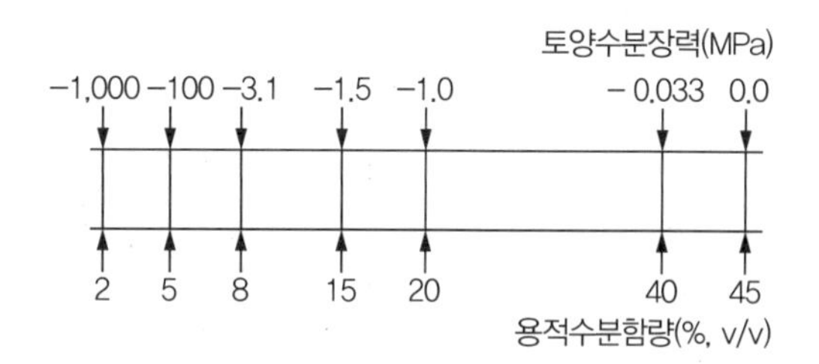

	A 함량	B 함량	C 함량
①	25	32	6
②	25	35	3
③	30	37	6
④	30	40	3

해설 **토양수분퍼텐셜에 따른 토양수분 구분**

<table>
<tr><th>토양수분 퍼텐셜(MPa)</th><th>토양수분 구분</th><th colspan="2"></th></tr>
<tr><td>−0.033</td><td>포장용수량</td><td rowspan="3">유효수분
(A)</td><td rowspan="4">모세관수
(B)</td></tr>
<tr><td>−0.05~0.1</td><td>수분당량</td></tr>
<tr><td>−1.5</td><td>위조점</td></tr>
<tr><td>−3.1</td><td>흡습계수</td><td rowspan="2">흡습수
(C)</td></tr>
<tr><td>−100~
−1,000</td><td>풍건수분</td><td rowspan="2">비모세관수</td></tr>
<tr><td>−1,000 이하</td><td>오븐건조 수분</td><td>결합수</td></tr>
</table>

※ 위조점과 흡습계수 사이의 수분은 모세관수이지만 식물이 이용하지 못하는 수분이다.

정답 08 ③ 09 ①

10

식물이 다음과 같은 증상을 보일 때, 부족한 영양소는?

- 결핍이 경미한 경우, 잎의 색이 연해진다.
- 잎의 끝과 가장자리가 누렇게 변하면서 고사한다.
- 식물체 내 이동성이 우수하여 결핍 시 성숙한 잎에서 주로 나타난다.

① 붕소(B)
② 칼륨(K)
③ 철(Fe)
④ 마그네슘(Mg)

해설 식물체 내 이동성이 우수한 영양소(질소, 인, 칼륨, 마그네슘, 몰리브덴) → 결핍증상이 성숙한 잎에서 먼저 나타난다.

11

(가)~(라)의 유기물을 토양에 시용할 경우, 질소기아(Nitrogen Starvation) 현상이 가장 우려되는 것은?

	유기물 종류	리그닌 함량(%)	탄질률(−)
①	(가)	10	10
②	(나)	10	50
③	(다)	30	10
④	(라)	30	50

해설 탄질률이 높은 수준으로 동일할 때, 리그닌 함량이 낮은 유기물은 리그닌 함량이 높은 유기물에 비해 쉽게 분해될 수 있어 유기물 분해미생물의 토양 중 질소 흡수량이 증가하여 식물이 질소기아현상을 겪을 가능성이 높아진다.

12

토양의 배수성에 대한 설명으로 옳지 않은 것은?

① 용적밀도가 증가하면 불량해진다.
② 식질 토양보다 양질 토양이 양호하다.
③ 판상 구조보다 주상 구조가 양호하다.
④ 붉은색 토양보다 회색 토양이 양호하다.

해설 토양단면에서 관찰되는 회색화현상은 배수불량의 결과이다.

13

경운으로 다져진 압밀 토양의 물리적 특성 변화에 대한 설명으로 옳은 것은?

① 용적밀도가 감소한다.
② 입자밀도가 증가한다.
③ 대공극의 분포 비율이 증가한다.
④ 사토는 식토보다 공극량 감소가 적다.

해설 토양이 압밀되면 토양 3상 중 고상비율이 증가하게 된다. 따라서 용적밀도는 증가하고, 대공극의 비율은 감소하게 된다. 모래는 압밀성이 낮고 점토는 압밀성이 크기 때문에 모래가 많은 사토는 식토보다 공극량 감소가 적다. 입자밀도는 토양을 구성하는 고상(광물과 유기물) 자체의 밀도이기 때문에 압밀과 같은 인위적 요인으로 변화되지 않는다.

10 ② 11 ② 12 ④ 13 ④ 정답

14

산성토양에서 나타나는 현상으로 옳은 것은?

① 유기물 분해 속도가 감소한다.
② 인산 가용화로 식물 유효도가 증가한다.
③ 몰리브덴(Mo)의 식물 유효도가 증가한다.
④ 화강암질 토양은 산성화에 저항하는 능력이 크다.

해설 토양의 산성화는 토양미생물의 활성을 떨어뜨리기 때문에 유기물 분해 속도가 감소한다.

15

토양색(Soil Color)에 대한 설명으로 옳지 않은 것은?

① 토양색 '7.5 R 7/2'에서 명도는 7, 채도는 2이다.
② 포장용수량의 수분상태에서 측정하는 것이 좋다.
③ 유기물이 풍부한 토양은 어두운 색을 띤다.
④ 논 토양은 산화철(Fe^{3+})을 함유하여 붉은색을 띤다.

해설 논 토양은 환원철(Fe^{2+})을 함유하여 회색을 띤다.

16

토양 유기물의 분해 특성에 대한 설명으로 옳은 것은?

① 탄질률이 높으면(> 30), 암모니아태 질소생성으로 pH가 상승한다.
② 탄질률이 높으면(> 30), 유기물의 분해속도가 감소한다.
③ 탄질률이 낮으면(< 10), 유기산의 생성으로 pH가 낮아진다.
④ 탄질률이 낮으면(< 10), 무기태 질소의 양이 감소한다.

해설 탄질률이 낮아 유기물 분해가 활발하게 일어나면 암모니아태 질소의 생성으로 pH가 상승한다.

17

중금속 오염토양의 특성에 대한 설명으로 옳지 않은 것은?

① 망간(Mn)은 산화조건에서 불용화된다.
② 카드뮴(Cd)은 환원조건에서 불용화된다.
③ 크롬(Cr)은 환원상태보다 산화상태에서 독성이 크다.
④ 비소(As)는 환원상태보다 산화상태에서 독성이 크다.

해설 비소(As)는 환원상태에서 독성과 이동성이 크다. 따라서 비소 오염토양이 논으로 이용될 경우, 비소가 벼로 이행할 가능성이 높아진다.

정답 14 ① 15 ④ 16 ② 17 ④

18

식물영양소에 대한 설명으로 옳지 않은 것은?

① 철(Fe), 구리(Cu), 염소(Cl)는 필수 미량원소에 해당된다.
② 구리(Cu), 몰리브덴(Mo)은 독성을 나타내는 상위한계농도가 있다.
③ 칼륨(K), 칼슘(Ca), 마그네슘(Mg)은 무기물의 형태로 흡수된다.
④ 탄소(C), 수소(H), 산소(O), 질소(N), 황(S)은 유기물의 형태로 흡수된다.

해설 탄소(C), 수소(H), 산소(O), 질소(N), 황(S)뿐만 아니라 모든 식물영양소는 무기물의 형태로 흡수되고, 아미노산과 같은 작은 분자의 유기물 형태로 흡수되는 경우도 있지만 그 양은 매우 적다.

19

토양오염복원기술 중 토양증기추출(Soil Vapor Extraction) 기술에 대한 설명으로 옳지 않은 것은?

① 미세토양에서 통기성의 감소로 처리비용이 증가한다.
② 현장토양을 있는 그대로의 상태에서 적용하는 기술이다.
③ 중질유(Heavy Oil), 폴리염소화바이페닐(PCBs)의 정화에 적합하다.
④ 건조토양에서 휘발성유기화합물(VOCs)의 제거율이 감소한다.

해설 토양증기추출법은 휘발성이 강한 오염물질(휘발유, PTEX 등) 제거에 적용되는 기술이다.

20

최적영농관리방안(Best Management Practice)에 대한 설명으로 옳지 않은 것은?

① 하안완충대는 수계 점오염원 유출을 줄인다.
② 피복작물은 농경지 질소(N) 손실을 줄인다.
③ 콩과작물은 농경지 질소(N) 비료를 대체한다.
④ 보전경운은 농경지 인(P) 손실을 줄인다.

해설 하안완충대는 수계 비점오염원 유출을 줄인다.

21

부식(Humus)의 화학적 특성에 대한 설명으로 옳은 것만을 모두 고르면?

> ㄱ. 낮은 pH에서는 영구전하가 우세하고, 높은 pH에서는 가변전하가 우세하다.
> ㄴ. 부식산은 알칼리에는 용해되고, 산(pH 1~2)에는 침전되는 물질이다.
> ㄷ. 등전점은 pH 3 정도로 등전점보다 높으면 순(Net) 음전하를 가진다.
> ㄹ. 페놀성 알콜(Phenolic OH)의 작용기 대부분은 pH 8 이하에서 해리된다.

① ㄱ, ㄴ
② ㄱ, ㄹ
③ ㄴ, ㄷ
④ ㄷ, ㄹ

해설 부식의 전하는 가변전하이다. 대부분의 Carboxyl기는 pH 6 이하에서 해리되고, Phenolic OH는 pH 8 이상에서 해리된다.

18 ④ 19 ③ 20 ① 21 ③ 《정답

22

양이온교환용량(CEC)에 대한 설명으로 옳지 않은 것은?

① 층상의 점토광물보다 부식에서 크다.
② 버티졸(Vertisol)보다 히스토졸(Histosol)에서 크다.
③ 스멕타이트(Smectite)보다 클로라이트(Chlorite)에서 크다.
④ A층의 양이온교환용량은 주로 부식함량에 의해 좌우된다.

해설 스멕타이트는 팽창성 2:1형 광물이고, 클로라이트는 비팽창성 2:1:1형 광물이다.

23

음이온교환용량(AEC)에 대한 설명으로 옳지 않은 것은?

① 점토광물은 풍화 정도가 클수록 증가한다.
② 흡착순위는 염소 < 황산 < 규산 < 인산 이온이다.
③ 철(Fe), 알루미늄(Al) 수산화물은 H^+ 농도가 높을수록 증가한다.
④ 유기물은 카르복실기(Carboxylic Group)가 많을수록 증가한다.

해설 유기물은 아민기(Amine Group, $-NH_2$)가 많을수록 증가한다.

정답 22 ③ 23 ④

24

점토광물에 대한 설명으로 옳지 않은 것은?

① 클로라이트(Chlorite)는 버미큐라이트(Vermiculite)와 같은 2:1 층상구조들 사이 공간에 칼륨이온(K^{+}) 대신 양전하를 띠는 팔면체층(Brucite)을 가지며, 토양수분조건에 따라 팽창과 수축이 일어난다.
② 일라이트(Illite)는 버미큐라이트(Vermiculite)나 몽모릴로나이트(Montmorillonite)와 같이 2:1 층상구조를 가지나, 토양수분조건에 따라 팽창과 수축이 일어나지 않는다.
③ 카올리나이트(Kaolinite)는 몽모릴로나이트(Montmorillonite)보다 가용성 규소가 적은 용액에서 결정화 과정으로 형성되며, 토양수분조건에 따라 팽창과 수축이 일어나지 않는다.
④ 몽모릴로나이트(Montmorillonite)는 가용성 규소와 마그네슘이온(Mg^{2+})이 많은 용액에서 결정화 과정으로 형성되며, 토양수분조건에 따라 팽창과 수축이 일어난다.

해설 카올리나이트, 일라이트, 클로라이트는 비팽창성 규산염 점토광물이다.

25

1kg의 토양이 흡착하고 있는 칼슘이온(Ca^{2+}) 전량을 알루미늄이온(Al^{3+})으로 교환하고자 할 때, 필요한 Al^{3+}의 양(g)은? (단, Ca^{2+}의 흡착량은 10.0 $cmol_c$이고, Ca^{2+}은 40.0g/mol, Al^{3+}은 27.0 g/mol이다)

① 0.9
② 2.7
③ 9.0
④ 27.0

해설 칼슘이온의 흡착량 10.0$cmol_c$은 전하량을 기준으로 하는 것이므로 알루미늄이온의 흡착량도 같은 전하량만큼이 되어야 한다. 한편 알루미늄이온 1개가 3개의 전하량에 해당하므로 필요한 알루미늄의 양은 전하량의 1/3이면 된다. 따라서 10.0$cmol_c$ = 0.1mol_c이고, 이는 0.1mol Al^{3+}의 1/3에 해당하므로 필요한 Al^{3+}의 양은 0.9g이 된다.

24 ① 25 ① 《정답

CHAPTER 02

2020 국가직 7급 기출문제

01

다음과 같은 특성을 갖는 토양목(Soil Order)은?

> 대부분 최근 지질시대 퇴적된 화산재와 분석에 의해 형성되었으며, 무정형이나 비결정형의 철과 알루미늄 광물함량이 높은 특징이 있다. 또한 유기물 함량이 높고 암색을 띠는 Melanic 표층을 갖는다.

① 안디솔(Andisols)
② 알피솔(Alfisols)
③ 엔티솔(Entisols)
④ 인셉티솔(Inceptisol)

해설 Andisol(화산회토)
- 화산분출물을 모재로 하는 화산회토로 우리나라에서는 제주도와 울릉도 등에 분포함
- 주요 점토광물 : Allophane

02

토양 단면을 이루는 주토층 중 점토, 철 및 알루미늄 산화물이 최대로 용탈된 부분으로 석영과 같은 풍화 저항성이 높은 광물이 모래나 실트의 입자 크기로 다량 집적되어 있는 층은?

① A층
② B층
③ E층
④ O층

해설 O층 : 유기물층
A층 : 무기물표층
E층 : 최대용탈층
B층 : 집적층
C층 : 모재층
R층 : 모암층

03

환원상태의 토양에서 인산 유효도가 증가하는 이유는?

① 토양 Eh의 상승
② 철산화물의 용해도 상승
③ 인산이온의 킬레이트화
④ 토양 통기성의 증가

해설 인산은 3가 철(Fe^{3+})과 결합하여 침전되어 불용화되는데, 환원상태에서는 철이 용해도가 높은 2(Fe^{2+}) 상태로 존재하기 때문에 인산의 유효도가 증가하게 된다.

정답 01 ① 02 ③ 03 ②

안심Touch

04

토양이 식물에 제공하는 다량 필수식물영양소만으로 묶은 것은?

① 칼슘, 마그네슘, 구리
② 칼슘, 마그네슘, 칼륨
③ 황, 질소, 구리
④ 황, 철, 칼륨

해설
- 1차 다량원소 : 질소(N), 인(P), 칼륨(K)
- 2차 다량원소 : 칼슘(Ca), 마그네슘(Mg), 황(S)

05

토양수분에 대한 설명으로 옳은 것은?

① 점토함량이 높을수록 위조점에 해당하는 수분함량이 낮아진다.
② 포장용수량은 점토함량에 비례하여 비곡선적으로 증가한다.
③ 흡습계수와 위조점 사이의 토양수분은 모세관수이며 식물이 이용 불가하다.
④ 위조점에 해당하는 수분함량은 소공극이 골고루 발달한 중간 토성의 토양에서 가장 높다.

해설
① 점토함량이 높을수록 위조점에 해당하는 수분함량이 높아진다.
② 포장용수량은 점토함량에 비례하여 비직선적(또는 곡선적)으로 증가한다.
④ 위조점에 해당하는 수분함량은 수분흡착력이 강한 식토에서 가장 높다.

06

탄소함량이 50%이고, 질소함량이 0.5%인 볏짚 100g이 사상균에 의해 분해될 때 식물의 질소기아 없이 분해가 되려면 몇 g의 질소를 토양에 시용해야 하는가? (단, 사상균의 탄소동화율(Yield Coefficient)은 0.35이고, 탄질률(C/N Ratio)은 10이다)

① 1.25g ② 1.75g
③ 12.5g ④ 17.5g

해설
- 볏짚 100g 중 탄소량 = 10 × 0.5 = 50g
- 볏짚 100g 중 질소량 = 10 × 0.005 = 0.5g
- 사상균의 탄소동화량 = 탄소량 × 탄소동화율 = 50 × 0.35 = 17.5g
- 사상균의 질소요구량 = 탄소동화량 × 0.1 = 17.5 × 0.1 = 1.75g (사상균의 탄질률 10)
- 볏짚에서 공급하는 질소량은 0.5g이므로 1.25g의 질소가 부족하다.

07

수분이 포화된 토양에 요소를 시비했을 경우 일어나는 현상으로 옳지 않은 것은?

① 탈질이 적게 일어난다.
② NO_3^- 용탈이 적게 일어난다.
③ 질산화가 거의 일어나지 않는다.
④ 토양 pH가 8.5 이상의 알칼리성으로 변화되어 질산화 작용이 잘 일어난다.

해설 요소에서 분해되어 나온 아민은 암모늄이온(NH_4^+)으로 전환되지만, 수분이 포화된 상태의 토양은 산소가 부족한 상태에 놓이게 되므로 산소가 요구되는 질산화 작용이 일어나기 어렵다. 질산(NO_3^-)의 생성이 적어지므로 용탈될 질산의 양이 적고, 질산의 환원반응인 탈질작용도 적게 일어난다.

04 ② 05 ③ 06 ① 07 ④ 정답

08

토양입단이 잘 발달하는 토양끼리만 옳게 짝지은 것은?

① 유기물의 함량이 높은 토양 – 사질토양
② 나트륨의 함량이 낮은 토양 – 버티솔(Vertisols) 토양
③ 살균제가 처리된 토양 – 점토의 함량이 높은 토양
④ Fe^{2+} 함량이 높은 토양 – 유기물의 함량이 낮은 토양

해설 **입단형성요인**

- 양이온의 작용 : Ca^{2+}, Mg^{2+}, Fe^{2+}, Al^{3+} 등의 다가 이온, 수화반지름이 작음(주의 : Na^{+}이온은 수화반지름이 커서 점토입자를 분산시킴)
- 유기물의 작용 : 미생물이 분비하는 점액성 유기물질, 뿌리의 분비액
- 미생물의 작용 : 곰팡이의 균사, 균근균의 글로멀린(Glomulin, 끈적끈적한 단백질)
- 기후의 작용 : 습윤과 건조의 반복, 얼음과 녹음의 반복
- 토양개량제의 작용 : Poly Acryl Amide(PAM), 천연 고분자물질 등

09

점토광물에 대한 설명으로 옳은 것은?

① 카올리나이트(Kaolinite) : 규소사면체층과 알루미늄팔면체층이 1:1로 결합된 광물로서 동형치환이 잘 일어난다.
② 스멕타이트(Smectite) : 규소사면체층과 알루미늄팔면체층이 2:1로 결합된 광물로서 규소사면체층에서는 Si^{4+} 대신 Fe^{3+}의 동형치환이 흔히 일어난다.
③ 버미큘라이트(Vermiculite) : 운모와 다른 점은 2:1층과 2:1층 사이의 공간에 K^{+} 대신 Mg^{2+} 등의 수화된 양이온이 자리 잡고 있어 운모에 비해 2:1층들 사이의 결합력이 상대적으로 약하다.
④ 일라이트(Illite) : 2:1의 층상구조를 가지며 2:1층 사이의 공간에 자리 잡고 있는 K^{+}이 잘 치환되어서 습윤상태에서도 팽창성이 크다.

해설 **규산염 점토광물의 특징**

구 분	Kaolinite	Smectite	Vermiculite	Illite	Chlorite
Si사면체층과 Al팔면체층의 결합비율	1:1	2:1	2:1	2:1	2:1:1
팽창성	비팽창형	팽창형	팽창형	비팽창형	비팽창형

- 카올리나이트
  - 층과 층 사이가 수소결합으로 강하게 결합
  - 동형치환이 거의 일어나지 않아 음전하가 적음
  - 도자기 제조, 우리나라 대표 점토광물
- 스멕타이트
  - 2:1층 사이의 결합이 약해 물분자의 출입이 자유로움
  - 수분함량에 따라 팽창과 수축이 심함
  - 동형치환이 흔히 일어남(규소사면체층 : Si^{4+} 대신 Al^{3+}, 알루미늄팔면체층 : Al^{3+} 대신 Fe^{3+}, Fe^{2+}, Mg^{2+})
- 버미큘라이트
  - 운모류 광물의 풍화로 생성된 토양에 많음
  - Montmorillonite에 비해 팽창성이 작음
- 일라이트
  - 2:1층 사이에 K^{+}이 들어가 강하게 결합
  - 층 사이 물분자 출입이 불가
- 클로라이트
  - 대표적인 혼층형 광물
  - 2:1층 사이에 이온이 아닌 Brucite 팔면체층이 들어가 강하게 결합

정답 08 ② 09 ③

10

오염토양의 복원기술에 대한 설명으로 옳은 것만을 고르면?

> ㄱ. 토양증기추출법은 가솔린과 휘발성 유기화합물 등을 처리하는 데 이용되는 경제적인 기술이다.
> ㄴ. 토지경작(Landfarming)법에서는 넓은 공간이 필요하며, 또한 휘발성 유기물질의 농도는 휘발보다 생분해에 의해 감소된다.
> ㄷ. 생물학적 분해(Biodegradation) 기술을 이용한 토양 내 오염물질 분해과정에서 세척수가 이동함에 따라 오염물질의 유동이 감소되어 추가 오염이 크게 줄어든다.
> ㄹ. Bioventing은 토양의 이화학적 특성에 무관하게 적용 가능한 기술이다.

① ㄱ
② ㄱ, ㄴ
③ ㄴ, ㄷ, ㄹ
④ ㄱ, ㄴ, ㄷ, ㄹ

해설
- 토지경작법 : 오염된 토양을 굴착하여 깔아놓고 정기적으로 뒤집어줌으로써 공기를 공급해주는 호기성 생분해 공정. 많은 공간이 필요하고 휘발성 유기물질의 농도는 생분해보다는 휘발에 의해 감소됨
- 생물학적 분해 기술 : 토착미생물의 활성을 증진하여 유기오염물질의 분해능을 증진시키는 기술
- 바이오벤팅 : 오염된 불포화 토양에 공기를 주입하여 휘발성 오염물질을 기화하여 이동시키는 한편, 토양 내 산소 농도를 증가시켜 미생물의 생분해능을 촉진시켜 처리하는 기술

11

토양에 존재하는 영양원소 중 주요 공급원이 토양광물이 아닌 토양유기물인 것은?

① Mg
② N
③ P
④ Ca

해설 질소는 질소고정에 의해 유기물에 포함된다.

12

부식(Humus)의 효과에 대한 설명으로 옳지 않은 것은?

① 부식은 천천히 분해되면서 미생물에 양분을 공급한다.
② 부식은 산성토양의 pH를 낮추고, 염기성 토양의 pH를 높이는 완충작용을 한다.
③ 부식은 점토와 결합하여 입단을 형성함으로써 토양의 통기성과 배수성을 높인다.
④ 부식이 분해될 때 생성된 유기산이나 무기산들은 불용화 양분을 가용화시킨다.

해설 부식은 산성토양의 pH를 높이고, 염기성 토양의 pH를 낮추는 완충작용을 한다.

10 ① 11 ② 12 ② 《정답

13

토양용적밀도가 $1.0g/cm^3$이고, 입자밀도가 $2.5g/cm^3$로 분석된 토양의 공극률은?

① 10%
② 20%
③ 40%
④ 60%

해설 공극률 = 1 − 용적밀도/입자밀도
= 1 − 1.0/2.5 = 1 − 0.4 = 0.6
∴ 공극률은 60%이다.

14

다음은 어느 표토의 수분퍼텐셜과 용적수분함량의 관계를 나타내고 있다. 이 토양면적 10a의 20cm 깊이에 함유되어 있는 식물유효수분의 양은? (단, 이 토양의 공극률은 50%이고, 수분의 비중은 $1g/cm^3$이다)

수분퍼텐셜(MPa)	용적수분함량(%, V/V)
−0.033	30
−0.5	25
−1.0	20
−1.5	15
−3.0	10

① $15m^3$
② $20m^3$
③ $25m^3$
④ $30m^3$

해설 포장용수량 : − 0.033MPa, 위조점 : −1.5MPa
• 유효수분 = 포장용수량 − 위조점
= 30% − 15% = 15%
• 토양의 부피 = 면적 × 깊이
= $1{,}000m^2 \times 0.2m = 200m^3$
• 토양의 부피가 $200m^3$이고 유효수분이 15%이므로 유효수분의 양은 $30m^3$이 된다.

15

토양유실예측공식 인자 중 토양보전인자(P)는 토양관리방법에 따라 변하는 수치이다. 다음과 같은 조건일 경우 토양보전인자 수치가 가장 낮은 토양관리방법은?

경사도 15%, 경사장 10m, 사양토

① 심토파쇄
② 부초설치
③ 초생대설치
④ 등고선재배

해설 토양관리별 토양보전인자(P)값

구 분	P 값
상 · 하경	1.0
등고선 재배	0.63
초생대	0.17
부 초	0.09
혼층고	0.37
심토파쇄	0.30

정답 13 ④ 14 ④ 15 ②

16

매트릭퍼텐셜에 대한 설명으로 옳지 않은 것은?

① 매트릭퍼텐셜은 물분자가 토양표면에 흡착되는 부착력과 토양의 모세관에 의해서 만들어지는 힘 때문에 생성되는 물의 에너지이다.
② 마른 스폰지를 물에 담그면 스폰지 속으로 물이 스며드는 것은 매트릭퍼텐셜의 원리 때문이다.
③ 불포화수분상태의 토양에서 수분이 뿌리 부근으로 지속적으로 이동하는 것은 매트릭퍼텐셜의 차이 때문이다.
④ 불포화수분상태의 토양에서 식물이 시들지 않는 이유는 매트릭퍼텐셜 차이에 의한 물의 이동이 매우 빠르기 때문이다.

해설 불포화상태에서 수분은 모세관공극이나 토양 표면의 수분층을 따라 매우 느리게 이동한다.

17

토양미생물에 대한 설명으로 옳지 않은 것은?

① 사상균(Fungi) : 종속영양생물이기 때문에 유기물이 풍부한 곳에서 활성이 높고, 호기성 생물이지만 이산화탄소의 농도가 높은 환경에서도 잘 견딘다.
② 균근균(Mycorrhizae) : 인산과 같이 유효도가 낮거나 적은 농도로 존재하는 토양양분을 식물이 쉽게 흡수할 수 있도록 도와주고, 과도한 양의 염류와 독성 금속이온의 흡수를 억제한다.
③ 방선균(Actinomycetes) : 대부분이 혐기성균으로서 과습한 곳에서 잘 자라며, 산성에 내성이 있으나 알칼리성에는 약하다.
④ 조류(Algae) : 고등식물이 살기 어려운 사막생태계에서 탄소화합물을 생성하여 토양형성에 기여한다.

해설 **방선균의 생육환경**
- 대부분 호기성균으로서 과습한 곳에서는 잘 자라지 않는다.
- 건조한 환경에서는 포자 상태로 잠복한 후 발아한다.
- 산성에 약하고 알칼리성에 내성이 있다.

16 ④ 17 ③ 정답

18

확산전기이중층(Diffuse Electric Double Layer)에 대한 설명으로 옳은 것은?

① 양이온의 농도가 높고 이온의 크기와 수화도가 클수록 확산전기이중층의 두께가 얇아진다.

② 음이온들은 토양교질 표면으로부터 거리가 멀어질수록 그 농도가 낮아진다.

③ 확산전기이중층 외부의 양이온과 유리양이온 사이의 자리바꿈현상을 양이온교환이라 한다.

④ 확산전기이중층의 가장 바깥쪽의 이온조성은 토양용액의 이온조성과 동일하다.

해설 ① 양이온의 농도가 높고 이온의 크기와 수화도가 작을수록 확산전기이중층의 두께가 얇아진다.

② 음이온들은 토양교질 표면으로부터 거리가 멀어질수록 그 농도가 높아진다.

③ 확산전기이중층 내부의 양이온과 유리양이온 사이의 자리바꿈현상을 양이온교환이라 한다.

19

다음은 토양 10g을 이용하여 최초 10배 희석용액(시료원액)을 만들고 연속 희석 과정을 거치면서 희석평판법으로 세균수를 측정하는 과정이다(각 A, B, C, D의 희석 단계에서 희석 후 최종 부피는 10ml로 만들었다). 시험관 번호 D로부터 0.1ml를 배지에 접종하고 도말하여 30°C에서 1주일 동안 배양한 후 계수한 결과 20CFU를 얻었다면 토양 1g당 CFU 값은? (단, 토양의 수분함량은 고려하지 않는다)

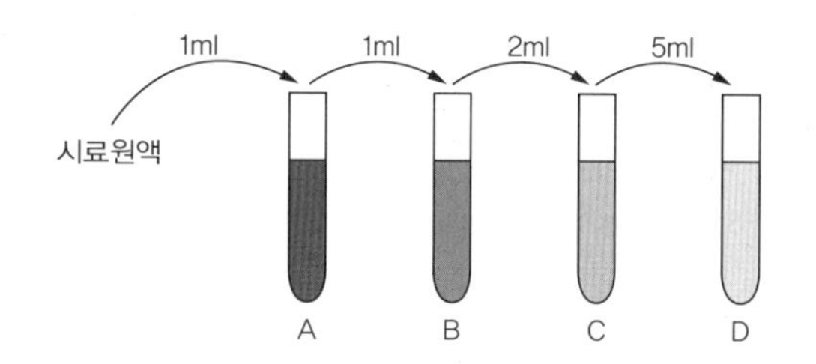

① 2×10^6CFU/g
② 2×10^7CFU/g
③ 2×10^8CFU/g
④ 2×10^9CFU/g

해설 희석배수의 계산 : 100 × 10 × 10 × 5 × 2 = 100,000

단 계	희석배수(배)
시료원액 (최초 희석단계)	100(토양 10g의 10배 희석이므로 100ml 물을 사용)
시험관 A(1ml → 10ml)	10
시험관 B(1ml → 10ml)	10
시험관 C(2ml → 10ml)	5
시험관 D(5ml → 10ml)	2

- 시험관 D 용액 0.1ml로부터 20CFU가 나왔으므로 전체 10ml에는 2,000CFU가 된다.
- 2,000CFU에 희석배수 100,000을 곱하면 2×10^8CFU가 된다.
- 토양시료가 10g일 때의 값이므로 1g에는 2×10^7CFU가 된다. 즉, 2×10^7CFU/g이다.

정답 18 ④ 19 ②

20

식물정화법(Phytoremediation)에 대한 설명으로 옳지 않은 것은?

① Enhanced Rhizosphere Biodegradation : 식물 뿌리에서 분비된 유기성 물질 등이 근권 미생물 군집을 다양하게 하여 유해물질의 분해능을 촉진시키는 기술

② Phytoextraction : 식물의 뿌리가 오염물질을 흡수하여 식물체의 조직 내로 수송하여 제거하는 기술

③ Phytodegradation : 식물체가 생산한 효소로 오염물질을 안전한 곳에 모아 식물체 외부에서 분해시키는 기술

④ Phytostabilization : 오염지역에 식물을 재배하여 현장에서 독성금속을 불활성시키는 기술

해설 Phytodegradation : 식물체가 생산한 효소로 식물체 내에서 오염물질을 대사 분해시키는 기술

20 ③ 정답

CHAPTER 03

2020 서울시 지도사 기출문제

01

토양유기물에 대한 설명으로 가장 옳지 않은 것은?

① 부식회는 산용액에 추출되지 않고 침전되는 물질이다.

② 풀브산은 저분자 물질이고, 부식산은 고분자 물질이다.

③ 풀브산은 알칼리용액과 산용액 모두에 가용성인 물질이다.

④ 부식산은 알칼리용액에 가용성이지만 산용액에 비가용성인 물질이다.

해설 부식회는 알칼리용액에 추출되지 않고 침전되는 물질이다.

02

산성 토양의 4cmol$_c$/kg H^+를 중화하기 위해 첨가해야 하는 $Ca(OH)_2$의 양[g/kg]은? (단, $Ca(OH)_2$의 분자량은 74g이다)

① 1.48g/kg ② 2.96g/kg

③ 148g/kg ④ 296g/kg

해설 칼슘은 2가 양이온이기 때문에 4cmol$_c$/kg H^+를 중화하기 위해 필요한 $Ca(OH)_2$의 양은 2cmol/kg이다. $Ca(OH)_2$ 1mole은 74g이고, 2cmol = 0.02mol이므로, $Ca(OH)_2$의 양은 74 × 0.02 = 1.48g/kg이 된다.

03

〈보기〉의 작용 중 질소순환에서 식물이 이용할 수 있는 토양 내 질소를 감소시키는 것으로 옳은 것을 모두 고른 것은?

> ㄱ. 질소의 무기화 작용
> ㄴ. 질산화 작용
> ㄷ. 탈질 작용
> ㄹ. 생물학적 질소고정 작용
> ㅁ. 휘산 작용

① ㄷ, ㅁ

② ㄱ, ㄷ, ㅁ

③ ㄴ, ㄹ, ㅁ

④ ㄱ, ㄷ, ㄹ, ㅁ

해설 토양 내 질소를 감소시키는 작용 : 휘산, 탈질, 용탈, 흡착고정 등

04

일반적으로 토양 투수력이 큰 경우가 아닌 것은?

① 토양입자가 큰 경우

② 유기물 함량이 많은 경우

③ 팽창성 점토광물이 많은 경우

④ 토심이 깊은 경우

해설 점토광물이 팽창하면서 공극을 막게 되므로 투수력이 감소한다.

정답 01 ① 02 ① 03 ① 04 ③

05

〈보기〉의 토양목을 풍화와 토양발달 정도가 경미한 상태부터 순서대로 바르게 나열한 것은?

> ㄱ. Oxisol
> ㄴ. Gelisol
> ㄷ. Spodosol
> ㄹ. Aridisol

① ㄱ – ㄴ – ㄷ – ㄹ
② ㄴ – ㄷ – ㄹ – ㄱ
③ ㄴ – ㄹ – ㄷ – ㄱ
④ ㄷ – ㄴ – ㄹ – ㄱ

해설
- Gelisol : 영구동결층
- Aridisol : 건조지역
- Spodosol : 한대 침엽수림지역 토양
- Oxisol : 열대 적색토양

06

「토양환경보전법」상 1지역에 해당하는 지목인 전, 답, 과수원에서 중금속 원소의 토양오염 우려기준이 큰 것부터 순서대로 바르게 나열한 것은?

① 납 > 구리 > 비소 > 카드뮴
② 납 > 구리 > 카드뮴 > 비소
③ 구리 > 납 > 비소 > 카드뮴
④ 구리 > 납 > 카드뮴 > 비소

해설 토양환경보전법에 규정된 토양오염물질

(단위 : mg/kg)

물 질	토양오염 우려기준			토양오염 대책기준		
	1지역	2지역	3지역	1지역	2지역	3지역
카드뮴	4	10	60	12	30	180
구 리	150	500	2,000	450	1,500	6,000
비 소	25	50	200	75	150	600
수 은	4	10	20	12	30	60
납	200	400	700	600	1,200	2,100
6가크롬	5	15	40	15	45	120
아 연	300	600	2,000	900	1,800	5,000
니 켈	100	200	500	300	600	1,500
불 소	400	400	800	800	800	2,000
유기인화합물	10	10	30	–	–	–
폴리클로리네이티드비페닐	1	4	12	3	12	36
시 안	2	2	120	5	5	300
페 놀	4	4	20	10	10	50
벤 젠	1	1	3	3	3	9
톨루엔	20	20	60	60	60	180
에틸벤젠	50	50	340	150	150	1,020
크실렌	15	15	45	45	45	135
석유계총탄화수소(TPH)	500	800	2,000	2,000	2,400	6,000
트리클로로에틸렌(TCE)	8	8	40	24	24	120
테트라클로로에틸렌(PCE)	4	4	25	12	12	75
벤조(a)피렌	0.7	2	7	2	6	21
1, 2–디클로로에탄	5	7	70	15	20	210

05 ③ 06 ① 정답

07

토양온도에 대한 설명으로 가장 옳은 것은?

① 아열대와 열대지방은 토양온도가 높아 많은 식생이 발생하여 토양 중 부식집적이 일어난다.
② 냉온지역에서는 토양온도가 낮아서 식생발달이 잘 되지 않아 토양 중 부식집적이 일어나지 않는다.
③ 토양이 열을 흡수하는 데 관여하는 인자에는 토양색, 지표면의 경사도와 방향 등이 있다.
④ 이른 봄 토양온도가 낮을 때는 종자의 발아를 촉진하기 위해서 공극량을 높여주어야 한다.

해설 토양온도가 높은 아열대와 열대지방보다 토양온도가 낮은 냉온지역에서 토양 중 부식집적량이 더 많다. 이는 토양미생물이 높은 온도에서 유기물을 더 활발히 분해하기 때문이다. 이른 봄에 토양을 밟아 주어 공극량을 줄여주면 열전도도가 증가하여 토양온도가 더 빨리 올라갈 수 있다.

08

염해 토양에 대한 설명으로 가장 옳은 것은?

① 염류토양의 pH는 일반적으로 8.5 이상이다.
② 나트륨성 토양의 EC는 4.0dS/m 이하이다.
③ 수용성 염은 토양수의 삼투퍼텐셜을 높인다.
④ Ca과 같은 염농도가 높으면 Na에 의한 피해가 커진다.

해설 ① 염류토양의 pH는 일반적으로 8.5 이하이다.
③ 수용성 염은 토양수의 삼투퍼텐셜을 낮춘다.
④ Ca과 같은 염농도가 높으면 Na에 의한 피해가 줄어든다.

09

토양입단의 형성 발달에 대한 설명으로 가장 옳은 것은?

① 농경지 토양에서 입단의 생성은 토양 중 양이온과 점토의 공유결합에 의해서 이루어진다.
② Na^+은 수화반지름이 작기 때문에 점토입자들을 분산시킨다.
③ 균근은 균사뿐만 아니라 글로멀린이라는 끈적끈적한 다당류를 생성하여 입단형성을 촉진한다.
④ 입단은 여러 가지 물리적, 화학적 및 생물학적 현상에 의해서 생성되며 식물의 생육과 미생물의 성장에 좋은 영향을 미친다.

해설 ① 토양 중 양이온과 점토 사이의 정전기적 인력에 의하여 입단이 형성된다.
② Na^+은 수화반지름이 크기 때문에 점토입자들을 분산시킨다.
③ 글로멀린은 끈적끈적한 단백질이다.

정답 07 ③ 08 ② 09 ④

10

토양의 이온흡착에 대한 설명으로 가장 옳지 않은 것은?

① 양이온의 수화반지름은 이온흡착 세기에 영향을 미친다.

② Vermiculite는 Kaolinite보다 많은 양이온을 흡착할 수 있다.

③ 토양은 음전하만을 가지기 때문에 음이온은 특이적 흡착만이 가능하다.

④ 양이온 흡착의 세기는 Na<K = NH_4<Ca<H 순이다.

해설 토양은 음전하와 양전하를 모두 가지며, 일반적으로 음전하의 양이 더 많기 때문에 순 음전하를 띠게 된다. 음이온의 흡착은 특이적 흡착과 비특이적 흡착으로 구분된다.

11

뿌리접촉(뿌리차단), 확산, 집단류에 의한 양분공급 및 흡수 기작에 대한 설명으로 가장 옳지 않은 것은?

① 뿌리접촉(뿌리차단)에 의한 양분흡수량은 상대적으로 매우 적다.

② 집단류는 수분퍼텐셜과 관련이 있다.

③ 집단류에 의해서 주로 공급되는 영양소는 Ca, Mg, NO_3, Cl, SO_4 등이 있다.

④ 주요 영양소 중 인산은 확산계수 값이 가장 낮기 때문에 확산에 의한 양분공급이 거의 이루어지지 않는다.

해설 대부분의 영양소는 주로 집단류에 의하여 공급되고, 주로 확산에 의하여 공급되는 영양소는 인산과 칼륨이며, 뿌리차단에 의한 영양소 공급은 매우 적다.

12

토양화학에 대한 설명으로 가장 옳은 것은?

① 규산염 광물의 음전하는 Si 이온이 팔면체의 Al 이온과 동형치환 하면서 생성된다.

② 토양부식의 양이온 교환용량은 pH가 증가함에 따라 증가한다.

③ Kaolinite는 대표적인 1:1 팽창형 광물이다.

④ 토양용액에 존재하는 양이온의 농도가 높을수록 토양교질 확산층의 두께는 두꺼워진다.

해설 ① 규산염 광물의 음전하는 사면체의 Si 이온이 Al 이온과 동형치환하고, 팔면체의 Al 이온이 Fe, Mg 등과 동형치환하면서 생성된다.
③ Kaolinite는 대표적인 1:1 비팽창형 광물이다.
④ 토양용액에 존재하는 양이온의 농도가 높을수록 토양교질 확산층의 두께는 얇아진다.

13

토양단면 층위 중 최대 용탈층으로 규반염점토, Fe · Al의 산화물 등이 용탈되어 위층과 아래층보다 조립질이거나 내풍화성 입자의 함량이 높고 담색을 띠는 층은?

① O층

② A층

③ E층

④ B층

해설 E층 : 최대 용탈층(Eluvial, Maximum Leaching Horizon)

10 ③ 11 ④ 12 ② 13 ③ 정답

14

신토양분류법에서 분류하는 토양목(Soil Order)과 주요 특성을 옳지 않게 짝지은 것은?

① Entisol – 단면 발달이 거의 없고, 주로 담색 표층
② Inceptisol – 약한 B층(Cambic), 담색, Umbric 표층
③ Mollisol – 암색 표층, 때로 Argillic 또는 Na B층
④ Ultisol – Cambic B층, 저염기포화도

해설 ④ Ultisol–Argillic(점토 집적층), 염기포화도 30% 이하이다. Cambic B층은 Inceptisol에 해당된다.
- Argillic : A층과 E층에서 이동한 점토 집적(성숙토 결정)
- Cambic : 변화발달 초기의 약한 B층(약간 농색 및 구조)
- Umbric : 암색 표층(염기포화도 < 50%)
- Natric : Na 집적

토양목	주요 층위 또는 특징
Alfisols	Argillic, Natric, Kandic
Andisols	Allophane, Al–humic Complex
Aridsols	Ochric
Entisols	Ochric
Gelisols	영구동결층
Histosols	피트, 유기물층
Inceptisols	Ochric, Umbric, Cambic
Mollisols	Argillic, Natric
Oxisols	Oxic
Spodosols	Spodic
Ultisols	Argillic, Kandic
Vertisols	팽창성 점토

15

토양미생물에 대한 설명으로 가장 옳은 것은?

① 진균은 산성토양에 약하다.
② 방선균은 유기물을 분해하는 부생성 생물이다.
③ 조류는 유기물 생성과 분해가 가능하다.
④ 균근은 식물 뿌리의 양분 흡수를 도와주는 토양 세균이다.

해설 ① 진균은 세균에 비해 산성토양에 강하다.
③ 조류는 유기물을 생성한다.
④ 균근균은 식물 뿌리의 양분 흡수를 도와주는 사상균이다.

16

지각을 구성하는 암석에 대한 설명으로 가장 옳지 않은 것은?

① 대표적인 퇴적암은 사암, 역암, 혈암, 석회암 등이다.
② 지각을 구성하는 암석은 크게 화성암, 변성암, 퇴적암으로 구분한다.
③ 편미암은 회강암이 변성된 것이다.
④ 화성암은 구성광물과 알루미늄(Al) 함량에 따라 산성암, 중성암 및 염기성암으로 세분한다.

해설 규산함량에 따라 산성암, 중성암 및 염기성암으로 세분하고, 생성 깊이에 따라 심성암, 반심성암, 화산암으로 세분한다.

17

토양침식이 가장 많이 일어날 수 있는 환경은?

① 지표를 부초로 피복한 토양
② 등고선을 따라 경작부위 사이사이 풀을 심은 토양
③ 지면을 목초로 피복한 토양
④ 옥수수가 적합한 밀도로 심어진 토양

해설
- 옥수수는 토양 피복도가 낮아 토양침식이 일어나기 쉽다.
- 토양표면 및 식생관리에 따른 작부관리인자(C)값의 변화(값이 클수록 침식이 심함)

구 분	C 값
옥수수	0.47
보리-옥수수	0.34
보리-콩	0.18
감자-콩	0.26
고 추	0.32
참 깨	0.28
목 초	0.08

18

함유된 석회량(%)이 가장 많은 석회질비료는?

① $Ca(OH)_2$
② CaO
③ $CaCO_3 \cdot MgCO_3$
④ $CaCO_3$

해설 주성분의 분자량 중 칼슘이 차지하는 비율이 클수록 석회 함유량이 높다. 이 석회의 함류량은 생석회(CaO) 70%, 소석회($Ca(OH)_2$) 50%, 탄산석회($CaCO_3$) 36%, 황산석회($CaSO_3$) 22% 등이다. 석회질비료는 주로 토양개량 효과를 위해 사용하며 석회석을 주원료로 하는데 여기에 열을 가하면 생석회가 생성된다.

석회질비료의 종류

구 분	주성분	제조방법
소석회	$Ca(OH)_2$	생석회 + 물
석회석	$CaCO_3$	석회광석 분쇄
석회고토	$CaCO_3 \cdot MgCO_3$	광 물
생석회	CaO	석회석 가열
부산물석회	제강슬래그, 굴껍질, 조개껍질, 재	부산물 가공

17 ④ 18 ② 정답

19

유거(Runoff)에 미치는 영향요인에 대한 설명으로 가장 옳지 않은 것은?

① 대체적으로 경사지에서 흔히 유거가 발생한다.
② 초기에 강수율이 일정하더라도 유거율은 빠르게 증가한다.
③ 토양수분의 함량이 적을수록 유거량이 감소한다.
④ 토양표면에 굴곡이 많을수록 유거량이 증가한다.

해설 유거는 침투하지 못한 물이 지표면을 따라 다른 지역으로 흘러가는 현상이다.

20

필수영양소의 이동과 유효도에 대한 설명으로 가장 옳은 것은?

① 유효태 영양소는 식물뿌리에 일정 속도, 즉 확산계수(D)>$10^{-10}cm^2/sec$ 이상으로 이동될 수 있어야 한다.
② 토양에서 영양소의 확산속도는 NO_3^- · Cl^- · SO_4^{2-} > K^+ > $H_2PO_4^-$의 순이다.
③ 인산은 토양 내에서 $H_2PO_4^-$, HPO_4^{2-}, P_2O_5 등과 같은 형태로 존재할 수 있다.
④ 칼륨을 공급할 수 있는 광물로는 Orthoclase, Microcline, Muscovite, Chlorite 등이 있다.

해설 ① 확산계수(D) > $10^{-12}cm^2/sec$ 이상
③ P_2O_5는 토양에서의 존재 형태가 아니다. 비료량 계산에 사용되는 산화형태이다.
④ 칼륨을 공급할 수 있는 광물로는 장석류(Feldspars), 정장석(Orthoclase), 미사장석(Microcline), 백운모(Muscovite), 흑운모(Biotite) 등이 있다.

정답 19 ④ 20 ②

MEMO

I wish you the best of luck!

좋은 책을 만드는 길
독자님과 함께하겠습니다.

도서에 궁금한 점, 아쉬운 점, 만족스러운 점이
있으시다면 어떤 의견이라도 말씀해 주세요.
시대인은 독자님의 의견을 모아 더 좋은 책으로 보답하겠습니다.

www.sidaegosi.com

7급 농업직·농업연구사 토양학 핵심이론 합격공략

개정1판1쇄발행	2022년 01월 05일 (인쇄 2021년 10월 26일)
초 판 발 행	2021년 03월 05일 (인쇄 2021년 01월 29일)
발 행 인	박영일
책 임 편 집	이해욱
저 자	김동욱
편 집 진 행	박종옥 · 노윤재 · 한주승
표지디자인	박수영
편집디자인	이주연 · 윤준호
발 행 처	(주)시대고시기획
출 판 등 록	제 10-1521호
주 소	서울시 마포구 큰우물로 75 [도화동 538 성지 B/D] 9F
전 화	1600-3600
팩 스	02-701-8823
홈 페 이 지	www.sidaegosi.com
I S B N	979-11-383-0952-3 (13520)
정 가	27,000원

시대북 통합서비스 앱 안내

연간 1,500여 종의 실용서와 수험서를 출간하는 시대고시기획, 시대교육, 시대인에서
출간도서 구매 고객에 대하여 도서와 관련한 **"실시간 푸시 알림"** 앱 서비스를 개시합니다.

이제 수험정보와 함께 도서와 관련한 다양한 서비스를
찾아다닐 필요 없이 스마트폰에서 실시간으로 받을 수 있습니다.

사용방법 안내

1. 메인 및 설정화면

- 로그인/로그아웃
- 푸시 알림 신청내역을 확인하거나 취소할 수 있습니다.
- 시험 일정 시행 공고 및 컨텐츠 정보를 알려드립니다.
- 1:1 질문과 답변(답변 시 푸시 알림)

2. 도서별 세부 서비스 신청화면

메인화면의 [콘텐츠 정보] [정오표/도서 학습자료 찾기] [상품 및 이벤트]
각종 서비스를 이용하여 다양한 서비스를 제공받을 수 있습니다.

[제공 서비스]

- **최신 이슈&상식** : 최신 이슈와 상식 제공(주 1회)
- **뉴스로 배우는 필수 한자성어** : 시사 뉴스로 배우기 쉬운 한자성어(주 1회)
- **정오표** : 수험서 관련 정오자료 업로드 시
- **MP3 파일** : 어학 및 MP3파일 업로드 시
- **시험일정** : 수험서 관련 시험 일정이 공고되고 게시될 때
- **기출문제** : 수험서 관련 기출문제가 게시될 때
- **도서업데이트** : 도서 부가자료가 파일로 제공되어 게시될 때
- **개정법령** : 수험서 관련 법령개정이 개정되어 게시될 때
- **동영상강의** : 도서와 관련한 동영상강의가 제공, 변경 정보가 발생한 경우

* **향후 서비스 자동 알림 신청** : 이 외의 추가서비스가 개발될 경우 추가된 서비스에 대한 알림을 자동으로 발송해 드립니다.
* **질문과 답변 서비스** : 도서와 동영상 강의 등에 대한 1:1 고객상담

앱 설치방법 Google Play App Store

시대에듀로 검색

※ 본 앱 및 제공 서비스는 사전 예고 없이 수정, 변경되거나 제외될 수 있고, 푸시 알림 발송의 경우 기기변경이나 앱 권한 설정, 네트워크 및 서비스 상황에 따라 지연, 누락될 수 있으므로 참고하여 주시기 바랍니다.

※ 안드로이드와 IOS기기는 일부 메뉴가 상이할 수 있습니다.